NEURQSIS AND HUMAN GROWTH

KAREN HORNEY

L O F T
有质量的心理阅读

神经症与人的成长

[美] 卡伦·霍尼 著
李明滨 译

上海译文出版社

图书在版编目(CIP)数据

神经症与人的成长/(美)霍尼(Horney, K.)著;
李明滨译. —上海: 上海译文出版社,2016.5(2025.5重印)
(Loft)
书名原文: Neurosis and Human Growth
ISBN 978-7-5327-7083-0

Ⅰ.①神… Ⅱ.①霍… ②李… Ⅲ.精神分析—研究
Ⅳ.①B84-065

中国版本图书馆CIP数据核字(2015)第244808号

神经症与人的成长
[美]卡伦·霍尼/著 李明滨 译
责任编辑/李 洁 封面设计/未氓设计工作室

上海译文出版社有限公司出版、发行
网址: www.yiwen.com.cn
201101 上海市闵行区号景路159弄B座
山东韵杰文化科技有限公司印刷

开本 787×1092 1/32 印张 17.25 插页 5 字数 268,000
2016年5月第1版 2025年5月第3次印刷
印数: 6,001—7,000册

ISBN 978-7-5327-7083-0
定价: 75.00元

目录

代　序

对于传统的性心理分析的介绍，即弗洛伊德及卡尔·门宁格[①]等学者之著作，已有不少的中译本出现。但关于“新弗洛伊德学派”的普及则尚需时日。李明滨医师年轻有为，在实习医师时期即已完成卡伦·霍尼1950年出版的《神经症与人的成长》一书的翻译，现在即将出版，本人觉得非常高兴。

我在1954年留美时，与“新弗洛伊德学派”开始接触。那时霍尼已逝世一年多，因此没有机会认识她。但她在1930年代以后陆续发行的5本有名的著作中，最后一本遗作就是本书，系她在去世前两年发表的，可以说是她的理论系统的结晶。

霍尼继阿德勒及荣格之后，与弗朗茨·亚历山大[②]、沙利文[③]及弗洛姆等其他学者并称为“新弗洛伊德学派”的主要理由，是他们搁置弗洛伊德的“性”和“攻击本能”（libido，又作原欲）的观念，而重视社会文化因素对人格发展的重要性。在现代的社会中，有许多矛盾现象，譬如：一方面强调自由的可贵，但另一方面自由在社会生活中却必须受到适当的限制；有时强调竞争及成功，但有时还要表现谦虚及友爱。所以正常人在这种具威胁性的世界中，难免会产生心理冲突。霍尼列举人的十种需要，再将它们分成三大类别。虽然正常人也有心理冲突，但较能有弹性地视情况来运用这三大需要，交叉使用亲近（moving toward people）、逃避（moving away from people）或反抗（moving against people）的态度而行动。而神经症患者若遭遇到心理冲突时，绝望、恐惧、爱的需求及罪恶感等都将会导致敌对感的压抑并进而产生基本焦虑，于是就固执地、不适合地且过度地执著其中某种心理需要。此基本需要的表现形成神经症的各种类型，通过阅读此书将能对此有所了解。

---

① Karl Menninger，1899～1966，美国精神病医生。——译者

② Franz Alexander，1891～1964，匈牙利裔美国精神病及心理医生，1932年在美国首创心身性疾病的系统性研究。——译者

③ Harry Stack Sullivan，1892～1949，美国精神病学家，新弗洛伊德主义代表人物之一。——译者

霍尼亦排除弗洛伊德的本我、自我和超我的人格构造组织的想法，而提倡“真我”、“实我”和“理想化自我”等组合的人格发展。依她的看法，对神经症患者的治疗而言，应瓦解对其人格发展有阻碍的“理想化自我”的形象，在“实我”里找出“真我”并抒发其个性成长的能力，这才是精神分析的精髓。换言之，心理治疗的目标不在于发掘儿童早期被压抑的欲望，而在于让患者看到他自己的冲突性性格特征及认识其内在冲突，动用建设性希求以培养适当的人格及人际关系。虽然她也注重患者过去的社会经验，但较之弗洛伊德，更重视现实问题。心理治疗上，她利用甚多弗洛伊德所提及的原则及技术，但一般说来，治疗者需扮演较直接及主动的角色。此种方法比传统的精神分析法更适用于中国的社会文化背景。

因为霍尼是一位女性精神医学专家，因而认为原来的精神分析学中有相当的男性化偏见，所以她觉得女性心理学尚未被充分地了解。她的自我实现的愿望使她成为女权运动的先驱者。本书不只介绍关于神经症的知识，还探讨正常人的人性发展过程。因此，对于探究人性有兴趣的一般读者，这的确是一本值得阅读的好书。

最后，对霍尼在自我实现的奋斗方面所付出的努力，我在此表达最大的敬意，而李明滨医师为精神医学界积极介绍新弗洛伊德学派，并完成此精湛译本，我对于其一贯性的真挚精神深表感佩。

陈珠璋

1976 年 8 月于台大医院神经精神科

译者序

作者生平

卡伦·霍尼(Karen Horney, 1885 ~ 1952)是20世纪最杰出的女精神分析学家，她对于人性及神经症的研究颇为精湛，为精神医学界风云一时的人物，堪称“新弗洛伊德学派”的代表。

霍尼于1885年9月16日诞生于德国汉堡。父亲为挪威卑尔根人，身任船长，因长期在外，对她影响甚微。母亲比父亲小17岁，丹麦人，秀外慧中，思想豪放不拘，对她影响颇深。她母亲与前夫生有四个小孩，再婚后又生哥哥伯恩特与霍尼。幼时哥哥曾是她的好玩伴，但年龄愈长后，哥哥常出外找女伴玩，遂使她有被拒绝及失落的感觉，因此往后对她的生活影响也就不大。

霍尼身材适中，浅棕色的双眼，聪慧而有神，眉间宽敞，两颊突出，构成鲜明的脸庞。晚年白发晶莹，前额高而圆。生性活泼幽默，态度耿直，言语流利但稍带德语腔调。她的学生曾这样地描绘她："她笑时，脸部的每块肌肉都跟着笑。"这正可勾画出她的坦诚与迷人。

站在讲台上，她显得是那么和蔼可亲，不拘形式；她的热切态度正反映出她那相当均衡而健全的人格。

她的童年的岁月就如同其他的德国小孩一样，在玩耍嬉戏中度过。幼时即喜好交友，8 岁时曾与好友图蒂歃血为盟，表示友谊不朽。

19 世纪末，女权运动虽已推翻了许多旧有的传统，女性得以外出工作，但女性从医仍属罕见。她受母亲鼓励而在早期即许下学医的宏愿。

霍尼自幼聪颖非凡，成绩总是独占鳌头，深受同学及师长之赞许。21 岁时(1906 年)她考入柏林大学，在学期间正式开始对精神分析发生兴趣，26 岁大学毕业。经考试合格后于柏林"兰克维兹疗养院"学习 3 年，钻研精神医学。第 3 年则追随德国最著名的神经学家赫尔曼·奥本海默(Herman Oppenheimer)，30 岁时(1915 年)被柏林大学授予医学学士学位。

霍尼在结束实习医师生涯后，转任柏林精神医院住院医生，历任4年(1915～1918)，接着在市神经科门诊行医，除了当精神分析临床医生外，35岁到47岁间(1920～1932)她还在柏林精神分析学院任教。

47岁那年的某日，当她正埋首办公时，电话突然响了起来，原来是芝加哥精神分析学院院长弗朗茨·亚历山大打来的越洋电话，欲聘请她当该院的副院长。她欣然接受并离开柏林赴美就职。任职两年后，转赴纽约，在社会研究新学校(New School for Social Research)任教，一面训练分析师，一面潜心著述，并以分析师身份行医。

56岁那年，纽约精神分析学院经开会决定，毫无理由地将她解聘，当时与会人士有半数以上拒绝表决。于是以霍尼为首，1941年他们成立了历史性的一个新组织——美国精神分析促进协会，并设立美国精神分析学院，霍尼荣选为院长。协会的组织甚为严密，因而非其他个人或团体的理论所能左右。

协会宣言之主旨为："对弗洛伊德所创设的理论基础抱着自由质疑、容忍及虚心不偏激的态度，以促进精神分析的发展。……我们相信人类天生是具有建设性的，必能创造出一个环境，在此环境下个人的潜力都能受到鼓舞而抒发出来。"此后几年间社会研究新学校所举办的一连串讲演及讨论，协会的会员莫不积极参与。

霍尼 24 岁时，在柏林与律师奥斯卡 · 霍尼结婚，婚后生有三个女儿；长女布里吉特 1911 年出生，长大后成为演员，霍尼从她身上发掘到她母亲的性格因素。次女玛丽安娜比长女小两岁，沉默寡言且性格内向，喜好学术研究，后来在纽约任精神分析师。幼女雷内特，在霍尼看来是三个女儿中最活泼、最擅长社交的。年轻时顽皮淘气，早婚，婚后迁往墨西哥。

56 岁以后的霍尼，变成精神医学界的显赫人物。她工作量惊人，身兼数职；除任学院院长外，还参加“美国精神医学协会”，并负责与其他新协会联系的工作，协会会员与日俱增。

每逢周末，她就到乡下去舒畅身心，驱车前往哈得逊的住所，借绘画及散步来宽心解闷。

然而好景不长，67 岁那年(1952 年 11 月下旬)，她开始感到全身倦怠乏力，并出现继发高烧、胸痛及胸腔积水，不幸在两个星期后即与世长辞。她罹患的是肝内胆管癌并发全身性转移，该病在当时很难在生前诊断出来。她离世的噩耗带给协会及学院莫大的惊吓与感伤，使组织几乎濒临瓦解，学院从此失去巨擘。

霍尼毕生致力于精神分析研究，对精神医学界贡献卓著。早期师从于弗洛伊德最有名的弟子卡尔 · 亚伯拉罕(Karl Abraham)，受益匪浅。她常自称：“若无弗氏，我将无法迈开第一步。”然而，她虽自认为自己的解析系依弗氏的理论基础发展而来，但她对于他的一切学说或教条，都不会盲目地苟同。她在《精神分析新法》(*New ways in Psychoanalysis*)中强调：“我之所以对当代的精神分析理论，亟欲加以批判且重新予以评价，乃因其理论之疗效无法令我称心如意。”早在1920年左右，她就开始反对弗氏的理论，尤其是女性心理学方面，在《精神分析新法》一书中即有专章讨论。其中，她强调她的疗法与弗氏之不同，同时也强调文化背景对人格结构的影响。

霍尼的态度不像弗氏之悲观，在她的著述中始终强调人类生来即是具建设性的，因此我们渴求幸福，冀望能发挥并展露我们的潜能。她严厉反对弗氏“自毁”驱力(死欲)之说法，而认为各种神经症，主要都是由于“性格的障碍”所致。

1917年，即弗氏发表《自我与本我》(*The Ego and the Id*)6年前，霍尼即发表《精神分析治疗技巧》，她说“精神分析可以助人解去被束缚的手脚，但却无法增添新手脚，”她同时强调“由精神分析可显示出：所有性格的问题，只不过是代表在人格成长的过程中所遭受的阻碍而已，但此种阻碍是可除去的；性格并非是固定于婴幼儿期而终生不变的，相反，它是一种动力变化的过程，会与环境相互作用并有所改变。”

霍尼著述繁多，主要有《我们时代的神经症人格》(*The*

Neurotic Personality of Our Time)、《精神分析新法》、《我们内心的冲突》(*Our Inner Conflicts*)、《自我分析》(*Self Analysis*)及《神经症与人的成长》(*Neurosis and Human Growth*)；第一本书主要在于阐述神经症患者处于困难的“内在情势”下，如何去解决他的问题。伯纳德 · 罗宾斯(Bernard S Robins)赞许该书为研究人际关系者所必读。第二本书主旨在于阐明精神分析学理方面各种不同的观念，并解释她自己的态度，其中论及她与别人理论的不同之处。此书乃是精神分析进展的推动力。本书——《神经症与人的成长》，为作者毕生学说之精华，熔历年著述于一炉。熟读此书，对于霍尼的思想必能获得全盘了解。

霍尼是个道道地地的“人”，富有有活力的一面，也有软弱的一面；有长处亦有短处，有天分亦有缺陷。但她秉持积极乐观的胸怀，而带给精神医学界及人类深具意义的贡献。保罗 · 蒂利希(Paul Tillich)在霍尼的追悼演说中，言简意赅地说道：“如果要我说出霍尼最重要的成就是什么，我一定会说——是她自己，是她的秉性与她的存在，是她的影响力以及一连串的‘奋斗’与‘治疗的可能性’之间所具有的有充分根据的平衡。”

总之，就如同奥本多夫(Oberndorf)所言的：“霍尼之死，使精神分析界从此丧失了一位杰出、有力而自主的角色……时间最后将会证明霍尼的学说在精神分析治疗上所具有的价值。她那种负责而柔和的性格，将永远铭刻在她的学生、同事及友人的心中。”

关于本书——生命的斗士

1. 冲突、冲突、冲突

在没有冲突(不管是有益的或有害的)的真空中，人是无法成长的；成长蕴含了生理的发育与心理的发展，成长是一种过程，是演进的而不是一成不变的。人类生来就需为求满足自己的生理需要而奋斗，为求达成自己的心理需要而挣扎。因此，无论就哪方面来说，人类不啻是个生命的斗士，且必须在现实与理想的冲击下建立起自我的价值，寻求自己人格的统一。

“战斗”正是人性发展的写照。人类需要不停地与自我、与别人战斗，在此种长久的斗争情势下，他们无非是在于解决一连串的冲突——“理想自我”与“真我”间的冲突，及单一自我与周遭人群间的冲突。发展自我——“真我”，乃是战斗的真谛，“真我”是活跃的，是具有无限潜力的，它需要培养、开发，它需要不断的磨炼才能茁壮。虽然冲突就像是发展自我所必须面临、所必须经过的道路，但是不良的人格发展(因不顺的环境或不正常的人际关系）所产生的种种内在冲突，却反而成为“战斗人生”的绊脚石。人格发展的真义在于抒发潜能、扩展自我，以求内心的安宁与人际关系的和谐。然而，不利的环境却可能带来不幸的后果，而使人陷于无限的冲突中无法自拔，于是为平息内心的激荡，遂造成许多不正常的发展过程与需要。

总之，成长乃是在于解决冲突并平衡冲突；然而个人解决方法的不同，产生了不同的心理倾向，导致了不同的人格发展过程。

2. 自我的挣扎

不管冲突的性质为何，必根植于自我。

一个人的自我可归纳而区分为“理想自我”、“真我”与“实我”。“理想自我”，乃是经由理想以及为满足内心需要而建立的一种理想化的形象，因此对个人而言，它是绝对完美的，必是生活的最高标准。“真我”乃是个人所具有的天赋潜能中的一部分，是活生生的，是一个人真正的生命中心。而“实我”则为“真我”受环境的熏陶历练，所表现出的状况之综合，它是实际的，是现实的。简言之，“理想自我”只存于意念中，是想象中的标准，而“实我”则是一切实际行为的表现。

就婴幼儿时期而言，行为表现的决定因素中，生理需要的满足远比心理需要来得重要，那时“真我”还只在萌发状态中。他们行为的表现主要是依据“快乐原则”（Principle of pleasure），亦即主要由本能的冲动而决定，然而经由“现实”的感受或体验之后，“现实原则”（Principle of reality）乃与快乐原则相应而生。于是随着年龄的增长、经验的累积，现实原则开始取代快乐原则而支配了“真我”。譬如，幼儿看到火可能会觉得新奇兴奋，因而（依着本能的冲动）伸手去摸它，但却被烫伤了。因烫导致“痛”这种不舒服的感觉，就是事实带给他的一个警告（以后行事的原则）——火是不能摸的。

当真我开始表现和作用后，环境所加给他的影响，会改变真我抒发的方向与形式。父母的过度管辖或过分溺爱、家庭的温暖或凄寒……都会改变真我的发挥状态，它可能会被压制，也可能会被疏导。如果真我被压制了，小孩子会因此而产生“基本焦虑”——一种被敌对的世人所孤立的无助感——觉得惶恐不安，无归依感与同在感。基本焦虑更阻碍了真我的顺利发展，而让小孩表现出亲近、反抗或逃避的态度，于是这三种态度势必构成“基本冲突”（与别人的冲突），为解决此种冲突，他们可能会固守住其中的一种态度以待他人。随着选择的态度不同而发展出不同的心理倾向；亲近——造成病态的依赖性与自卑的倾向，反抗——导致夸张、征服的倾向，逃避——形成退却的倾向；在这些倾向的作用下，无形中遂使他们在意念中创造了自己理想化的形象——理想自我。从此，理想自我与真我必定会发生激战，当此种激战力引发他们内心的混乱并造成了生活上的障碍时，他们就成了战乱下的牺牲者（详细的演进过程请看本书）。

本书主要在于阐述个人在“认识自我”与“实现自我”的过程中，所引发的或所遭遇的一切冲突及障碍，并详述其解决方法；亦即在于描述整个人格发展的过程。由以上说明，我们可以清楚地发觉，人格的发展即是“自我实现”的过程，亦即理想自我、真我与实我彼此之间的平衡与解决，因此，本书英文副标题为求“自我实现”之挣扎。

3. 神经症的进化观

何谓神经症，精神医学界一度将此症译为精神官能症。译者一来因为“心理”两字较为平易近人，且更能充分表现 neurosis 的意义（它是一种心理障碍）；二来因为本书常使用“神经症的……”（neurotic），后加名词，譬如，神经症的应该（neurotic should）、神经症的需要，为了便于翻译，故采用徐静医生之译法——“神经症”。

此症是指一种人在情感上的适应不良，且足以酿成生活障碍的现象。其特色主要为源自某些尚未被解决的潜意识冲突所引发的焦虑；此种焦虑可能是直接地被感受到，也可能经由种种“心理机制”的控制而造成许多其他主观上的痛苦症状。此症比精神病(Psychosis)轻微，因其未引起人格之重大解体或对外在世界看法之重大扭曲或误解。简言之，此症乃是在发展自我的过程中，由于环境因素的影响而产生了“基本焦虑”，随之又形成“基本冲突”，于是寻求解决冲突的方法，接着又发生人际关系上的障碍；这一连串的心理变化使生活失却了平衡，导致了种种的心理障碍或工作障碍。

本书作者乃是“新弗洛伊德学派”的代表；她针对弗氏之原欲、死欲(death instinct)以及女性人格加以研讨。由本书的讨论中，我们将会了解，她认为神经症主要是环境因素所造成的，是人际关系上的障碍。她反对弗氏的见解——神经症是因“本能”力量而引发的；她主张弗氏所提及的“性”困难，乃是神经症性格构造的结果而非原因；她将神经症分类为性格神经症(character neurosis)与情境神经症(situation neurosis)；她断定神经症的焦虑起源于怨恨的冲动；即不顺利的逆境令小孩感到孤立无助、无法自卫，进而深信这个世界是险恶的。性格神经症全然由于幼儿期或童年时缺乏真正的温暖环境所引起的，病人在幼儿时期深感不安全、恐惧、爱之渴求以及罪恶感，这些错综复杂的情绪造成心理上的怨恨，被压抑至潜意识中并构成了基本焦虑。因此，神经症所表现的焦虑，并非是“自我”(ego)惧怕被“本能的驱力”所克服或被“超我”(super ego)惩罚所致，而是孤立无助的小孩无法采取有效的安全措施而造成的。

因为作者认为神经症的人格发展乃是一种演进的过程，且为人际关系上的障碍，所以她认为治疗此症时与其阻挠幼儿期的心理冲突，不如诱发其人格顺利的发展、改善其人际关系，并鼓舞其建设性的驱力。

4. 神经症与正常人

神经症患者表面上仍与常人无异地生活着，一切的痛苦纯属主观的感觉，他们自觉痛苦得难以忍受。然而，神经症患者与正常人之间的界限为何呢？其实我们永远无法划出二者的界限。它们看来似乎只是程度上的差异而已，我们无法定出特定的标准，个人尽管具有神经症的倾向，但只要生活上未呈现障碍，则其行为仍与常人无异。

我们说它们可能只是程度上的差异，主要是因为一切神经症的特性——神经症的需要(neurotic need)、神经症的要求(neurotic claim)、内在的指使系统(system of inner dictate)、自负系统(system of pride)亦包含于常人的人格构造中。只要这些元素能维持平衡而不致酿成分裂性的冲突，则人格仍旧是统一的。同理，只要这些元素中的某一项发生得过于剧烈时（例如征服性或报复性的需求占优势时，那么此人便可能表现得狂傲暴虐，甚至于造成虐待狂），则可能会造成异常的人格发展。

因此，本书主旨虽在于讨论神经症与人格发展的关系，事实上，所提及的一切心理倾向与发展过程，亦可能是一般常人人格构造中的元素。

譬如，“理想化的影像”本身并非是病态的或悲剧性的，但是无法平衡“理想自我”与“真我”或“实我”间的冲突所引起的一切错误的解决法——如过度的攻击性、依赖性及逃避心理——却是病态的，这些才是真正的悲剧元素；“想象”的过程并非异常，但因想象而导致的“脱离自我”——舍弃真我，却是病态的。由此可知，神经症的人格发展与正常的人格发展，其过程中的元素可能是共同的，只是程度上与分量上的不同而已。于是如何协助并诱导年幼者正常的心理发展，如何了解存于自身中的驱力与倾向，以平衡自身的冲突，乃是个人的责任以及生活的意义。

5. 如何研读本书

本书各章次序，乃是依照人格发展的演进过程而编写的，因此参读本书宜由头至尾按序研读，方能收到事半功倍之效。以人际关系的障碍来说明神经症的演化，并不像《梦的解析》

那么令人易解，个人的“体验”多少都可帮助读者体会出本书的精义，然若能仔细思考必能弥补经验之不足，且必大有所获。

希望本书能使您更了解人格的发展过程，而做个真能掌握自己、了解自己的“生命斗士”，更希望您看完本书后，会有如已捕获了几个世纪的人生经验一样，进而能帮助您在“自我实现”的过程中，面对一切障碍并克服这些障碍。这将是译者最大的欣慰。

李明滨

谨识于台大医学院

1976 年 7 月 16 日

绪论——进化的道德律

心理症过程是人格发展的一种特殊形式，此种过程会导致精力的徒费，因此是一种不正当的发展。它不只在其特性上与正常的人格发展有歧异之处，且远超过我们所知的程度，许多方面它的表现乃是与正常人恰恰相反的。在顺利的环境下，一个人的精力必用于实现本身的潜能上，而此种发展绝非是单一形式的；根据本身的特殊气质、能力、嗜好以及前后的生活状况，人也许会变得更软弱或更坚强，更谨慎或更可信，较缺乏自信或更具信心，更沉着或更外向；同时也将会发展出自己的特殊禀赋。不过，无论其发展过程为何，一切总是由他的天赋发展而来的。

然而在内心的压力下，人或许会远离真我，而将大部分的精力转移到如何借着“内在的指使”，而将自己塑造成绝对的完美——因为除了如神的完美外，再无他物可以配得上自己理想的形象，并使他为其(自认为)所具有、能具有或该具有的崇高品行而自豪。

本书详述神经症的这种发展倾向，因其吸引力远超过我们对于病态方面的临床或理论的兴趣。同时也因为它包含了一项基本的道德律(morality)问题——这是人类的欲望、驱力或为臻于至善的教条。任何一位真正研究人格发展的学者都会相信，当自负成为一种激发力时，自尊与自大或求完美之驱力可能会同时引发许多缺点。但对于为了确保道德行为而形成的教诫式的“内心控制系统”之价值或需要的看法，各家意见则颇为歧异。假设此种“内在指使”对于人类的自发行为真有限制的效用，那正符合基督的教谕，难道我们不正是要“奋斗”以力求完美吗？果真如此，倘无此种“内在指使”，那么人类道德或社会生活岂非就要面临危机或濒于毁灭？

在此，并非要讨论人类是如何提出此一问题或者如何解决此一问题的，我也不拟如此讨论，我只想指出：答案的关键，主要在于我们对于人性信仰的“特质”不同。

广言之，根据对于人性的各种不同解释，道德具备了三大概念。对那些始终相信人类天生是有罪的或被原始本能所驱策(如弗洛伊德)的人而言，附加的禁制与控制是无法摒弃的。因此，道德的标的乃是由于天生状态的压制或克服，而非自然的发展。

对于那些相信人性善恶参半的人而言，其道德标的势必不同，且观念必集中在确信天生的美德必将获取最终的胜利上，譬如，借着忠实、理性、意志或慈悲而使天生的美德受到熏陶、引导及加强，此与宗教或伦理观念相一致。其所强调的，并非要吾人一味抵抗或压制邪恶，因为人性还有其积极的一面。然而，此一积极面仍须以某些超自然的帮助及理性或意志的坚定理想为依归，本质上它乃是借助于禁止或检查——即“内在指使”的作用。

最后一种概念——如果我们相信人类的遗传性，乃是一种驱策自己去实现本身潜能的进化动力时，那道德问题亦将另有差异。此种信仰，并非意味着人类本质乃是善良的——因此种认定必以先前对善恶的认知为先决条件；而是意味着人类天生自然地在为实现自我而奋斗，并且从奋斗中建立起自己的价值构架。譬如，很明显地，除非他能诚以律己，主动积极，与他人相互切磋，否则他必无法发展他所有的潜力。同时，如果他只沉溺于“无知的自我崇拜”（雪莱），或是老把自己的短处归咎于他人，那他必无法成长；唯有对自己负责，才谈得上真正的成长。

因此，我们得到了“进化的道德律”，其中作为我们取舍的标准，纯系乎以下问题：特定的态度或驱力对人格的发展(成长)具有引导性还是破坏性？正如神经症之常常显示的，各种困难都很容易将我们的建设性精力，转向非建设性或破坏性的途径上。然而，只要相信此种朝向“实现自我”的自发奋斗力，我们就不需用“内心的紧身衣”来束缚自己的自发行为，也无须用“内在指使”的鞭子来驱策我们向善。毋庸置疑的，此种教诫方式可用来压制不良的因子，但对成长而言却是有害的。我们不需此一教诫方式，因为我们觉得有更好的方法来对付破坏力：那就是确实地革除掉不良因子。朝向此一目标的方法，即为永远坚持了解与认识自我。如此一来，“自知”本身则并非目的，而是成为启动自然成长的工具。

由此可知，“研究自己”不仅是基本的道德义务，事实上也是基本的道德权利；在我们真正成长的范围内，它就是如此，而再没有其他意义，因为我们同样都渴望这么做。当自我摆脱“神经症的强迫意念”时，我们就能自由成长，同时也能自由地去喜爱与关怀别人。然后，我们才会希望给那些年幼者以自由无碍的发展机会，而当他们在发展过程中遭遇困扰时，才会尽可能地给予帮助。无论如何，不管是为己或为人，理想目标总是在于如何让导致“实现自我”的力量得到培养与解放。

我希望本书能详细说明障碍的因素，以期有助于上述力量的发挥。

卡伦·霍尼

第一章 探求荣誉

一个小孩不管在什么环境下长大，只要没有智能上的缺陷，他就自会学着如何待人，也将会学到某些技艺。但也有他无法得到甚至于无法由学习中获得并发展出的能力；人无须(事实上也不可能)硬教橡籽长成橡树，但只要一有机会，它的内在潜能就会发展出来。同样，一个人只要被给予机会，他就会发展他个别的潜能，而后接着发展其“真我的活力”：包括情感的明晰度和深度，思想、愿望与兴趣，开发他自己的才智、意志力的能力，开发他所具有的才能、天赋和表达自我的能力，以及借自发的情感与他人沟通等等。这些在将来都能使他发觉他自己的生活目的或价值观。简言之，他将真实不变地朝向“实现自我”的方向成长。这就是为什么我须用全书的篇幅，来说明“实现自我”乃是主要的“内在力”之理由；而此种内在力是人类所共有的，同时它在每个人身上的表现又各有不同，它乃是成长的根源。①

每个人只有靠自己，才能发展自己所具有的潜能；然而，正如其他生物一样，人也需要那种“由橡籽长成橡树”的成长环境；他需要温暖的环境，以获得内心的安全感及自由感，能有自己的情感、思想以便表达自己。他需要别人的友善——不只在各方面帮助他，而且须引导他、鼓励他成为成熟且有成就的人；此外，他还需要那些与别人的意志愿望有所接触的有益冲突。如果他能这样在爱中、在冲突中与别人共同进步，那他就会依“真我”而成长。

然而在各种不利因素的影响下，小孩也会无法依其个人需要及机遇成长，而此种不利的环境真是不胜枚举。扼要地说乃是：人们过度困扰于自己的“神经质”，因此无法爱自己的孩子，甚至无法把自己的孩子看作特定的个人；他们待孩子的态度，端视他们的神经症的需要与反应而定。②

---

① 以后提到有关“人格发展”（成长）都是指下述的意义而言：自由、健康的发展必与个人的天性及天赋潜能相呼应。

② 本书第 12 章所归纳的人际关系上的一切神经症障碍在此都可能发生。并请参阅卡伦·霍尼所著《我们内心的冲突》（w. w. Norton，1945）第 2 章“基本冲突”以及第 6 章“理想化的影像”。

简言之，其态度大致可分为管辖、过度保护、威迫、易怒、过严、过分纵容、怪癖、偏爱(其他的孩子)、矫饰、漠不关心，等等。它不是单一因素的问题，而是许多因素的集合，这些因素对小孩的成长会造成种种不利的影响。

其结果是使得小孩缺乏对“我们”的“归属感”与“连带感”，而代之以深刻的不安全感与莫名的恐惧，此种现象我称之为“基本焦虑”，是因处身于自己所认为敌对的世界中，而产生的一种被孤立或无助的感觉。这种基本焦虑会使小孩无法抒发真正的情感以与人相沟通，并可因而逼他去寻求对付别人的方法。他一定会(潜意识地)需要以某种方式来对付别人，而且这种方式必须不会激起或增加此种基本焦虑，而是会缓和它。由此种潜意识的策略需要所产生的特殊态度，须视小孩子的气质及环境的偶然性而定；简言之，他会试图去依附周遭最有权势的人；会反抗与格斗；会使他的内在生活与他人隔绝开来，且意气用事地远离他人；通常这意味着他会亲近、反抗或者逃避他人。

正常的人际关系亦具有亲近、反抗或逃避他人等倾向；“希冀”与“给予”爱或屈服于别人的能力、争斗的能力、坚持自我的能力——这些都是在正常人际关系中所必须拥有的能力。但是就一个因基本焦虑而自觉处境艰险的小孩而言，上述的现象却是相当极端与僵硬的。例如，爱会变成依赖性，配合会变成姑息。同样的，他也会因而变得反叛与冷漠无情，毫不顾及自己的真实情感以及态度是否与环境匹配。其盲目与僵化的程度，与潜伏在其心中的“基本焦虑”成正比。

因为在这些情况下，小孩不只会形成上述现象之一，而是可能会具备所有的现象，所以可能会发展出与别人根本敌对的态度。亲近、反抗及逃避他人，这三种行为合成了一种冲突——他与别人的基本冲突。随着时间推移他会选择坚持其中的一种行为，以求解决此一冲突，且力图表现其中较占优势的那种态度，即顺从、攻击或冷漠三者之一。

解决“神经症冲突”的这第一次尝试绝不是肤浅的。相反的，它对其后神经症的发展过程具有决定性的影响；它也不只与待人的态度有关，而是不可避免地会造成整个人格的一些变化。依照小孩的那个主要倾向，他也能发展出某些正当的需要、敏感性、抑制及道德价值的起始。譬如，一个相当顺从的小孩，不仅易于使自己服从并依赖他人，而且还会努力行善以及为他人着想。同样的，一个富于攻击性的小孩，会把价值放在气力、耐力及战斗力之上。

然而，这第一种解决方法的统合效用，并不像以后所要讨论的“神经症的解决法”来得那样坚定及广泛。譬如，有一个女孩，顺从的倾向相当明显，她会表现出对权威人物的盲目崇拜，表现出讨好与取悦他的倾向，她怯于表达自己的愿望，偶尔有奉献牺牲的想法；她在 8 岁时，会偷偷地将她的玩具抛给街上那些贫穷的孩子；11 岁时她会稚气地在祈祷中求取“神秘的投降”，幻想着被自己所迷恋的老师处罚。但在 19 岁时，她却易于赞同那些由别人策划、用来报复某些老师的计划。虽然她平时像只小绵羊，在学校却偶尔会领头做一些叛逆的活动。当她对教堂的牧师感到失望时，也会放弃表面的虔诚信仰，在一段时期内变得喜欢冷嘲热讽。

造成“人格统合作用”涣散的理由，部分是因为个人在人格发展上并未成熟；部分则因为早期的解决方法之主要目的在于与他人关系的统一化。因此还需要再巩固人格的统合。

至今所描述过的人格发展绝非是统一的。每一种不适合成长的环境条件彼此都不同，因此发展的过程与结果也各不相同，此种发展往往会损毁了个人的内在力量以及“个人凝聚力”，同时也会因此而产生某种补救此一缺陷的急切需要。虽然这些需要彼此相混杂，但我们仍可将其识别为下列的事项：

* 尽管他之前已在努力解决与别人之间的冲突，但他的人格依旧是分割不全的，因此需要一种较稳固且精确的“人格统合”。

＊ 基于许多理由，他未能有机会发展真正的自信心：他的内在力量已被他不得不保持防卫状态、被他的分裂以及那种产生“偏向发展”的早期解决法所耗尽无遗，而使大部分的人格无法发挥建设性的作用。因此，他所亟需的乃是自信心或其代用物。

在独处之际，他并不感到柔弱，但却会特别地感到比别人生活得更不实际、更无意义且缺乏防卫能力。如果他有“归属感”，则他那种劣于他人的感觉就不至于形成太过严重的障碍。但因他系生长于一个竞争的社会中，以及在基本上他感到孤立、敌对，所以只能发展一种急切的需要，以“提高自己以便超越他人”。

比这些因素更为致命的，就是他们开始脱离自我。不只是他的“真我”无法顺利发展，而且，因为他需要发展人为的、战略的方法用以对付别人，所以他不得不抹杀自己真实的情感、愿望及思想。当“安全”变为主要目的时，他内心的情感与思想就丧失了重要性——事实上已因被压制而变得模糊不清了（那时他已觉得什么都不重要，只要他能获得安全就好了）。他的情感与愿望已不是决定的因素；可以说他不再是个驾驭者，而是个被驾驭者。大体而论，他的这种自我分割不只使他变得懦弱，也因增加他的不安，使他的精神变得更为错乱；他不知自己究竟置身何处，或自己是“谁”。

此种开始“脱离自我”的现象乃是一项更为基本的要因，因为它加深了其他损失的伤害程度；如果我们现在想象一个人并不脱离其“自我生活中枢”时的情况，则我们会更明确地了解上述的意义。在此种情况下，人会有某些冲突，但不至于为之不知所措；他的自信心（正如此词之意，需有一种可以置信的自我）将会受到伤害，但不致完全毁灭；他与别人相处的关系将会产生障碍，但内心不会与他们脱离。因此，“脱离自我”的人大都需要一种能让他抓住的东西（如果说此种东西乃是“真我”的替代物，那是荒谬的，因为“真我”的替代物根本就不存在），它可以给他一种“个体统一的感觉”——自我感，这可以使他觉得自己活得更有意义，尽管人格结构被削弱，它却能给予他一种权力与存在感。

假设他的“内在条件”不变（比如生存环境变为某种适宜的环境，他就用不着考虑上述需要），只有一种方法似乎可用来使他满足那些需要，且可以马上满足所有的这些需要，那就是“幻想”。渐渐而且潜意识地，“幻想”开始在他的意识里产生自己的“理想形象”。在此种过程中，他赋予自己无限的力量与崇高的能力；他一变而成为英雄、天才、情圣、至高的圣者、神。

“自我理想化”离不了“自颂”，它带给个人相当被需要的存在感及凌驾他人的“优越感”，但这决非盲目的自大，每个人都会经由自己特殊的经验、过去的幻想、个人的需要以及他所具有的天赋，来建立起自己的理想形象。若不让幻象具有人格特质，那他就无法得到一种“自我认同”及“统一”的感觉。他开始将他解决“基本冲突”的方法理想化：使顺从变为善良、爱与圣洁；攻击变为力量、领导力、英勇与全能；冷漠变为智慧、自足与独立。根据个人的解决方式，使本身的明显缺点或缺陷变得隐晦，或对其加以修饰。

他会处理他那存于三种解决法之一中的“矛盾倾向”。两种矛盾倾向都会在暗地里为他所赞颂，且只有在心理分析中才会稍现端倪：比方一个认为爱是一种懦弱的夸张型患者，其理想的形象不只是一个穿着金光闪烁的铠甲的武士，而且也是个大情圣。

其次，“矛盾的倾向”除了被赞颂外，也会在他的意念中被隔离起来，使其不至于再构成阻碍性的冲突。病人在幻想中，自己既是人类的恩人，是个心如止水的智者，又是个对敌人冷酷无情的勇士，这些形象都是自觉的；不但并不矛盾，而且完全没有冲突。史蒂文森（Stevenson）在其著作《杰基尔博士与海德先生》[1]中即已提过。

最后，“矛盾的倾向”也许会被提升，而摇身一变为实际的能力或才华。成为丰富人格中彼此和睦的面向。我已在他处（《我们内心的冲突》）举过一例，一个有天赋的人，将他的“顺从倾向”转变成基督式的美德，将“攻击的倾向”转变为珍贵的政治领导能力，“离群孤立”转变为哲人的智慧。如此这般，他的三项基本冲突一举被美化，每一种都与其他两种和平共处，他的形象在他的脑袋里等同于文艺复兴时期那些不世出的“全才”。

结果他会促使自己去认同那理想的、统一的形象，它不再是他暗地里向往的幻象；不知不觉地，他已变成为这个形象：“理想的影像”变成了“理想化的自我”（以下简称“理想自我”）。此一“理想自我”对他而言，远比“真我”来得真实；主要不是因为它更令人心动，而是因为它能满足他的各项极其高标准的需要。此种重心的转变全是一种内在的过程；他并未表现出任何可见的或外在的显著变化；这一改变发生于他的核

① 又译作《化身博士》，杰基尔博士是该书的主角，他服用自配的药，使自己在原来的善良绅士与凶暴残忍之海德间往复蜕变。杰基尔与海德乃是代表典型的双重人格者。——译者

心，是他对自己的感觉的改变，它是人类身上才会有的一种特别奇妙的变化过程。它不会发生在一只可卡犬身上，让它发现自己其实是一只爱尔兰塞特犬，只会发生在“真我”曾经模糊过的人的身上。只不过在正常发展状态下，人无论如何总是朝向“真我”前进，但他目前却为了“理想自我”而开始要彻底舍弃它。“理想自我”开始告诉他他是谁，他的潜力是什么——什么是他能够做的和／或应该做的。它成为一种用以判断他自己的立足点以及用来测定自己的测量棒。

从众多的意义上，我主张称“自我理想化”为“普遍的神经症解决法”——它不只可用以解决个人的冲突，而且承诺个人满足他在某一特定时候所产生的全部内在需要。此外，它不但承诺它会帮人摆脱痛苦与不堪忍受的情感(失落、焦虑、卑下及分裂)，而且还可使他获得他本身或生活上的惊人成就。毋庸讶异，在他发现了这种解决法后，它为了他可贵的生命，他会去坚守它；同时，用适当的精神医学名词来说，它会造成一种“强迫性”[①]。在神经症中，“自我理想化”之频繁出现，乃是由于在易于造成神经症的环境中所养成的“强迫性需要”频繁

① 当我们对于此种解决法的过程做更进一步的了解后，我们再讨论“强迫性”(compulsiveness)的真义。

出现的结果。

我们可以经由“自我理想化”的两大优点来了解它，它既是病人早期人格发展的必然结果，又是全新的起始。它对未来的发展必定会具有深远的影响，原因很简单，它一次性地“舍弃真我”，再没有其他步骤可以更甚于此了。其“革命性的效果”主要是由于**“实现自我”的精力被转移到实现“理想自我”之上**所致。此种转移正是整个个人生活和发展过程中的一大改变。

从本书中我们可以随处发现此一转移对人格具有的“塑造力”。其作用在于避免“自我理想化”始终停留于“内在的过程”，而使其能融入个人的成长轨道。果能如此，则个人会希冀——或被驱策——去表达自我；亦即希冀表达理想化的自我，并用行动来加以证实。它渗入了他的渴望、他的目标、他的生活行为以及他与别人的关系。基于此一理由，“自我理想化”必定会产生一种更为普遍的驱力，我拟用一个较适合其性质与范畴的名称来为它命名，即是探求荣誉(search for glory)。“自我理想化”一直是其核心，其余的组成元素虽然因人而有其强度与知觉上的差异，但总是存在的；那就是对完美的需求、神经症式雄心以及对报复性胜利的需求。

在为求实现“理想自我”的驱力中，“需要完美”乃是最激进的；它的唯一目的在于将整个人格塑造成理想的自我。就像萧伯纳作品中的皮格马利翁[①]，神经症患者不只企图修饰自己，而且还要将自己改造成理想中的完人；他借着一种复杂的“应该与禁忌系统”而力图达成此一目的。因为这种过程既重要又复杂，所以留在本书第3章再加以评论。

“探求荣誉”的组成元素中，最明显且外倾的是“神经症式雄心”，这是一种追求外在成就的驱力。此种追求“现实的优越表现”的驱力颇具普遍性，它追求所有事情上的优异表现，但通常会是那些在特定时间内易于表现优越的事情。因此，这种雄心其内容在一生中是多变的。譬如，在学校里，他会觉得在班上拿不到最高分乃是一种无法忍受的耻辱；长大后，他会情不自禁地与最惹人注目的女孩进行最频繁的约会；再然后，又会为了赚最多的钱或想要成为最显名的政要而感到困扰。这些变化甚易产生“自欺”的现象，一个在某一时期曾疯狂地要做个体育明星或战地英雄的人，在另一时期可能又同样投入地要做个最伟大的圣人，然后他可能会相信他已“失去”了雄心，或者，他会觉得在运动场上或战场上的杰出表现并非他“真正想要的”。他不知道自己依旧驾乘着

① 皮格马利翁为希腊雕刻家，与他所刻的雕像发生了恋情，于是后人遂称病人与自造的物体热恋为皮格马利主义或爱偶像癖（pygmalionism）。——译者

"雄心之舟"，只是改了航程而已。当然，个人必须详细地分析在某一特定时期是什么原因促使他改变了航程。我之所以强调这些变化，是因为由此可看出一项事实——受雄心掌控的人们，其行为往往与他们所做事情的内容不甚相关，他们只注意到"优异"本身。如果无法认识这种"不相关性"，则许多变化将会变得令人无法理解。

作为这项讨论的目的，特别的"雄心"所垂涎的特定活动范围是较少引他注意的。而其特征仍在于他是不是众人的领导者，最出色的健谈者，拥有最高级别的音乐家或探险家的美誉，在社会上扮演极重要角色，是否为最著名的作家或是最擅长穿着打扮这类问题。雄心的具体内容为何，会根据个人所渴望的成就种类而异。简而言之，它多数要增加权力(指挥权、幕后操纵力、影响力或控制力)或是增加威望(名誉、赞赏、受欢迎度、崇拜与专宠)。

这些"雄心的驱力"，比较上来说，乃是夸张性驱力中最为***实际的***；至少由下述意义而言，此说乃是正确的：与此有关的人们会将他们的实力投注在"优越感"的终极目的上。让这些驱力看起来较为实际的另一个因素是，如果足够幸运，拥有此种驱力的人们，都能确实地获得其所渴求的魅力、名誉与势力。然而另一方面，当他们得到了更多的钱、更多的荣誉、更大的权力后，他们就会开始感受到此种徒劳追求所带来的整个冲击力。他们变得无法确保心灵上的平静、内心的安全感或生活的乐趣。希望通过“荣誉幻影”的追求来舒缓的内在的压力仍如往昔一般笼罩着他。这些并非是发生在个人身上的“意外”结果，而是必然的趋向；所以或许可以较为正确地说，对“成功”的一切追求本质上就是虚幻的。

由于我们系生长在一个竞争的社会中，所以上述评论听来似乎有点与之格格不入。因为在每个人心目中，我们都根深蒂固地认为，自己应追赶他人，凌驾于他人之上，所以我们会觉得这种倾向乃是“天性”。然而，产生于竞争文化中的对追求成功的“强迫性驱力”事实上并无法为人们的神经症辩护，因为即使在竞争的环境下，对很多人而言，其他的价值观——特别是有关乎人的成长的价值观——仍比与他人竞争的卓越感来得重要。

“探求荣誉”的最后一个元素，远比其他元素更具破坏性，那就是为得到“报复性胜利”的驱力。它也许会和追求“实际的成就与功名”的驱力密切挂钩；但其主要目的却在于使他人蒙羞：或借着事功而战胜他人；或借着达到卓越的地位以获取权力，或将快乐建立在别人的痛苦之上，这种痛苦多是侮辱性的。另一方面，追求优越的驱力，也许会归于幻想，则这种“报复性胜利”的需求会主要地表现于人际关系上，表现为降服、挫折、智取或打败他人等不可遏抑的冲动。我所以称此种驱力为“报复性驱力”，是因此种驱力乃是为洗雪孩提时期的耻辱所采取的报复冲动——此一冲动随着后期神经症的发展而增强。这种后期的增强，可能导致了“报复性胜利”的需求成为“探求荣誉”的固定组成部分；有关此种驱力的强度以及人们对它的“知觉”，个体差异甚大。大多数人要么全不知晓，要么只在一瞬间瞥见此种需求；但它有时也会公然出现，并在后来变为毫不掩饰的生活的主要动力。近代史上的希特勒就是个极好的例子，他曾经有过耻辱的经验，因此他将生命专注于打败更多人这一狂热幻想上。在这一例子里，那种不断地使他的需求膨胀的恶性循环是易于为吾人所了解的，其中一种恶性循环乃因他只注意到“胜利”与“失败”而发展出来的。由于对失败产生了恐惧，遂使他决心在下次非获得胜利不可，而每次的胜利都会增加他的狂傲，此种狂傲感又使他更无法忍受那些不赏识他的伟大的任何人或任何国家。

还有许多与此略同的病例或故事，现在我们单从现代作品中举出一例。有一本书名叫《注视火车过去的人》[①]。故事中有

① 比利时法语小说家乔治·西姆农（George Simenon，1903～1989）著，Reynal and Hitchcock 出版公司，纽约出版。

个正直的伙计，困服于家庭生活与办公室里。很明显地，他除了尽责之外不思他念，然而有一天，他的老板的欺诈败露，进而使公司破产，他的价值尺度便突然崩溃了。那些拥有一切的在上者与像他那样只有正当行为的窄径可行的下位者间的区别也因此粉碎了。他知道他同样可以变得“伟大”与“自由”。他也能够拥有一位女主人，甚至是老板那位迷人的太太。此时，他的自负已变得如此夸张，以致当他亲近她而受到拒绝时，他遂扼杀了她。后来当警察极力要逮捕他时，虽然有时他会感到害怕，但他的主要动机却在于胜利地击败警察，甚至他之企图自杀，也主要来源于这一激发力。

这种“胜利的报复”之驱力常常是隐藏在暗处的，实际上，由于它本身所拥有的破坏性，它在“荣誉的探求”诸元素中乃是最为隐秘的，或许外表看上去，他只是更具狂热的雄心。在分析中，我们就能发觉此种驱力乃是欲借着凌驾他人以求打败或侮辱他人的一种需求。那种对于“优越”较无害的需求，能够消化一些此中更具破坏性的“强迫成分”，它使人们完全按其需求而行，并觉得自已的所作所为乃是正当的。

了解个人“探求荣誉”中各种倾向的特点当然是重要的，因为它总是必须予以仔细分析的综合征。我们了解这些倾向的性质与冲击力的唯一办法，是将其视为“连贯实体”中的一部分。阿德勒是第一位将它视为“综合现象”的精神分析学家，并且指出它在神经症中的重要意义[①]。

对于荣誉的探求乃是一种“综合”与“连贯的实体”，此一说法已有各种不同的实证。首先，举凡上述的多种个人倾向，通常会同时发生于一个人身上。当然，其中某一种元素也许会较占优势，致使我们说他是一个有雄心的人或白日梦者，虽然这种说法并不够精确。但这并非意味着其中某一元素的突出就表示另一元素的缺乏，此种具有雄心的人也必有他自我的崇高形象，而白日梦者也会希求实际的霸权，尽管后者也许只有当自己的自负为别人的事功所冒犯时才显得明朗化[②]。

此外，所有相关的个人倾向，彼此间的关系也相当密切，因此，那种较占优势的倾向在个人一生中常会有所改变，他会将迷人的白日梦转变成为现实中一个完美的父亲或雇主，然后，再变成一切时刻中最伟大的爱人。

---

① 请参考本书第 15 章中有关阿德勒与弗洛伊德观念的比较的内容。

② 因为个人的人格或个性在其占优势的倾向(prevailing trend)的影响之下，看起来彼此差异不小，所以大多数人甚易将这些倾向视为各自独立的实体。弗洛伊德将与此略同的现象视为分立的“本能驱力”(instinctual drives)，此种驱力具有各自的来源与特性。当我首次试图列举出神经症中的“强迫性驱力”时，我同样以为这些驱力是各自独立的“神经症倾向”。

最后，这些倾向具有两种共同的特性，经由整个现象的发生与作用，我们可以理解此种特性；此即“强迫性”与“幻想性”。此二者吾人在上面都已提过，但更完全而简明地加以阐述仍是有必要的。

此种“强迫性”乃是起源于“自我理想化”（整个“荣誉的探求”过程即为此种发展的结果），这是一种“神经症式解决法”。我们所以名其为“强迫性”的驱力，乃意味着它违反了自然的愿望与奋斗，后者乃是“真我”的表现；而前者则为神经症结构的内在需要。个人必会不顾真实的愿望、情感或兴趣而固守着它们，以免陷于焦虑中，或是被冲突所摧毁，为罪恶感所击溃，抑或感到为人所抛弃，等等。换言之，“自然的”与“强迫的”二者间之区别乃在于“我想要……”与“为了免于危险，我必须要……”之差异。虽然个人可以认为他是“想要”达到那些雄心与“完美的标准”，但事实上他却是“被驱策”着去得到它们。“荣誉的需求”使他陷入它的掌握中；因为他本身并不知道“想要”与“被驱策”之间的差异，所以吾人便需要在二者间建立一个区别的标准。其中最明确者乃是——他全然不顾自己及自己的核心利益而被驱策去求取荣誉（我记得一个例子，有个10岁的女孩，她宁可用功到眼睛瞎掉，也不愿失掉在班中独占鳌头的头衔）。我们有理由猜想，相比于其他地方，荣誉的祭坛上牺牲了更多的生命——真实的或故事中的。约翰·加布里埃尔·博克曼[①]，当他开始怀疑他达成天职的确实性及可能性时他离开了人世，这一幕含有一个真实的“悲剧元素”。如果我们能为自己以及大多数正常人所肯定的人类价值而牺牲自己，这虽为悲剧，但却是极具意义的；但若我们连自己都不知其所以然地沉溺于荣誉的幻想中，且耗损了我们的生命，那将是一种悲惨的浪费— 生命所蕴涵的价值愈高，则此种浪费便愈大。

追求荣誉的驱力之强迫性，其另一标准——一如其他强迫性的驱力——为“不辨善恶”。既然一个人在追求中，真正的利益并不重要，那他无论如何也要使自己成为众人关注之重心，使自己成为一个最吸引人、最独特——不管这是否为情势所需——的人；总之，以他所具的特性，他能够独居鳌头。他将会罔顾真理所在，而在每次争论中都一定要获得最后的胜利，他的此种见地恰与苏格拉底相左：“……无疑地，我们目前的辩论并非在于你我论点的取胜，而应该在于为真理而论

① John Gabriel Borkman， 为易卜生剧作《约翰·加布里埃尔·博克曼》的主人公。——译者

战”[①]。神经症患者那种盲目追求“霸权”的“强迫性”使他蔑视真理——不管是有关自己、他人还是事实。

此外，正如其他的强迫性驱力，“荣誉的探求”具有“贪欲”的特性，只要他被这种不自觉的力量驱策时就会发生。他或许会因工作成果卓越、赢得胜利，或得到赞誉与激赏而得意，但此种心境转瞬即逝。他很难在第一时间体验成功，或者，至少要为将来的失望与恐惧而有所防备。无论如何，强烈地追求更多威望、更多金钱、更多女人、更多胜利的欲望，几乎是永远无法满足与中止的。

最后，从驱力遭受到挫折时患者所表现的反应中，可发现驱力的强迫性。一个事项的主观的重要性愈大，则达成之需求的推进力就愈大，因此“挫折的反应”也愈强烈，这是我们用来测知驱力强度的方法。虽然这不易一见，但“荣誉的探求”实为最有力的驱力。它可如魔鬼附身，像是一头吞噬创造了自己的主人的怪物，因此其遭受挫折时的反应必定相当剧烈，它可在对灭亡与屈辱的骇惧中表现出来。此种骇惧对很多人而言系意味着失败的感觉。对“失败”的那种惊慌、忧郁、失望，以及对己对人的发

① 摘自《柏拉图对话录》(*The Dialogues of Plato*) 中的《菲利布》篇，纽约，Random House，B. Jowett 之英译本。

怒反应都是屡见不鲜的，而且与这些反应的原因相比，其实际情况的重要性根本不成比例。惧怕从高处坠下，常常表示由幻想中的高处下坠的恐惧，有时当他对他所建立的无可置疑的优越感产生动摇时，这种恐惧就会油然而生。梦中他立于山尖，濒临下坠，且正绝望地抓住岩石边缘。他说："生活的要务乃是紧握住现况。"他有意识地言及他的社会地位，但就更深一层的意义而言，此种"我无法更超越目前的现况"对他的自我的错觉而言是正确的。在他的意念中他无法再超越如神的万能与无限的意义！

对所有"探求荣誉"的元素而言，其第二种固有的特质乃是"想象"，它在这些元素中扮演了重大而特殊的角色。在"自我理想化"的过程中，它是不可或缺的。这个因素相当重要，因此整个"荣誉的探求"必定会弥漫着幻想。不管一个人如何以现实的成就自傲，如何真实地往成功、胜利、完美迈进，"想象"必会随时伴随着他，且使他误将幻想当成是真实。一个无法真实地面对自己的人在其他方面也不可能拥有真实。当一个在沙漠中为疲劳与口渴所煎熬的游客发现了海市蜃楼时，他会全力以赴，这座海市蜃楼——荣誉——将可用来解除他的忧愁，而满足本身也是"想象"的产物。

事实上，"想象"在正常人中也会发生精神上与智力上的作用；当我们想感受一个朋友的哀伤或喜悦时，是想象让我们做到这一点；当我们盼望、希冀、畏惧、相信或有所计划时，是“想象”告诉了我们可能发生的结果。“想象”也许是“有益的”，也许是“无益的”：就如同它在梦中的作用一样，想象能使我们更接近“自我的真相”（比如做梦时），或者带我们远离真我。“想象”可使我们的实际经历变得更丰富或更贫瘠，这些差异可概略地用来区别“神经症式的”或“正常的”想象。

当我们思索几乎所有神经症患者都会规划的宏图，或他们的“自颂”以及“要求”的幻想性，我们就会相信他们比其他人更具丰富的“想象力”，正因为如此，他们便较易误入歧途。此一观念并非仅来自我个人的经验。此种想象力在神经症患者之中彼此都有所不同，一如在正常者间也彼此不同一样，但我无法证实神经症患者天生就比别人更具想象力。

不过此种观念虽是基于正确的观察，但所得的结论却是错误的。“想象”在神经症中的确扮演了重要的角色，但其间的差异并非是性质的差异，而是机能的差异。“想象”之发生如同在正常人身上一般，但它还具备了在正常人那里所没有的作用，它被用来满足“神经症的需要”。这在“荣誉的探求”事例上更为清楚，就如我们所知，此种探求乃由“强烈需求”的冲击力所推动。在精神医学文献上，将事实做想象上的扭曲被称为是“如意想法(wishful thinking)”，虽然目前这是一个已经成功确立的词语，但仍不正确。它过于狭窄：一个正确的术语应不只包含“想法(thinking)”，而且要包含“如意的”(wishful)观察、信仰，特别是感觉。此外，想法与感觉是由我们的“需要”所决定，而非由我们的“愿望(wish)”所决定的。这些“需要”的冲击力，让“想象”在神经症中有了韧性与权力，同时也使它变得更为多产——但却是非建设性的。

“想象”在“探求荣誉”中所扮演的角色，可正确且直接地表现于白日梦中。十几岁的小孩会有一个赤裸裸的伟人的幻想，一个大学生虽然显得羞怯与退却，但他却有变成体育健将、天才或唐璜[①]的幻想。即使年纪再大也会如此，例如包法利夫人，她几乎一味沉溺于浪漫的经验，不可思议的完美，神秘的仁慈。有时这些幻梦会以“虚拟的交谈”而表现出来，在交谈中他会羞辱别人或给人留下美好的印象。有些人情况更为复杂，他们经由遭受残酷与堕落的幻想，来体验自己的屈辱或崇高。通常白日梦并非精心编织的故事，但却是日常事务的伴随物。当一个女人在照料小孩、弹钢琴或梳头时，她会觉得自己是一位慈母、痴迷的钢

① Don Juan，西班牙传说中之放荡男子；引诱妇女者。——译者

琴家、电影中迷人的佳丽。在某些病例里，有些人的此种白日梦倾向相当明显，以至于就如同沃尔特·米蒂[①]一样长久地生活在两个世界中。其次，也有些人在“荣誉的探求”中，并没有白日梦或做得并不完全，因此他们会主观且真诚地说他们毫无幻想的生活。不消说，他们是错误的。即使他们为即将降临的灾祸而担忧，也是先经由对意外事故的想象的。

白日梦虽然重要而显著，但并非“想象”中最有害的结果，因为一个人多半晓得自己在做白日梦。亦即他借着幻想去体验那些不曾发生或不可能发生的事。至少，他并不难于了解白日梦的存在与不实。较有害的“想象”结果，乃是他将事实加以精巧而广泛的扭曲，且并不为他自己所知。“理想自我”不会一蹴而就，而是需要持续的关注。为了实现“理想自我”，他必须不断努力去伪造事实；他必须将他的需求转变为“美德”或谈不上正当的期望。他必须将自己追求诚实与体谅的意向变成已经拥有诚实与体谅的事实。于是他论文中的高见使他成了伟大的学者，他的潜能转变成了实际的成就。认识了“正确的”道德价值后，他成为善良的人——道道地地能明辨

① Walter Mitty，美国作家詹姆斯·瑟伯（James Thurber）的短篇小说《沃尔特·米蒂的秘密生活》中的主人公，是一个喜欢做英雄梦的懦夫。——译者

是非的天才道德家。当然他的想象力必须额外地努力工作，以弃绝所有阻碍性的反证。①

“想象”也可改变神经症患者的平素所信。他需要相信别人是善或恶，那么——瞧！他们（别人）就立即出现在善士或恶徒的行列中。它也可以改变他的情感；他需要觉得自己未被伤害，于是——看呀！他的“想象”就具有足够的力量去消除他的疼痛与苦难；他需要有深刻的情感——信心、同情、爱、痛苦，于是他的同情心、痛苦感以及其余的情感就会深刻地被感受到。

了解“想象”在“探求荣誉”中所导致的内在或外在事实的扭曲后，我们就会碰上一个难题：神经症患者“想象”的飞跃究竟终止于何处呢？他毕竟尚未失去他所有的真实感觉，那么他与精神病患者的界线为何？想象的表现果真存有任何界线，那也是模糊的。我们只能说精神病患者易于武断地将自己的心路历程视为唯一的事实，而神经症患者——无论什么理由——却依旧十分关心外在世界以及他处于其中的地位，因此他还具有相当完整的定向力②。不过，尽管他表面上尚能正常地

---

① 参见乔治·奥威尔作品《1984》中的“真理部”。

② 此种差异的理由是十分复杂的，值得我们去查究。这些理由中的最重要一项乃是：是否精神病患者会更根本地舍弃真我（real self），同时更彻底地转向“理想化的自我”。

生活，而没有明显的障碍，但他“想象”翱翔的高度却是永无止境的。事实上，“探求荣誉”中最显著的特性，乃在于“想象”步入了空想与“无限可能性”的王国中。

为求“荣誉”的一切驱力，都具有一共同特点，就是：向外追求比人类天生所具有的还高的知识、智慧、美德或权势；他们的目标在于“绝对”、无限、无穷。除了绝对的勇敢、绝对的胜利、绝对的神圣外，被“追求荣誉”的驱力所困扰的神经症患者再不会为了他物而动心。因此他与虔诚的教徒成为一个强烈的对比。就后者而言，只有上帝才是万能的；而神经症患者的想法却是：我才是万能的。除了他的意志力具神秘成分之外，他的论据是绝对可靠的，他的先见是完美无瑕的，他是博通万事万物的。于是贯穿本书的“魔鬼协定”开始出现。神经症患者就是浮士德，他不因“博学”而满足，而是自认为必须“懂得一切”。

迷陷于追求“无限”，乃是由“探求荣誉”的驱力背后所隐藏的强烈需要决定的。这些对于追求“绝对”与“终极”的需要相当急切，因此它们凌驾了那些平常用来使我们的想象免于脱离现实的禁制。为了能过顺利的生活，人类除了需要拥有对机遇的幻想与追求“无限”的想法外，还需彻底了解人类的界限（缺陷）、必然性以及一切活生生存在的具体事实。若一个人的思想与情感根本上集中于“无限”与“机遇的幻想”上，那就会失去具体事实、此地、此时的知觉，失却生活在此刻中的能力，他再也不能忍受本身的必然性以及任何“人类的缺陷”。他不知成就事业在事实上所该具备的要素，甚至于“存有将每一种不可能都变为事实”的妄想，他的思维变得过分抽象，他的知识变成“非人格化的知识”，由它导致人类“自我”的浪费——与人类兴建金字塔的浪费行为极为酷似。他待人的情感会消逝而转变为一种“对人类的抽象同情”。而另一方面，若个人无法超越“实体”（或现实）、“必然性”、“有限”的狭窄范围来看事物，那他将会变得“狭隘与卑下”。在人格的正常发展中，它不是属于二选一的问题，而是兼含了二者的问题。对有限、律法与必然性的认识形成了一种禁制，使人免于被拉入无限，免于一味“在可能性中挣扎”①。

在“探求荣誉”上想象的禁制未能正常发挥作用。这并非意味着他在普遍意义上无能去了解现实条件并加以固守。在未来的神经症发展中，将会有一特殊的发展趋向，使得大多数人觉得，

① 在这一哲学性的讨论里，大体上我都采自丹麦大思想家祈克果（Sören Kierkegaard，1813～1855）1844年所作《致死之病》（*Sickness unto Death*）一书，此书1941年由Princeton大学印行。本段所引乃取自此书。

如果限制自己生活的话会更安全一些，他们将“迷失于幻想中”的可能性视为必须逃避的危险。他们不去思索任何一件属于幻想的事情，厌恶抽象的思考，并且会过度焦虑地依附那些可见的、可触知的、具实体的或者直接有用的事物。然而尽管对于这些事物的意识上的态度各个不同，但每一个神经症患者在根本上都不愿去认识“自己所期许的以及自信可能获得的”那种能力上的限度。他实现理想影像的需要是相当强烈的，因此，他必须将“禁制”抛弃，且视之为无关紧要或根本不存在的事物。

他那种不理性的想象愈制服他，则他愈可能对任何真实的、有限的、具实体的或有终结性的事物感到惊骇。因此他倾向于痛恨时间，因为它是有限之物；痛恨金钱，因为它是有实体之物；憎恶死亡，因为它代表结束。他也会痛恨有限的愿望或意见，因此他逃避做特定的约定或决定。例如，有一个病人，她渴望成为一个在月光下跃舞、迷人而令人捉摸不定的人；因此当她看到镜子时，会不自觉地感到恐惧。这并非因为她看到了可能的缺点，而是因为它把她带回到现实——她具有一定的轮廓，她是实际存在的，她固守着特定的实体形状。她就像只翅膀被钉于木板上的飞鸟一般——当她触到这种感觉时，她便不觉兴起了摔破镜子的冲动。

虽然病患的发展并非一定是如此趋于极端，但每一个神经症患者(纵使表面上他被视为正常人)，当他涉及对自己的幻觉时，都不愿用实证来加以禁制。他之所以会这样，乃因他若对此加以制止的话，他就会宣告崩溃。每个人对于外在的法则与规章的态度均有不同，但他总易于否定自我内在的法则，拒绝了解心灵问题的因果必然性，或者拒绝探测某些相辅相成的因素彼此间的必然性。

他有无穷的方法，用来不理会那些他不愿知道的事实。他忘记；因为它是无关紧要的，它是意外，它是由环境所造成的；或是因为别人激怒了他而造成的。他爱莫能助，因为它是“必然的”。他好比一个不诚实的会计，尽一切努力维持两个账本，但与之不同的是，对于他自己，他只看那本令他喜欢的账本，而完全忽略另一本。我不曾看过哪个公然反抗现实的人不因哈维所说的“我与现实奋战二十年，终于克服了它”这句话感到共鸣。或者，再引用一句病人的老话：“要不是现实，我将是完全正常的。”

“荣誉的探求”与正常人的奋斗间，其差异仍旧是清晰而显著的。表面上它们是如此相像，以致其间的差异看来只是程度上不同而已。好像神经症患者只是较具雄心，比正常人较关心权势、威望与事功；一若其道德标准较常人更高、更僵化；一若其比较自夸，或以为自己比别人更重要罢了。毕竟事实上，有哪个人敢截然划出界线说："这就是正常人的终点，且是神经症患者的起点"呢？

在正常的奋斗与神经症的驱力间有其相似之处，因为这些相似之处在人类特殊的潜能中有其共同的根源。人类经由智能的使用而有了超越自我的能力，与动物相较，他能想象与计划。在很多方面，他能渐渐地扩展自己的能力，如历史所示，人类已具有如此表现；且对个人的生活而言，这种说法也是真确的。对于他所能过的生活，他所能发展的品德与能力，及他所能创造的东西并无固定的界限。考虑到这些事实，则人类无法确定他的界限，易于将目标立得过高或过低似乎是无法避免的事。而这种现存的不确定性正是"探求荣誉"之所以成为可能的必要基础。

正常的奋斗与"探求荣誉"的神经症驱力，其差别主要乃在于推动它们的力量彼此不同。正常的奋斗起源于人类天生的习性，并用以发展天赋的潜能。对"天生的成长冲动"的信念已成为我们理论上与治疗上所依赖的信条[①]，尽管更新的经验

① 我所说的"我们"，指的是整个的精神分析进步协会。在《我们内心的冲突》导言中，我曾说过："我个人相信人类具有发展潜能的能力与欲望……"同时请参考德裔美国精神病学家库特·戈尔德施泰因（Kurt Goldstein）所著的《人性》（*Human Nature*）一书（Harvard University Press，1940）。但戈尔德施泰因并没区分"实现自我"（self realization）与"实现理想化的自我"之差异，而此种差异对人类而言是重要的。

会再三出现，但此种信仰仍是历久不衰的；唯一的改变在于利用更详细的系统来说明此种信条。现在我坚决地认为（诚如本书首页所述）：“真我的活力”驱策个人迈向自我实现。

另一方面，“荣誉的探求”乃源自“为实现理想自我的需要”，这一点差异乃是根本上的，因为所有其他的差异都是由此衍生而来的。因为“自我理想化”本身就是神经症式的解决方法，而且具有强迫性，所以一切由它而生的驱力都是强迫性的需求；因为只要神经症患者必须依附于他对自我的错觉，他就无法了解“有限性”，所以“荣誉的探求”必将会陷于“无限”的追求中；由于他主要的目标在于荣誉之获得，所以他对学习过程、做事程序或“按部就班”便不感兴趣——且具有轻蔑这些过程的倾向。他不想爬山，但却想矗立于山峰之上，因此他不懂进化或成长的意义，尽管他也会谈及它们。因为创造理想化的自我，最后只有牺牲“自我的一切真相”方为可能，所以实现理想化的自我，需要进一步地扭曲事实，同时也需要“想象”的作用（想象乃是实现理想自我的最忠实臣仆）。因此，在人格发展的过程中，他多少会失去对事实的兴趣与关怀，也会失去分辨真伪的知觉——就其他方面损失而言，这乃是一种更重大的损失，这正导致他难以区别存在于他自己或别人身上的真实情感、信仰、奋斗与这类情感的“赝品”（潜意识的伪装)。同时他关注的重点也从“实质”转移到“外表”。

于是，在“探求荣誉”的过程中，正常的奋斗与神经症的驱力二者间的差异，乃在于一为“自发性”，一为“强迫性”；一为承认有限，一为否认有限；一为专注于荣誉的最终结果，一为成长的感觉；一为外表，一为实质；一为幻想，一为真实。由上述的比较可知正常人和神经症患者之间的差异，前者不可能专心一意地去实现“真我”，后者不可能完全被驱策而去实现“理想的自我”。神经症患者亦具有“实现自我”的倾向；如果神经症患者不曾具有此种奋斗倾向，那在治疗上对于病人的人格发展，我们将变得束手无策。然而，虽然正常人与神经症患者在这方面的差异只是程度上的差别而已，但真实的奋斗与强迫性的驱力(表面上固有其相似处)间却具有质的差异而非量的差异[①]。

我认为因“探求荣誉”所引起的神经症过程，其最恰当的象征就是“魔鬼协定”此一故事中观念化的内容。魔鬼或其他邪恶的化身借着给予无限权势，引诱被精神或物质烦恼所困的人，但这种人只有当他出卖自己的灵魂或下地狱，方能获得这

① 本书中，当我提及“神经症患者”时，指的是那些“神经症的驱力”战胜了“正常的奋斗”者而言。

些权势。此种诱惑力可发生于精神内涵富有或贫乏的任何人身上，因为它代表了两种强烈愿望：对“无限”之渴望和轻松脱离烦恼的方法。根据宗教的记载，人类最伟大的精神导师——佛陀与基督就曾经验过此种诱惑，但他们“自我”的根基甚稳，认出那乃是一种诱惑，此种诱惑是能够加以弃绝的。此外，在与魔鬼的协定上所约定的条件，恰当地表达了神经症患者在发展中所该偿付的代价；就这些象征性的词语说明，通向无限荣誉的捷径势必也通往“自卑”与“自虐”的心狱。个人如果真循此径出发，他事实上也失去了自己的灵魂——他的真我。

第二章　神经症的要求

神经症患者在“荣誉的探求”中，迷失在幻想的、无限的与无边可能性的王国里。显然地，外表上他可能作为他家庭中或社区中的一员正常地生活、工作并参与消遣活动。他并不了解自己正生活在两个世界中（至少不了解它的程度）——隐秘的私生活与公开的生活。这两种生活是无法协调的，再重复前章所引用病人的话：“生活是可怕的，布满现实！”

无论神经症患者多么不愿意面对现实来反省自己，“现实”却已把他强分为二；他也许很有天分，但本质上仍像其他人——除具有一般人类的缺陷之外，还具有很多个人所须遭遇的困难。他的实际情况无法与他如神的想象一致，外在的现实也不曾将他当神般地看待。对他而言，一小时只不过是六十分钟而已；他必须像其他人一样排队等候；计程车司机或老板也待他一若常人。

个人感觉所受的轻蔑，可以很适当地用一个病人于孩提时代所经历的小事来作为象征。她当时是个3岁的女孩，常常幻想自己是一位美丽的女王。然而却有一位叔叔举起她，打趣地说：“哎呀！你的脸真难看！”她永远忘不了因自己的无能所感受到的愤怒。这种人几乎会时常面对矛盾、困惑与痛苦。他该做什么呢？他如何去说明它们呢？如何反应？或如何除掉它们？只要他的崇高自我不容任何置疑，那他只能推说这个世界乃是有毛病的，它应该是不同的；因此，他并不解决自己的错觉，反而向外在世界提出了一种“要求”，他有权利按照他自己的崇高意念，使他获得他人或世界另眼看待。每一个人应该迎合他的错觉（要不然，他就会觉得一切都是不公平的），他有权利享受更好的待遇。

神经症患者感到自己有此权利去享受他人特别的照顾、体恤与尊重。有关“敬重”的需求是不掩饰的，而且有时表现得相当明显。但它们只是那种更广泛要求中的主要部分——即所有因他的禁忌、恐惧、冲突及解决法而产生的需求都应该得到满足或适当地为人所敬重。此外，无论他感觉怎样，思考什么或做什么都不应有不利的结果。实际上，这意味着他要求精神法则不该应用于他身上，因此，他不需去认识或改变他的困难，继之，解决他的问题不再是他的责任，而别人则应该了解这些困难并不会使他感到困扰。

德国精神分析家哈拉尔德·舒尔茨·亨克(Harald Schultz-Hencke)，在现代分析家中第一个发觉了这些神经症患者所怀藏的要求，他称此为“巨大的要求”[①]，且认为它在神经症中担任了重要的角色。我在他所提出的有关这些“要求”的重要性上同意他的意见，但我的观念也在很多方面与他有所不同。我认为“巨大的要求”这术语并不适当。它易使人误解，以为他们所提出的这些要求在内容上是过度的。的确，在很多情况下它们不只是“过度的”，而且是纯属于“幻想的”；然而，在其他的例子中却显得相当合理。将焦点集中于“要求”内容之过分这一点上，则会令人难以辨别那些存于自我以及他人中看似合理的要求。

举个例子说，有个商人因为火车不按他方便的时刻开车而感到十分愤慨。但一个知道这对他并没有重大影响的朋友，就会指出对此他实在是太苛求了，这位商人也会报之以另一种愤怒，他认为这位朋友并不了解他所谈的内容。他是个大忙人，希望火车能在可预知的时间开，对他而言这毋宁是合理的。

① 参见哈拉尔德·舒尔茨·亨克的著述 *Einfuehrung Zur Psychoanalyse*。

他的愿望确实是合理的，有谁不希望火车按方便自己的时刻来开车呢？但事实上，我们没有权利去左右它。这使我们体认到这种现象的要素：**一桩本质上相当可理解的愿望或需要，转变为一种要求**，此“要求”如不应验，就会使他觉得这乃是一种不顺利的挫折或攻击（因此，我们有权利对此发怒）。

“需要”与“要求”之间有着明显的差异；不过，若心灵所隐伏的情绪已改变其状态，则神经症患者非但不知其差异所在，而且会对此加以逃避。虽然他所谈及的可能是一项可被了解的或平常的愿望，但他实际上是在提出“要求”；他觉得他有权享受那些（只要稍作思考便会明确的）不一定是属于他的东西。譬如，有些病人因收到并排泊车的罚单而勃然大怒，当然仔细一想，这种想“混过去”的愿望是可理解的，但事实上他们却无权被赦免。有这种想法并非指他们不懂法律，而是因为他们坚持认为（如果他们真的思考过的话）：既然别人能够混过去，何以他就不行，这乃是不公平的。

基于上述原因，下面我们宜单纯地探讨一下非理性的或者说“神经症的要求”，它们的本质是“神经症的需要”，在个人未能察觉的情况下，由“神经症的要求”演变而成，它们是无理的，因为它们假定了一项事实上并不存在的权利或资格。换言之，它们之所以过分，是因为它成为一种“要求”，而不再只是一种“神经症的需要”。其内容据特殊神经症的需要而有细节上的不同。一般而言，病人会感到有权去得到任何对他而言是重要的事物——即他所有的神经症的特定需要都得到满足。

当我们谈及一位富有需求的人，我们通常会想到他对别人的需求。人际关系方面的确是“神经症要求”的主要发作的区域之一。但如果我们如此限制自己，那我们就太低估“神经症的要求”的范围了，它们还会指向人为的制度，甚至于指向生活本身。

就人际关系而言，一个行为显得相当胆怯与退却的病人，可能因其内心在提出一种全面的“要求”。他对此种“要求”并没有彻底的了解，常为弥漫的惰性及无法开发自己的才智所困扰，他说：“这世界该帮助我的，我不该被困扰。”

一个根本上惧怕自我怀疑的女人，也会具有如上同样广泛的“要求”，她觉得她有权利使自己所有的需要得到满足。“那是不可想象的，”她说，“我所希望爱我的男人会不爱我？！”她的“要求”可以说是起源于宗教的术语：“每一件我所祈求的东西都会得到。”然而就她的情况而言，其“要求”还具有相反的一面。因为一个愿望无法满足将是不可思议的失败，所以她抑制了大部分的愿望，以避免承受“失败”的代价。

有“永远正确之需要”的人们，会觉得有权不被指责、怀疑或质问；那些被权力欲所支配的人，会觉得自己有权要求别人盲目服从。那些将生活当成是竞赛，且在竞赛中自己能巧妙地操纵他人的人，会觉得自己有权去愚弄每一个人，而自己可以不被愚弄。那些不敢面对冲突的人觉得自己有权利“躲过”或“规避”困扰自己的问题。一个竭力剥削胁迫他人、在他人身上逞威的人，一旦别人坚持一项公平交易时，他将会恨恨地以为这乃是不公平之事。一个冒犯别人同时又需得到别人谅解的自大而又满怀报复心的人，会觉得他有权得到“赦免”。无论他冒犯了别人什么，他都觉得自己有权压制别人不计较其所为，同一要求的另一说法就是求“谅解”，不管一个人如何暴躁或易于发怒，他都有资格获得谅解。认为“爱”是一种妥善的解决方法的人，会将其需要转变为专一且绝对的专情。一个看来似乎无所需求的超然者，却会坚持一项要求：不被困扰。他觉得因自己并不希冀别人的任何事物，所以无论在多险要的关头，自己都有权不被干扰。“不被困扰”通常意指免于批评、期望或努力——纵使后两者是为了他自己亦然。

上述的这些例子与说法，或许已足以解释人际关系上的“神经症要求”。在更多非人格的情形下，或有关制度方面，带着否定内容的“要求”通常是较占优势的。例如，因法律规章而获得利益被视为理所当然，但如果法律让自己陷入劣势，就会觉得这是不公平的。

我仍旧感谢上次战争中所发生的一次事件，因为它使我注意到自身隐藏的潜意识要求。那次访问墨西哥回程时，在科珀斯克里斯蒂，飞机因为空中管制而延误，虽然我认为这种规定原则上是相当合理的，但我注意到当它应用于我时，我却勃然大怒了。想到接下来为了前往纽约要有连续三天的火车之旅，我更加不快，而且相当疲倦。但当我自我安慰地想到或许这就是上帝的保佑，因为飞机可能会出事，于是所有的烦乱终归平静。

那时，我突然发觉我这种反应的荒谬之处，在我开始思索这些反应时，我发现了两种“要求”：第一，为求例外；第二，为求神之恩宠。于是我接下来对搭火车旅行的态度便完全改观了，昼夜坐在过挤的普通客车内同样是不好受，但我不再疲倦，甚至于开始对这趟火车旅行发生兴趣。

我相信任何人如果多观察自己或别人时，必会发现或扩大这种体验，例如，大多数人（不管是行人或司机）之难于遵守交通规则，通常都是因为潜意识里对此的反抗所致；他们认为他们不应该服从这些规则。有些人愤恨银行的“无礼”行为，因为银行总让他们注意到他们账目的透支。又如，对考试或无力准备考试的恐惧，都是起源于对“豁免”的要求。同样地，对冰冷行为感到愤慨，可能因为他自觉有权享受上等的待遇所致。

这种求“例外”的要求，也会指向精神或身体方面的自然法则。那是令人诧异的，当一个聪明的病人面对精神问题的原因与结果的必然性时，竟会显得无比的迟钝！我可以举出一些不证自明的因果关系：如果我们想要成就某事，就必须身体力行；我们若想独立，则应朝自我负责的方向奋斗。或只要我们自大，我们就会容易感到被攻击；只要我们不自爱，我们就无法相信别人会爱我们，也必定会怀疑任何爱的宣言。 将这些因果关系告诉病人时，病人通常会开始争论，大惑不解或躲躲闪闪。

产生这种特殊“愚钝”[1]的因素有很多，首先我们必须了解，让病人明白此种因果关系意即要病人面对“内在改变”的必要性。当然，改变任何神经症的因素都是困难的。但更大的

---

① 参考本书第 7 章中描述的“精神碎裂的过程”；与本书第 11 章中描述的“退却者嫌恶任何的改变”。

问题是，就如我们已知的，很多病人在潜意识里强烈地嫌恶了解自己应该受制于任何必然性。甚至于只要听到“规则”、“必要”或“限制”这些字眼即可使他们颤抖不已——如果他们让自己完全了解这些词的意义。在他们自己的天地里事事对他们都是可能的。因此认识加诸他们自己的任何“必然性”，实际上可以将他们从高处的世界拉回到“现实”中，这里他得与他人一样受制于自然法则。他需要从生活中除去那些“必然”，此种需要遂转变为“要求”。在心理分析中，此种现象可由他们自觉有权超越“改变的必要性”而被观察出来。因此他们便潜意识地拒绝去发觉如果他们想获得独立自主且不易受到伤害，或想能够相信被爱，那他们就必须改变自己内在的态度。

大体而论，大部分的“犹豫”也是对生活的隐秘“要求”；对于“要求”的无理性质所持的任一怀疑在此范围内必定消失。无疑地，它将粉碎个人那种如神的感觉而使他面临现实；生命是有限的且危险不安的；意外、不幸、疾病或死亡可能会随时袭击他且摧毁他全能的感觉，因为(引用古老的真理)对于命运而言我们所能做的简直微乎其微。我们能够避免某些死亡的危险，能保护自己使自己免于与死亡有关的金融损失，但我们仍无法免于一死。由于不愿像其他人一样面对生命中的风险，神经症患者发展出“不可侵犯”的要求或“成为救世主”的要求，“受命运眷顾”的要求、“闲适无苦的生活”的要求。

与发生于人际关系上的“要求”相较，那些针对生活的“要求”并不能有效地被维护。具有这些“要求”的神经症患者只能做两件事；他会在意念里否定一切可能发生于他身上的事，在这种情况下，他会有不顾一切的倾向——当他发烧时，虽是在寒冷的天气中，他仍会外出，对可能发生的传染不加预防，或无防护地进行性关系。他活着一若他会长生不老似的。因此，如果遭受不幸的打击，当然，那会是一次压倒性的经验而且可能使他陷入惊慌之中，虽然这个事件也许无关紧要，但却可摧毁他那种不可侵犯的高超信仰。或者，他可能会走向另一极端，而对生活变得过于谨慎。既然他无法依赖他的“不可侵犯”的尊贵要求，那么什么事都可能会发生，他也就无依无靠了。但这并非意味着他已放弃他的“要求”，而是意味着他不想使自己再面对其他“要求”的崩塌罢了。

还有一种对生活与命运所持的态度，似乎表现得很合理，问题在于我们能否看出隐藏在这些态度背后的“要求”。很多病人直接或间接地表现出愤愤不平的情绪，因为他们被特别的问题所苦恼着。譬如，当他们谈及朋友时，会说尽管这个人也有神经症，但这个人在社交场合中更顺遂；那个人在与女人交往方面更为出色；另一人则比自己更为进取，或更能享受生活。就如这些闲谈虽然并没有什么含意，似乎仍可为我们所理解，毕竟各人都会以个人的问题为苦，因此都会觉得倘若没有那些困扰——他的特殊问题——他将会过得更为舒服。但这种病人跟令他艳羡的人们在一起时所表现的反应却表明了一个更严重的过程。他可能突然变得冷漠或沮丧，追踪这些反应，我们将会发现困扰的来源是一种固执的“要求”，即——他不应该有任何问题。他有权比别人具有更优越的天赋。此外，他不只有权过着毫无个人问题的生活，而且还可具有他所知道的一切特殊才华，用银幕中的人举例的话，像查理·卓别林般谦虚与聪明，像屈赛①般慈悲与勇敢，像盖博②般矫健强壮。“我不应该是现在之我”此一要求过于明显而无理，以致无法如愿以偿，它表现于对那些比他更具天赋或更为幸运的人之愤恨与嫉妒上；表现于模仿或崇拜他人上；或表现于要求分析师使他具备所有这些合意的但却常常互相矛盾的才华之上。

这个为求得到至高属性的“要求”，其中的含义是相当不明

---

① Spencer Tracy，1900 ~1967，美国电影演员。——译者

② Clark Gable，1901 ~1960，美国电影演员。——译者

的。它不只导致长期的嫉妒与不满，而且还在心理分析的工作中构成了实际的障碍。病人既然认为他之具有任何神经症的困难都是不公平的，那再期望他去研究他的问题，必定是加倍的不公平。反过来说就是，他觉得他不需经由痛苦的“改变”步骤，就能解除他的困难。

有关“神经症要求”的种类，研究得并不够完全。因为每一神经症的“需要”都能转变为“要求”，所以我们为了给予“要求”以更彻底的描述，必须对此做个别讨论。然而，有时甚至于只是简短的研究也能使我们感觉出它的特性。现在我们试着将它们的共通之处做一个更清楚的解释。

首先，“要求”有两方面是不切实际的；个人建立了一项只存在于意念中的权利，而且甚少考虑或全然罔顾他这项“要求”达成的可能性。这在为求免于疾病、年老与死亡的率真幻想上表现得最为明显，但对其他方面的要求亦然。有一个女人，她觉得有权使她的邀请完全为人所接受，因此她很愤怒别人对她的婉拒，不管别人不接受的理由是如何地迫切。有一位学者始终认为他所碰到的每件事都该是简单的，于是他愤恨撰写论文或须付诸实验的工作，而且不顾这种工作是多么必要，或明知这种工作若不付出辛劳是无法完成的。一个自觉有权要别人在他经济困顿之时帮助他的醉汉，如果他人的帮助不够快或显得不情愿时(无论别人是否真的如此表现)，他就觉这是不公平的。

这些例子表明了神经症要求的第二特征：他们的“自我中心”。这种特征是如此之显著，以至于使旁观者感到那毋宁是“天真的”，而使他们忆及被宠坏的孩子会表现出同样的态度。这些印象可支持一项学理上的结论：所有这些“要求”正是“婴孩的”特性，它们存于那些无法长大成人的人们之中(至少在这一点上)。但事实上这个论点却是错误的，很小的孩子也确实是以自我为中心而存在的，但只是因为他尚未发展出一种与人相沟通的感觉。小孩简直不知别人也有他们自己的需要与能力上的限度——如妈妈也需睡眠或妈妈无钱买玩具，然而神经症的“自我中心”乃是全部建筑于完全不同且相当复杂的基础之上。他为自我所耗尽，因为他被心理需要所驱使，为冲突所困扰，被迫去坚持他那特殊的行事方法。此处是两个看来相似但却不同的现象。由上述吾人知道，如果告诉病人——他的要求是幼稚的，那绝不能得到治疗的效果；这样做只能让他知道他们是无理的(就这一点而言，分析师有更适当的方式让他知晓)，充其量这只能引发他的思考。若不再进一步分析治疗，这对他也将毫无影响。

这之间的差别是如此之大，神经症要求的“自我中心”可用我自己的经验节缩为：空中优先权在战时是对的，但我自己的需要更应具有绝对的优先权。如果神经症患者感到身体不舒服或希望做某件事，则其他人都应该终止其他的事，立刻去帮助他，当分析师很客气地说他没空与他交谈时，便会时常遭到病人狂怒的或无礼的报复，或根本就不被理会。如果病人需要与他交谈，他就应该有时间。

神经症患者与其周围世界的关系愈疏远，则愈不能了解他人及他人的情感。就如一个有时会对现实显露出傲慢与轻蔑态度的病人曾经说的："我是一颗不羁的彗星，奔驰于宇宙间。此即表示我的需要是真实的——而别人的需要乃是虚幻的。"

"神经症要求"的第三个特征在于期望"不劳而获"。他不承认如果他寂寞时他该联系他人，而认为是他人应该打电话给他才对。一个人想减肥则需减少食量，但这最简单的理由通常会遭遇到内心的反对，他不断地大吃大喝，却依然认为他之不像别人那么修长乃是不公平的。此外，有的人也许会要求他应该有个较体面的职业、较好的地位，不用多做其他特别的事情而能提高薪水，而且——更主要的——不用去开口求得。甚至于他用不着清楚自己所想要的是什么，而是应该居于"只要拒绝或接受即可"的地位。

有的人时常会用最合理及最动人的语言，来表达他是多么地希冀幸福。但他的家人或朋友很快地就会了解，使他快乐是一件相当困难的事，于是他们会告诉他，在他心里一定有许多不满的情绪，才会使他无法获得快乐，然后他也许会去找分析师。

分析师会觉得，病人为求快乐的愿望乃是达成分析的良好动机，他也会自问为什么这位病人全心渴求快乐而无法获得快乐。他具有大多数人所渴望的条件：甜蜜的家庭，美丽动人的妻子，充裕的经济条件；但他不再做任何更多的事，他对各种事都不具强烈的兴趣。在这个描述中包含了许多的消极性与自我放纵。在第一次会谈中他发觉病人并未谈及他的困难，然而却以性急的方式说出了一系列的“愿望”。下次的会谈使分析师证实了他第一次的诊断看法，病人在分析工作中的惰性被证实是第一个障碍，于是真相大白。这是一个失去自由的人，他不能开发自己的潜能，却有着固执的“要求”——生活中所有完美的事物，包括心灵的满足，都应发生于他身上。

另外一个例子，更能说明“不劳而得助”的要求特性。有一位病人，因为他为上次晤谈时的一些问题所困扰，对他的分析工作不得不中断一个星期，在他即将离开前他表示出要克服困难的愿望——一个完全合理的愿望。因此，我努力试着去发掘发生在这人身上特殊问题的根源，但过后不久，我发觉他并不怎么合作，就像我必须牵引着他一样。过了一会儿，我感到他愈来愈不耐烦，我开门见山地问他是否感到不耐烦时，他肯定地说当然，他不想接下来整个星期为该困难所烦扰，而我到现在也未曾说过如何解除它的任何话。我指出他的愿望我能理解，但很明显地它已转变为不合理的要求。我们是否能更进一步地解决此一特殊问题，乃由这一时点问题的难易以及我与他的作为如何而定，目前他内心必定存在一些东西使他无法朝向我们所渴望的目标前进。经反复分析后(此地略去不提)，他终于承认了我说的是对的。他不再暴躁，而无理的要求与急迫的感觉也都消失了。但同时他又透露了一个额外的因素：刚才他觉得问题是由我引起的，因此应由我负责解决它。在他的想法中认为我要如何负责？他的意思并非说我犯了错；只是在上次晤谈中他知道他尚未克服他的报复心——一个他几乎未曾真正觉察到的问题。实际上，那时他甚至还不想除去它，只想除去伴随它而来的某些困扰。因为我未能使他免于这些困扰，所以他觉得有权利对我提出报复的“要求”。由这个解释，他已不自觉地指出他“要求”的根源：他的内心拒绝对自我负责以及缺乏建设性的利己想法。这使他变得麻痹，使他不能为自己做任何事，而导致一个需求——靠别人(此地指分析师)为他负起全责并解决问题，这种需要也转变为了“要求”。

这个例子表明了神经症要求的第四特征：它们在本性上是具“报复性”的。此种病人会感到自己被冤枉而坚决要报复；很早就有人发现了此种特征，譬如，它在创伤性的神经症与某些妄想症的情况下都明显可见。在文学上有很多关于此种特征之描述，譬如，在这些描述中，像夏洛克[①]之斤斤计较；以及海达·加布勒[②]，当她知道她先生无法获得教授职位时，遂变得刻意要求奢侈挥霍。

此地我想提出的问题，是报复性的需求在神经症的要求中是否为“常见的”（如果不是必然出现的话）元素。无疑地，各人对于报复性的要求的知觉程度，彼此均有不同，就以夏洛克之病例而言，那些需求乃是有意识的；就如前述病人对我发怒时，他是有一知半觉的；但在大部分的例子中，他们是无意识的。根据我的经验，并不相信报复性在所有的“神经症要求”中是普遍存在的，但我发觉它时常出现，因此我一直将之作为一条需要当心的规则。就像我在论及“报复性胜利的需要”的篇章中所写的，我们发现在大多数神经症患者中那种隐伏的报复心理是相当庞大的。当因过去的挫折与痛苦而产生“要

---

① Shylock，指莎士比亚作品《威尼斯商人》中的放高利贷者。——译者

② Hedda Gabler，易卜生剧作《海达·加布勒》中的主人公。——译者

求”；当“要求”具有战斗意味；当“要求”的满足被当作是一种胜利，而其挫折被认为是一种失败之时，报复性的元素必会发生作用。

人们对自己的“要求”能觉察多少呢？一个人对自己及周遭人们的看法，愈由他的“想象”决定，则他自己以及他的生活愈是看上去是他所需求的样子。他的心房被填塞，使他无暇去了解自己还有任何需要或“要求”，甚至只要别人稍微一提到他可能具有“要求”时，他就会觉得恼怒。事情很简单，人们不该让他焦急等待；他不该碰到任何意外，他永不变老；当他远足的时候，天气必须是晴朗的；凡事必须顺意，同时凡事必能安全过关，万事OK。

有些的神经症患者**似乎**知道他们的“要求”，因为他们明显而公然地要求属于自己的特权，但观察者觉得明显的事，也许对当事人本身而言并不明显；观察者所见与当事人的感觉是迥然不同的两回事。一个积极强调自己“要求”的人，最多只能觉察到他的某些表达与含义上有要求的意味，譬如，觉得不耐烦或无法忍受异己之见。他或许知道他并不喜欢开口求人或向人称谢。可是这种知觉与知道他觉得有权使别人去做他所想要的事大不相同，也许有时他知道自己的鲁莽，但通常他会将鲁莽矫饰为自信与勇气。譬如，他会毫不特别规划另一职业，就舍弃某一个很好的职业，并将此一做法视为自信的表现。这可能是真实的，但或许也是因为他感觉自己有权具有这种幸运与命运的眷顾。他也许知道，在他灵魂深处里，他暗自相信着自己将长生不死，尽管如此，他也未发觉他有超越生物极限的“要求”。

在其他情况下，“要求”可能瞒过他本人与未被训练的观察者，后者将会接受任何因需求而提出的正当化理由，但这常起因于他本身的神经症因素，而非其心理上的无知。例如他太太经常无理占用他的时间，有时他会因此感到厌烦，但同时却令他幻想到他对她是不可或缺的。或者，有个女人因无助与痛苦而对他人做出强烈的“要求”（她自己能感觉到她的需要，甚至于在意识里她可能会变得过度谨慎要自己别去强加于他人），这些人之应承她或者是非常愿成为她的保护者与救助者，或者可能由于他们自己的一些不足为外人道的禁令，若无法满足女人的期望就会有“罪恶感”。

然而，即使个人知道自己具有某些“要求”，他还是不知道他的“要求”是不当与无理的。实际上，怀疑“要求”的正当性乃是破坏或消灭“要求”的第一步。因此，只要神经症患者觉得自己的“要求”对自己是至关重要的，那他必定会在他的心目中建立起一种无懈可击的情势，以使那些“要求”完全变得合理。他也必定会完全确信那些“要求”是公平与正当的。在分析中，病人尽全力以证实他一心一意地期望的只是即将获得的事物。反过来说，为了治疗的目的，认识特定“要求”的存在与其合理化之本质乃是很重要的。因为“要求”之成立与否系随着其所依据之基础而变，所以此一基础遂成为一个战略关键。譬如，如果一个人觉得有权因为自己有功绩而享受各种厚待，他必定会不经意地大夸这些功绩，以至于当厚待无法兑现时，他就可以理直气壮地觉得自己被亏待了。

“要求”之正当化过程通常都以文化背景为基础。因为我是女人、因为我是男人、因为我是你的母亲、因为我是你的老板……由于这些背景本身并不能真正支持神经症患者，使其有权提出“要求”，所以它们的重要性必定会被过分地渲染。例如某个国家，并没有明确的传统规定洗碗有损男性尊严，如果有一个病人具有免除此种仆人般工作的“要求”，那他一定会夸张身为男人或家庭支柱，为了尊严是不可洗碗的。

历历不变的基础乃是“优越感”，基于此项理由而来的，“要求”的共性为：因为我在某些地方表现得特别杰出，所以我有权去……这种直白的形式，大多数是潜意识的，但这种人会特别强调他的时间、工作、计划之重要以及他永远是对的。

那些相信“爱”足以解决一切及“爱”使人有权得到一切的人，一定会夸大爱情的价值或奥妙——这并非经由故意说谎，而是经由感觉到比真实情况更多的爱。这种夸张的必要性通常会造成恶性循环，尤其是对因无助与痛苦而生的“要求”而言更是如此。例如很多人过于胆怯而不敢用电话询问，如果他的一个“要求”是要他人来替他打电话的，为了要使他的“要求”正当化，那他会感到他的“禁忌”比本来的还要多；如果一个女人觉得过于忧郁或无助而不能料理家事时，那她会使自己感到比原来更为无助或更忧郁——后来她便真的感受到更剧烈的痛苦了。

然而，一个人不应仓促地下结论说，周遭的人拒绝神经症的“要求”必定是好的，其实同意与拒绝都会把情况弄得更糟——亦即这两种情况都可能使“要求”变得更令人吃惊。“拒绝”通常只当神经症患者已开始或正开始计划自我负责时方有所助益。

或许“要求”之最有趣的基础就是“正义”。因为我信神，因为我总是努力工作，或因为我向来是个好国民——这些都是合理的，所以我不应遭受不利的事故而且理应一帆风顺。尘世的利益乃得自行善与虔诚，而与此相反的事实(美德不必然有偿报)都被摒弃了。要是病人具有此种倾向，他常会指出他这种“正义感”也扩及于他人，如果他人遭遇不合理待遇，他也会勃然大怒。在某种程度内，这是真确的，但它只是意味着他将“要求”建立在公理基础上的这种需要，已被他归纳为一种“哲学”。

此外，对“公理”之强调亦有相反的一面，它要求别人对于所有压倒他们的逆境承担责任。一个人是否能将此一理论适用于自己乃依其“自以为正确”的程度而定，如果“自以为正确”的想法过于坚固的话，那他将认为(至少是自认为)他所经历的每一逆境都是不合理的，但他更易将“报应性的公正”规章加诸别人身上：譬如，他会认为某人之失业，或许“真的”是因为他不想再工作；又如，他会认为在某些方面犹太人或许该负起宗教迫害的责任。

在更多个人问题上，这种人会觉得有权进行“等价值交换”，只要他不忽略其中两个因素的话，也许这种要求乃是正确的。他把自己的正面价值在他心目中进行了比例上的夸大(例如，善意也包括在内)，因而忽略了他给一段人际关系所带来的困难。此外，此种价值尺度往往并不适切。譬如，接受分析的病人会让天平向自己倾斜，只因为自己有合作的态度、他除去障碍性的征候的希冀以及定期来访并付费。天平的另一边，分析师有义务使病人痊愈。不幸地，此两种立场并不平衡，病人只有在他愿意及能够了解自己进而改变自己时方能开始康复。因此，如果病人的善意无法加上有效的努力，则必一事无成。若困扰（障碍）仍反复发生，则病人便会愈觉不耐烦，并产生了被骗的感觉；他会以谴责或抱怨的方式说明自己的不平，而且觉得他之不相信分析师非常“公平”。

过分强调公理，也许（但非必定）是“报复”的一种掩饰。如果“要求”根本上乃是基于与生活的一场“交易”，那么个人的功绩通常会被特别加以强调；“要求”愈富报复性，则他越会对造成的伤害进行强调。所造成的伤害势必又会被加以夸大，而伴随着伤害而来的情感也不断发酵，直到这种伤害大到使得“受害者”觉得自己可以要求任何牺牲或拒绝任何惩罚。

因为“要求”对于神经症的维持是相当必要的，所以“维护”这些“要求”当然是颇为重要。然而，这只就“针对人”的“要求”而言，因为不用说，命运和生活会嘲弄他针对它们的任何强求。在几种场合下，我们应重论这个问题，此处我们可以说，神经症患者试图要别人接受其“要求”的方法，乃与“要求”之基础密切相关。简言之，他可试着利用他独特的重要性以加深别人对他的印象；他可以取悦、迷惑或许诺他人；他可以借着激起别人的正义感或罪恶感而使他们为他效劳；他可借着强调他的痛苦以引起别人的同情与罪恶感；他可以借着强调自己对他人的爱而吸引别人对爱或虚荣的渴望；他可以用暴躁与愠怒威迫他人。一个报复型的人常会用无餍的“要求”来破坏他人，他会尽力应用严厉的指责以迫使他人服从。

考虑到所有神经症患者用来解释或维护“要求”而投入的能量，我们还能预期当“要求”遭受挫折时的激烈反应，虽然其中含有隐伏的恐惧感，但主要的反应系为生气，甚至为震怒。这种生气乃是很特别的，因为“要求”主观地被觉得是公正的与应当的，因而挫折被认为是不公正与不应当的。因此，随之而来的生气便具有义愤的性质。换句话说，这个人不只感觉到生气，而且觉得他生气乃是应当的——这种“自认为应当”的感觉，在分析过程中会被患者极力防护。

在我们更深入地探讨这种愤怒的不同表现之前，我想先简单介绍一项理论——这个理论是由约翰·多拉德[①]与其他人所提出的——我们以敌意来对付任何挫折；亦即敌意实际上主要是对挫折的一种反应[②]。但事实上，由相当简单的观察就可发现此

---

① John Dollard，1900～1980，美国心理学家，社会学家。——译者

② 此一假说乃依据弗洛伊德“本能”的理论而来，其内容为：每一种敌意都是对于本能的冲动或是其衍生物受到挫折的一种反应。对于那些接受弗洛伊德“死欲”理论的分析师而言，敌意还可因“破坏性的本能需要”而产生。

种论点是不正确的。相反的，人类不怀敌意而面对的挫折，简直是不胜枚举。只当挫折是不公平的，或因神经症的“要求”而被认为是不公平的时候，敌意才会产生。它具有使人愤怒的特性，或感到被侮辱。其所造成的不幸或伤害，有时被夸大得十分可笑。如果一个人觉得被另一个人侮辱时，那么另一个人就会突然被他认为不可信赖、龌龊、残忍、卑鄙——亦即此种愤怒强烈地影响了我们对他人的判断。这就是“神经症的猜疑”的来源；这也是许多神经症患者对人的评价并不稳定的原因，也是他们甚易由积极的友善态度一变而为责难态度之主要理由。

极其简略地说，生气或是愤怒的剧烈反应必会采取下列三种不同路线中的一种进行。第一种反应，不管什么理由，它先被压抑住，然后——像被压抑的敌意那样——呈现出心身症状：疲劳、偏头痛、反胃，等等。另一方面（第二种反应）是它可以明白地表现出来，或可以完全地为人所感觉到。在这种情况下，生气愈缺乏事实基础，则病人必定愈夸大他所认为的别人的错误；然后病人会不经意地建立起一种用来对付侵犯者的那种看来似颇有逻辑的理论。病人愈显出公然的报复心，则不论什么理由，报仇乃是必然的结果。他愈公开地自大，则他越相信复仇乃是出于正义。第三种反应是陷入痛苦与自怜之中；个人会觉得极端被人伤害或被侮辱，并且会变得意志消沉。他觉得“他们怎能这样对我！”在这些情况下，痛苦成为表达谴责的媒介。

观察别人的这些反应比观察自己的较为容易，正因为“我是正确的”这一信念抑制了自我批判。然而当我们心里所盘踞的都是别人的错，或当我们开始将诸多可恨之处加之于人，或感到有股报仇的冲动时，检查我们自己的反应才是我们真正的利益。然后，我们必须细察自己的反应是否与别人的错误行为成一合理的比例，如果我们通过诚实思考，发觉二者并不相称，那我们必须探寻隐藏于其中的“要求”。假设我们情愿且能够放弃一些对特权的需求，假设我们熟悉那些我们因压抑了心中敌意所表现出来的特殊形式，那就不难于认识个人对于挫折的激烈反应及隐藏于其背后之“要求”。可是并非在一两个例子中发觉了此种“要求”，我们就能完全除去所有“要求”，通常我们只能克服那些特别明显且荒谬的“要求”。此一过程使人联想起绦虫的治疗，虽然虫体的一部分被除去，但它仍会再生且继续耗损我们的体力直到它的头部被除去。这意味着只有当我们能完全压制对荣誉的一切探求以及由此探求所引起的一切作为时，我们才能摒弃我们的“要求”。然而，不像绦虫之治疗，在返回自我的过程中，每一步骤都是有价值的。

具渗透性的“要求”对人格与生活具有众多的影响，这些“要求”使他产生强烈的挫折感与不满的心理，其范围如此之广以至于我们可约略地称之为性格特点，还有其他的因素促成了此种长期不满的情绪，在产生此种不满的各种根源中，富渗透性的“要求”最为显著。在任何趋势、任何生活境遇里，其情绪之不满显示出其焦点乃针对着缺乏之物、困难之事，因而变得无法对整个境遇感到满足。譬如，一个人从事最满意的事业而且有幸福的家庭生活，但他没有足够的时间弹琴（弹琴对他而言乃是极富意义的）或者他有一个女儿不够优秀；这些因素大大地困扰其心，因此他无法觉察他已有的幸福。又如有个人，他的一个美好的日子可能会因所订商品无法准时送来而被破坏；或有个人虽经历了美好的远足或旅行，但交通却是不方便的。这些态度是相当常见的，差不多每个人都有过这样的经历。而经验者有时会惊异于他们为什么老往事情坏的那一面看。他们有时用“悲观主义”的理由屏蔽了所有的问题，此一态度除了根本没有给出解释外，还为自己无能去忍受逆境的情况提供了伪哲学的基础。

因为这种态度，人们在很多方面便生活得更为辛苦，如果我们认为辛苦本身是不公平的，那任何辛苦都会变成原来的十倍苦。我在普通客车上的经验就是此例的最好说明，只要我自认受到不公正的强加，我必定会难以忍受。但当我发现了在此背后所隐藏的“要求”后，虽然位子依然硬，乘车的时间依然长，但我却会感到舒适。这一点可同样应用于工作方面：做任何工作，若抱着“它是不公平的”此种破坏性的情感或怀着“它原该是简单的”的隐秘“要求”时，做起来一定会变得费力且疲劳。换句话说：神经症的“要求”让我们失去了部分的生活艺术——这包含从容处世的态度。无疑地，有些经验过于严重而具压倒性，但吾人一生中这些经验是很少的。而对于神经症患者，微小的事件也会转变成异常的灾祸，将生活变成一连串的困扰。从反面说，神经症患者也可能专门注意他人生活中的优点：这个人有功绩，那个人有小孩，另一个人有更多的闲暇或可利用空暇做更多事，别人的房子较美，他们的牧草较绿，等等。

虽然这些现象看来极易描述，但我们想要加以彻底认识它，特别是认识我们自己身上的神经症元素，那可就困难了。有太多重要的东西别人都有而我们没有，这看来是如此真实、如此实际。因此账本上的记录可能会发生下述两方面的扭曲：关于自己的与关于别人的。大部分人都曾被耳提面命过别将自己的生活与别人的明显优势相比，而应与别人的整体相比，虽然他们知道这种劝告是正确的，但却无法遵循，因为他们扭曲的见解并非是疏忽或智力上无知的问题，而纯粹是情感的盲目所致——亦即因内心潜意识的需要所导致的盲目。

结果遂造成对别人既羡慕而又无情。这种羡慕具有尼采所说的“虐待狂”倾向，大体而论，此种羡慕心理并非关于这个或那个细节，而是存在于整个生活，它常会伴随着下列的感觉：觉得自己是唯一被拒绝的人，唯一烦恼、孤独、恐慌、被拘束的人，等等。“无情”并非就是断言一个人铁石心肠；它乃是起源于广泛的“要求”，随后又获得一个功能，神经症患者借此来辩护自己的“自我中心”；于是他就可以想：为什么别人的一切都比他好，而还对他有所期望呢？他比周遭任何人都需要帮助——他比别人更被忽视、更不被人所理睬——为什么他不应有权只管好他自己呢！？因此他的这些“要求”就更坚定了。

另一结果则为对权利的普遍怀疑感，这是一种复杂的现象，而“广泛的要求”是诸多原因中的一个决定性因素。在私人的世界里，神经症患者觉得他对一切都具有权利，但这并非是真实的，因此他在现实世界中对他自己的权利感到迷茫。一方面他充满着胆大妄为的“要求”，但当他能够实地或应该执行其权利时，却会因过于胆怯而无法感觉出或维护他的权益。譬如，有个病人一方面觉得所有人都应帮助他，但他却不敢要求我变更日期或向我借支铅笔记事。另外一个人，当为求敬重的神经症要求无法被满足时，他会过度敏感，但他却能忍受来自朋友的明目张胆的过分要求。无权的感觉可能是病人诉苦的原因，也可能是抱怨的焦点，虽然他并不关心他自己那些不合理的“要求”——而那些乃是困扰的来源，或至少是其中一个促成困扰的来源[①]。

最后，具有广泛的“要求”乃是促成“惰性”的最有力因素，惰性以公然或隐藏的形式出现，它或许是最常见的神经症障碍。与懒散相较，懒散乃是随意的且可享受的；而惰性却是精神能量的麻痹，它不只遍及于行动方面而且也包含了感觉与思考。依据定义，所有的“要求”都会取代神经症患者对问题的主动解决，因此使他无法成长；在很多例子里，他们由此造成了对努力的广泛嫌恶。于是未被意识到的“要求”让他觉得只要有一个意愿就应该足以使他有所成就，使他谋得好职业，足够幸福，足以克服困难；他有权不用劳力便可完成这些事情。有时这意味着别人应当做实际的工作——让乔治去做。如

---

① 参考本书第9章“自谦型的解决法”。

果这愿望无法达成，则他有理由不满。这通常会使他只要想到一些额外的事就感到疲倦，诸如走路或购物。有时经由分析，个人的疲劳可以很快地除去。例如，有位病人当他想到在旅行前还有许多事情要办时，甚至于当他快开始工作时他就会感到疲劳，我于是提议他将“如何做好每件事”作为对自己智力的挑战，这引起了他的兴趣，于是疲劳很快就消除了，他可以不感到任何急促或倦怠便完成了每件事。尽管他因此而体验出他有能力主动且愉快地做事，但他那种尽己力而为的冲动仍很快地就消减了，因为他潜意识的“要求”是如此的根深蒂固。

“要求”愈具报复性，则“惰性”的程度似乎也愈强。其潜意识之论点如下：别人要对我所面对的困扰负责——因此我应该享有索赔的余地。如果我还得尽全力而为，那还像话吗？！无疑地，一个人只当他对生活失去建设性的兴趣时，方会达成如此的辩证。于是他不再负责与他生活中的相关事情，而应由“他们”或命运来负责。

在精神分析过程中，病人用“倔强”的方式以坚持并防护他们的“要求”，这表明了“要求”具有的相当重大的主观价值。他拥有不只一种而是多种防护的方法，而且可反复变更。首先，他“毫无要求”，因此他根本不知道分析师所谈的一切；之后，“要求”完全变成是合理的；总之，他开始防护能为“要求”正名的主观根据；最后在他了解他的“要求”确实存在，以及此一“要求”在现实中并没有保障的之后，他似乎对“要求”失去了兴趣，因为它们是不重要的或反正没有什么害处。或许他会及时知道“要求”对他的影响是繁多而且严重的：譬如，使他变得易怒与不满；如果他自己能更主动而不一味地期待事情自动发生于他身上，他的情况就会变得更好；或实际上，他的“要求”会麻痹他的精神力量，他也无法不注意到他由“要求”所得的收获乃是微乎其微的。确实，若对别人施加压力，有时是可使他人尽力满足他所表露或未表露的“需求”。但，如果仅凭此方法的话，谁能过得更快乐呢？至于他对生活的“要求”，无论如何都是无益的。不管他是否觉得自己有权成为例外，精神或生物的法则毕竟都可应用于他身上。而他为求取“杰出”的“要求”也丝毫没使他有所改变。

了解“要求”的不利影响与其本身之无益，对病人的病情不一定会有影响；因为这并不能成为一种信念。分析师希望病人凭这些了解(看法)而能根绝“要求”，但事实上却屡遭失败。通常经过精神分析后，“要求”的强度会减小，但并未根除，而是因被驱策而隐伏了。更进一步的追查，我们可以洞察出病人潜意识里“无理想象”的内涵，虽然他理智上发觉他的“要求”乃是无益的，但潜意识里他却深深地相信凭着他意志力的魔力，天下无不可能之事；只要他有足够强烈的祈望，他所祈望之事就会实现；只要他极力坚持事事应顺其意，则自然会万事如意。即使无法实现，理由也不在于因为他“要求”不可能之事（虽然分析师一直想要让他能够这么相信），而是因为他追求的意志不够坚强的缘故。

病人的这种信念把整个现象导向另一种复杂性，我们已经知道，病人之自认为对各种特权应拥有（不存在的）享受的权利，就此种意义而言，病人的“要求”是不实际的。同时我们也知道某些“要求”纯粹是幻想的。于是现在我们知道所有的“要求”都被期望奇迹发生的力量所弥漫着，而我们这时终于了解，“要求”乃是他实现“理想自我”的不可或缺之工具。“要求”的意义不在于通过成就或成功为他提供“杰出”的证据，而是只要供给他必要的证实与托词（alibis）就可以了；他必须证明他是超乎精神与自然法则之上的。虽然他屡次发觉别人不接受他的“要求”，发觉法则也可应用于他，知道他并未超越一般的烦恼与失败——但这些并不足以成为否定他那种“无限可能性”的证据。它们只证明了：迄今，他已遭受了一项不公平的待遇，只要他紧握住他的要求，有一天它们一定会实现的。**“要求”乃是他未来荣誉的保证。**

现在我们了解了，为什么病人在知道他的“要求”对于实际生活的损害作用后，仍会对此漠不关心。他并不否认损害，但为了要期望有个荣誉的未来，他忽略目前的状况。他就像一个相信自己对于遗产享有正当要求权的人；不努力过活，却倾其全力以更有效地维护他的“要求”。同时他对实际生活丧失了兴趣；他陷入了某种贫穷，忽略了所有能使他过得更有价值的一切事物。因此对于未来成功所怀着的希望，遂成为他生活所求之唯一事项。

事实上，神经症患者的情况比那些假想有遗产权的人来得更糟，因为他有个根本的感觉，他觉得如果他对自身以及他的人格发展感兴趣的话，他就会失去未来满足愿望的权利。基于他的前提而言，这乃是合理的——因为这样一来，他的“理想自我”之实现将无意义可言。只要他还被那个目标的诱惑所支配，则选择(转变)的途径必定是受到自我禁止的。它意味着将自己看成与别人一样，同为困难所苦的人；意味着他应自我负责，并了解能否克服困难与发展自己所具的潜能乃取决于他。它是寸步难行的，因为它使他感到好像失去了一切似的。只当他变得足够坚强而能摒弃在“自我理想化”中所发现的灵丹妙药，他才会考虑这条转变的途径——通往健康之路。

如果我们只将“要求”视为是神经症患者认为即将实现他自我荣誉化的影像的“天真”表现；或视为是他要别人满足他许多强迫性的需求之欲望，那我们就无法完全理解“要求”的倔强性。这种神经症患者所赖以坚持的任何态度的倔强性，正明确地表示了这种态度在神经症架构中具备了不可或缺的作用。我们已经知道“要求”似乎为他解决了很多问题，“要求”的所有作用乃在于使对自我的那种错觉长存不灭，并且将责任转移到自身以外的因素上去。借着将需要提升至“要求”的高位，他否定掉围绕自己的困扰，将自己的责任推托到他人、环境或命运身上。他认为他之具有困难是不公平的，他有权享受别人为他安排好的生活，因此不应该有困难困扰着他。例如，当有人向他贷款或请求募捐，他会感到生气，心里怒骂前来请求的人。而事实上他愤怒的原因在于他有不被骚扰的“要求”。是什么使他的这一“要求”变得如此必要？事实上，这个募捐请求实际上使他自己面对了一项存在于自身的冲突，大略是介乎需要顺从他人以及需要使他人遭受挫折之间的冲突。但只要他因过于惊恐或过于厌恶而无法面对他的冲突时——不管什么理由——他必定坚持着他的“要求”。他的“要求”用语言表达出来就是他不希望被骚扰，但更清楚的是，他乃是要求世人不该去触发（并使他认识）他的冲突。以后我们将会了解为何责任的摆脱对他是如此重要，但我们已经可以知道，实际上“要求”可以使他避免亲自去解决困难，但也因此遂使神经症得以长存不灭。

第三章　“应该”之暴政

至今我们已大略讨论了神经症患者如何试着在外界实现“理想自我”，通过成功、权力或胜利的荣誉。“神经症的要求”亦与外在的世界有关：他试着去维护他的特殊权利；他的独特使他无论何时或无论以何种方式都有权去要求一切。他那种有权超越必然性与法则的感觉，使他生活在一个虚构的世界中，就像他真的超越了它们一样。而且每逢自己显然无法达成那“理想的自我”时，他的“要求”转而使他制造一些身外的因素以负责此种“失败”。

现在我们将转而讨论神经症之自我实现的面向，此前在第一章我曾简略地提过，其“自我实现”的焦点乃放在他本身之内。不像皮格马利翁那样，将另一个人塑造成能满足他美的观念的创造物，神经症患者会付诸行动将他自己塑造成其所创造的上帝，他在他的灵魂面前出示一个完美形象，并且在潜意识里告诉自己："忘掉你实际上是一个可耻的被造物，这才是你该成为的，成为理想化的自我乃是首要之事。你应该能够忍受一切，能了解一切，能喜欢每一人，能够永远精进。"——这只是他内心的指使的一部分而已。因为这些指使乃是决不动摇的，所以我特称之为"应该之暴政"。

"内心的指使"包含了所有神经症患者应该能够做到的、成为的、感觉的、知道的——以及"他不该如何做与不该怎样做的一些禁忌"。为了扼要的说明，我先列举出一些事实以为开始(更详细的例子将于后面谈及"应该之特点"时讨论)。

他**应该**最为诚实、慷慨、体贴、正义、威严、勇敢、公正。他**应该**是个完美的情人、丈夫、老师。他**应该**能忍受一切，**应该**喜欢每一个人，**应该**爱他的父母、妻子、国家；他**不应**因任何一件事或任何一个人而动摇，没有一件事会撼动他；他**不应**觉得被伤害，他**应该**永远安详与平静。他的生活**应该**是永远快乐的，他**应该**超越快乐与享受。他**应该**是自发的，他**应**永远控制他的情感，他**应该**认识、了解与预知每一件事物，他**应该**能立即解决他自己的或别人的每一个问题。只要一发觉困难他就**应该**能克服它，他**应该**永不疲劳或生病。他**应该**随时能找到职业，他**应该**能在一小时内做好别人两三小时方能做好的工作。

这简短的说明，约略地表明了“内心指使”的范围，并留给我们一种虽然可粗略了解但却仍是相当高难或呆板的自我要求的印象。如果我告诉病人他对自己的期望过度了，事实上，他时常会毫无疑虑地认同这一点，他甚至可能早已知道了。通常他还会明示或暗示，对自己期望过多比过少好。但谈及对自己过高之要求并不能显示出**“内心指使”的特性**，在密切的检点下，这些要求当可明显地减少，它们经常是互相重叠的，因为它们都是由于病人觉得必须要将自己转变为“理想化的自我”，以及他深信他必能这样做所造成的。

首先最吸引我们注意的，就是他常会不顾“实现”的可能性，这些种无视现实的情况遍布于所有为求“实现自我”的驱力上。这些“要求”中有很多是人类所无法达成的，它们纯粹是属于幻想的，虽然他个人并未觉察出来。然而，一旦当他的期望面临着批判性思维的检验时，他就不得不去认识它们，但此种智识上的觉察即使能够改变什么，也是不多的。就如一位医生，他十分清楚他自己每天进行 9 个钟头的工作与广泛的社交生活的话，就无法从事精深的科学研究了；但当他想要减少一种或几种工作的尝试失败后，他便继续按着以前的方式过活，他认为他不应该受到时间与精力上的限制，这种需求远比理智还强。举个更微妙的例子吧：有一次，在分析晤谈中，有一位病人感到十分沮丧，她的一位朋友一直与她商量其错综复杂的婚姻问题，而我的病人与她朋友的先生只是在偶然的社交场合才打交道。虽然她已经过了好几年精神的分析，而且了解两个亲密的人之间的心理关系必然十分复杂，但她仍觉得她**应该**在过去的时日就已经告诉那位朋友她的婚姻是否会稳固。

我告诉她，她对自己有着任何人都不可能实现的期望，并指出在这种情况下一个外人要把握涉及的因素，必先要搞清许多问题。后来我发现我所告诉她的困难，她大都早已了解了，但她依旧觉得她**应该**具有一种可洞察所有困难的第六感。

其他对自我的一些“要求”，本质上也许并非是幻想的，但却表示了一种完全罔顾实际情况的态度，而那些又是“要求”被达成的必要因素。因此，很多病人期望很快完成他们的精神分析，因为他们自觉足够聪明，这些人的推理能力，事实上可能经常会阻碍了精神分析的进行。对此有价值的乃是病人的情感力量，他们保持行为率直的能力与他们的自我负责。

这种欲求轻易成功的期望，不只针对整个分析的时间长短，而且同样适用于个人的内在成长。例如，认识了“神经症的要求”，对他们而言似乎就好像已革除了“要求”一样，完全治愈需要病人耐心的配合；且只要产生“要求”的那些情感需要依旧存在，则“要求”将永远长存着——但这些全为他们所忽略了。他们相信他们的智力应是至高无上的动力，于是接踵而来的失望与沮丧就成为不可避免的了。一位具有长期教书经验的教师，也许会坚持认为写一篇有关教学的论文**应该**是容易的。但是当她无法下笔如有神时，她就会对自己感到极度的嫌恶。她已经忽视了或抛弃了下列与此有关的问题：她是否有某些观点要说？她是否已将经验化为具体有用而系统化之正确陈述？即使答案是肯定的，一篇论文仍是意味着一种系统化地陈述或表达思想的艰苦工作。

“内心的指使”正像极权国家的政治暴行一样，表现出极度无视个人本身的精神情况——不顾他所感觉的与他目前所做的。譬如常见的“应该”之一就是一个人**应该**不曾感到被伤害过；任何人都会发觉达到此种绝对(它暗示从来没有和永不被伤害)要求乃是极其困难的。究竟已经有多少人或现在有多少人觉得自己毫无焦虑，或十分安详以至于不曾感到被伤害过？充其量这只能是我们奋斗的一种理想；一个人若真诚地想实现此一计划，那他必定要积极而耐心地去研究我们潜意识里为求防护的“要求”，研究我们虚假的自负——或简言之，研究在我们人格中使我们易感受攻击的每一个因素。但是，一个觉得不应受到伤害的人，他的心目中并不具有如此具体的一套计划。他只是给自己定下一条“绝对”的法令，并否定或罔顾他所具有的弱点。

我们再考虑另一需求：我**应该**永远是聪明的、富同情心的与助人的。我**应该**能软化犯罪者的心。事实上，这也并非全属幻想。很少人会像维克多·雨果的《悲惨世界》一书中的牧师那样拥有这种精神力量。对于我的一位病人，这位牧师的形象对他而言便是一种重要的象征，她觉得她应该像他。但此时她却没有那位牧师对待犯人的态度及能力，她有时表现仁慈，因为她觉得她**应该**仁慈，但实际上她心中并没有仁慈的感觉。事实上，她对别人的一切都不甚关心；她经常恐惧某些人会占她的便宜，每当找不到东西，她就以为是被偷了。她并不知道她的神经症已经使她变得十分以自我为中心而且专注于一己之利——这些被一层强迫性的谦逊与良善所掩蔽着。那么她会愿意去了解自己的这些困难进而去研究它们吗？当然不会。这也是一个盲目制造政令的问题，只能导致自欺或偏颇的自我批判。

为了说明“应该”的惊人盲目性，我们必须再在这里提出几个未完结的话头。然而，只要从“应该”在“荣誉探求”中的根源，或其为将自己改造成为“理想自我”的作用来看，必可发现一项事实："应该"所由生之前提，乃是**对自己而言无不可能之事**。果真如此，现存的条件与基础当然不需去检点。

此一倾向在"针对过去之要求"中表现得最为明显，研究神经症患者的孩提时期非常重要，它不只可用于说明神经症之生成，而且还可由此发觉他现在对过去的逆境所持的态度。这些与他过去遭遇的善恶较无关系，主要系由他目前的需要而决定。譬如，如果他已发展出一种为求优美与光辉的普遍需要，他就会使他的孩提时代完美无瑕。要是他一直压抑他的情感，他就会觉得他爱他的父母，因为他**应该**爱他们；要是他平常不对自己的生活负责，则他可能将他所有的困难归咎于父母。这种伴随后者而来的报复心理，也许会公然地表现出来，或是被压抑下去。

他还可能走向相反的极端，表面上为自己揽了一些多到荒谬的责任。在此种情况下，他也许已知道这些与早期被恐吓与被限制的经验有关，而他所自觉的态度似乎相当客观而且合理。譬如，他可能会指出他的父母之所以那样做乃是迫不得已的，病人有时也会奇怪自己为何不会感到任何愤恨；其实不感愤恨的理由乃是此处所吸引我们的"回溯性的应该"，虽然他知道他被冒犯，知道此事足以击垮其他任何人，但他**应该**毫发无伤地去克服它。他**应该**早已具有内在的力量与坚忍的精神，而不让这些因素影响他。因为事实相反，那就证明了一开始他就“有错在先”。换言之，他在一定限度内是尊重事实的，他会说：“确实，那是伪善与残酷的渊薮”，但接着他的洞察力却变得模糊了：“虽然我当时无助地面临这种环境，但我**应该**早已就能克服它们，一如百合之出于沼泽。”

如果他能对他的生活负起真正的责任，而不负如此虚假的责任，那他就会试着做种种不同的思考。他会承认早期的影响真能以不利的方式改变他，而且他会发现无论他的困难起源为何，都会阻碍他目前及未来的生活。正因为这样，所以他最好要振作他的力量以克服它们。然而事实上并非如此，他只是将整个问题置于完全幻想且无益的层次上，而一味地要求自己**不应**已被此影响。同一病人，在后期能反转他的处境，进而赞许自己并未完全被早期的环境所征服，这乃是进步的征兆。

“回溯性的应该”不只表现于对孩提时期的态度方面(此种“应该”带来了虚伪的责任，以致徒劳无用)。譬如，有个人始终不渝地觉得，他当初**应**借着坦诚的批评而帮助他的朋友；还有一个人认为他**应该**将他的孩子健康地抚育成人，而不让他们患上神经症。当在某些方面我们失败了，感到遗憾是正常的，但我们可检讨失败的原因从而学会改善。但我们必须也要知道，由失败时心理障碍或困难始终存在这一点看来，当时我们确实已尽力而为了。然而，对于神经症患者而言，已经尽力而为并不令他感到安慰，因为他认为在某些奇迹出现的情况下，他**应该**会做得更好才对。

同样地，了解目前的任何缺点，对于那些被专横的“应该”所困扰的人是无法忍受的，无论困难是什么，它必须迅速被除去，“除去困难”的方法个个不同：一个人愈生活于想象中，则他将愈“易”摆脱这种困难。例如，有一个病人发现自己有追求君主般权力的强大驱力，而且了解了此种驱力是如何在她的生活中发挥影响的，一到隔天她却确信：现在此种驱力已全属往事了。她**不应该**被权力所奴役，所以她就不再被它奴役了。多次发生这种“改善”之后，我们知道这种为求控制与权力的驱力，只是表示在她想象中她具有的一种魔力罢了。

有些人试图凭借绝对的意志力来除去渐渐被察觉的困难，人们在这方面的做法有时达到异常的程度。譬如，我想起了两个年轻的女孩子，她们虽觉得不应惧怕任何事物，但其中有一位却很怕夜贼，于是她强迫自己睡在一间空屋里，直到不再害怕为止。另一位，如果碰到水不够清澈就不敢游泳，因为她觉得可能会被蛇或鱼咬到，而她却强迫自己游过一个鲨鱼群集的海湾。这两个女孩都成功地利用此种方法压服了她们的恐惧；对那些认为心理分析是一种新奇的蒙人招数的人来说，这些事件是对人有利的。她们不正是代表了必要的做法，即在于使自己得到协调吗？但事实上对夜贼或蛇的恐惧，乃是一种普遍且较为深藏的恐惧的最明显表现。其实这种隐伏着普遍焦虑的情绪并未因她所采取的“挑战”法（压服恐惧之法）而略有改变，它只是被掩盖了，但因解决法未触及其深层次的失序，借着去除焦虑的症状，反而使得焦虑被愈埋愈深了。

在精神分析中我们能够观察到，当他们一发觉自己的弱点时，意志力的机器是如何以某些方式开动的。他们下定决心并试着去维持平衡、去与人们相处、变得更武断或更宽怀。这没什么不好，只要他们同时也同样去关心并了解他们自己的苦恼的含义与来源。但不幸的，这种关心却少得可怜。仅第一步，深入了解所有的特定障碍的范围，可能就令他们大为不快，这真与他们那种欲使障碍“消失”的激昂驱力相反。同时，因为他们觉得借意识的控制**应该**足以征服它，所以细心排除障碍的过程，等于是承认自己的柔弱与败绩。所以当然这种伪装的努力早晚必会减少，因此，最多这种困难只是暂时变得更可控。我所确信的乃是困难（或障碍）已秘密地被赶到地下，而且继续以一种更隐匿的形式出现。所以分析师自然不应鼓励患者有此种努力，而应该去分析它们。

大部分神经症的障碍，甚至于对最艰辛的努力控制也会发生抗阻作用。意识的努力对于抗忧郁、抗工作上根深蒂固的禁忌或抗消耗性的白日梦简直是一筹莫展的。大家都会以为那些在精神分析中已得到某些心理方面认识的病人，这些问题会得以清除。然而思想之清晰并无法影响“我**应该**能够掌控它”的看法，结果他会因更忧郁等而痛苦。因为显而易见的，除了他原有的痛苦感觉外，他缺乏了万能的感觉。有时分析师可在开始时了解这个步骤，而防患于未然。因此一个已显露出有白日梦症状的病人，当她详细地揭穿了它是如何诡谲地影响了她的大部分活动时，她会开始了解它的害处——至少了解它是如何耗竭她的精力。下次她会因为白日梦仍旧存在，而感到有点犯罪感与歉意。了解了她对自己的“要求”后，我个人相信人为地中止那些白日梦既不可能又不明智，因为我们可以确信那些白日梦在她的生活中也具有重要的功用——这我们会渐渐了解的。她感到病情好了不少，于是告诉我她已决定中止这些白日梦，但因为她过去未能如此做，所以她觉得我必定会厌弃她。她已把对自己的期望投射在我身上。

许多在精神分析中所发生的失望、暴躁或恐惧的反应，主要是由于病人感到自己无法立即除去困扰的问题，而非由于病人已经发觉到困扰自己的问题所致(而分析师易于如此假定)。

因此，“内心的指使”虽然对维持理想的形象而言，比其他方式更为激进，但像其他方式一样，其目标不在于真实地改变，而在于求迅即的与绝对的完美。他们力求使缺点消失，或力求使其出现，一若得到一特殊的完美之物似的。就如上例，如果内心的需求被外移时，这就显得特别清楚。于是一个人的现实状况，甚至于他为之痛苦的一切，都变得无关紧要，只有能让别人看到的方会使他产生强烈的忧虑：如在社交场合中的手抖、脸红、别扭。

因此，“应该”缺乏对真正理想的道德真诚，譬如，在它们掌握中的人们，无法为迈向更诚实而奋斗，但却被驱策去渴求“绝对”的诚实——这总是何其遥远的，大约只能由想象中获得吧。

充其量，他们只能完成一种行为主义式的完美，就如赛珍珠在《女人阁》一书中所描述的吴夫人的性格一样，这是一个女人的完美典型，她似乎永远在实行、感觉、思考正当的事情。这种人的外表不需说，是最虚伪的，当他们突如其来地患上广场恐惧症或机能性心脏病时，他们自己便感到无比的昏乱。他们会自问，这怎么可能呢？他们已完美地支配了自己的生活，已是班上的领导者、组织者、结婚伴侣或父母亲的完美典型。最后，他们必定会遭遇无法以平常的方式过活的情况，而且，由于没有任何方法可用来对付此种情况，他们的平衡性便被打破了。分析师在逐渐熟悉病人并发现病人在极大且多种的精神压力下运转，会惊异于他们可以维持至今而没有遭到重大挫折。

对于“应该”的性质我们感觉出得愈多，则我们愈能清楚地了解，“应该”与真实的理想或道德标准间的差异并非是量的差异而是质的差异。它是弗洛伊德最重大错误中的一项，大体而论，他将“内心的指使”（他已经发现这类的现象而且将之描述为“超我”）当作是道德的组成元素。但实际上，首先他们与道德问题的关系就不太密切，为求道德完美的“指使”，在“应该”中确实是担任了显著的角色，原因很简单，因为道德问题在我们生活中是重要的。但我们不能将这些特别的“应该”与其他的分开，正如“坚持”，通常系由潜意识的自大而定，如“我**应该**能避免掉星期天下午的交通拥挤”或“我**应该**不经辛苦的训练或工作就学会绘画”。我们一定还记得有很多需求显然地都缺乏道德的托词，其中有“我**应该**能逃避任何惩罚”“我**应该**永远胜过他人”，以及“我**应该**永远有能力向别人报仇”。只有将焦点集中于事情的全貌上，我们方能得到针对道德完美的“要求”的正确看法。就像其余的那些“应该”，它们弥漫着自大的心理，目的在于增加神经症患者的荣誉而且使他变得“神圣”。就此意义而言，它们算是正常的道德奋斗的一种神经症式的赝品；倘若个人能再发现出此种赝品所具有的“潜意识的欺骗性”（此种特性，是使污点消失所必备的），则必会认为它们是“邪恶的”而不是“道德的”心理现象。为了要使病人具有“再定向”的能力，而能从骗取信任的世界中转入真正的理想的发展中，这些区别更须弄清楚才行。

“应该”还有一项性质可用来与真正的标准相区别。我在前文也暗示过，但它本身太重要了，因此须单独且明确地加以阐述，那就是它们的强制性。理想也具有一种支配我们生活的“拘束力”，譬如，如果我们自己相信那是我们应该完成的责任，则尽管可能困难重重，我们也会试着尽力而为，完成它们是我们的终极欲望或我们所认为的正当之事。这中间的愿望、判断与决定都是我们自己的，因为我们与自己是一体的，所以这样的努力便带给我们自由与力量。另一方面，在遵循“应该”的例子中，大约有独裁国家中的乐捐或“热烈欢迎”那样的“自由”。这两个例子中，要是我们无法符合期望的标准，都会有惩戒如影随形。而在“内心指使”的情况下，这意味着“失败”将迎来一种暴烈的情感——一种包含焦虑、失望、自责与自毁等冲动的复合反应。对于局外人，这些反应的表现与激怒他的原因并不成比例，但对他个人的意义而言却是恰如其分的。

让我再引用“内在指使”的强制性的另一说明。有一个女人，她那坚决不变的“应该”中有一项是“必须预知一切的偶发事故”，她十分骄傲于自己具有此种远见的才能，以及能够凭她的预知与谨慎而保护家人免于危险。有一次，她做了一个精巧的计划，以劝诱她的儿子接受心理分析，然而她却忽略了她儿子的一个反对分析的朋友对她儿子的影响，当她了解她儿子的朋友未在她计算之中时，身体遂发生了休克反应，而且感到好像地面被推离开她。事实上，这位朋友是否如她所想象的那么有影响力以及即便她提前预知此事，她是否真能说服他来帮忙，都是万分可疑的。这种休克与崩溃的反应，完全是由于她突然觉察到她**早该**想到他的缘故。同样地，有个驾驶技术很好的女司机，由于稍微撞上了前面的汽车而被警察叫出车外，她会突然产生“非事实”的感觉，尽管这次意外极其微小，以及她只要觉得自己没有错时从不害怕警察。

焦虑反应通常都不为人所注意，因为对抗焦虑的习惯性防卫瞬即发生作用。因此一个自觉自己是个圣人般仁慈的人，当他发现自己曾经在朋友需要他时无情地对待过他的朋友时，他会变得毫不自制地开怀狂饮。又如，有一个女人觉得她**应该**是永远甜美可人的，因为有一次没去邀请一位朋友参加舞会而遭到另一朋友轻微的指摘，她便感到一阵焦虑，片刻间几乎昏厥过去，并觉得自己更加需要获得别人的喜爱——这是她用来抑制焦虑的方法。一个在“未完成的应该”束缚下的男人，会产生一种与女人同眠共枕的强烈冲动，性能力对他而言，是种用来感到被渴求及重建已丧失了的自尊的手段。

由于此种报偿的存在，“应该”具有强制力乃是不足为奇的。个人生活只要能与“内心的指使”协调，则他也可过得相当顺利，但要是他处于两个矛盾的“应该”之间，他就会产生毛病。譬如，有一个人觉得他**应该**是个理想的医生，且该将所有时间用在病人身上，但他也**该**是个理想的丈夫，须尽力拨空满足他太太的陪伴需求并带给她快乐。当他知道二者无法得兼时，轻度的焦虑由是而生，但却没有加剧的趋向，因为他立即试着以快刀斩乱麻的方式去解决这个难题：决定定居于乡下。这意味着他放弃了更进一步学习的希望，因而承担了失去整个事业前途的危险。

这种左右为难的情境最后借着心理分析而圆满地解决了，但它反映了由冲突性的“内心指使”所带来的绝望。有一个女人几乎快要神经错乱了，因为她无法协调当一个理想的母亲与理想的妻子这两种想法，后者对她而言乃是指要忍受酗酒的丈夫所做的一切。

自然地，此种矛盾的“应该”即使不是使人无法解决，也会使人难以做出合理的抉择，因为两种彼此相对的需求都具有同等的强制性。一位病人失眠了好几夜，因为他无法决定要与他太太去度假，还是留在办公室工作。他应该满足他太太的期望还是他老板所声称的期望呢？关于他自己最冀望的做法是什么，却丝毫不曾进入他的意念中，于是，基于“应该”，这一问题便无法做决定。

一个人可以不了解“内在的暴政”的冲击力以及它的性质，但对于此种“暴政”的态度以及经验它的方式却彼此大不相同，这些差异分布于顺从与反抗的两个极端之间，这两种不同的态度发生于个人身上时，通常二者中会有一者较占优势。譬如我们可预测后者（反抗型）的特征，后者对于“内心指使”所持的态度以及经验它的方式，基本上乃是取决于生活中的哪一项对个人最具有吸引力：胜利（征服）、爱还是自由。因为这些差异吾人以后自会讨论到[1]，所以此地仅简短地予以说明，它如何在“应该”与“禁忌”的范畴内运作。

夸张型的人，“征服生活”对他是极其重要的，这种人易于使自己与“内心的指使”合为一体，而且在意识或潜意识中都会以他的“标准”为傲，他毫不怀疑它们的真实性，且力图去实现它们。他会通过实际行为去满足它们，他**应该**拥有众人所羡慕的一切；每件事他都**应**比其他人了解得更透彻；他**不应**犯错；对于任何想做之事——简言之，完成他的任何一种“应该”——他都**不应**失败。在他心目中，他的一切都确实符合他心目中所认定的至高无上的标准。他的傲慢可以大到使他毫不顾虑失败的可能，即使失败他也可以无视现实。他武断地认为自己是对的，这一信念坚不可摧，因此在他自己的心目中他只是简单地从未犯过错。

他愈陷于想象中，则愈不需要实际的努力。在他的心目中，他是如此地相信，无论他是如何地被恐惧所征服或实际上他是多么不诚实，他仍是极度勇敢或诚实的。在“我应该是”与“我现在是”两种情况间的界线，对他而言乃是模糊不清

---

① 参考本书第8～11章。

的；不过我们之中，可能也有人对此种界线不太清楚。德国诗人克里斯蒂安·莫根施特恩[1]在他的一首诗中已简明地指出这种现象。有一个男人被货车碾断了一条腿，卧病医院，在他阅报得知发生车祸的那条街货车是禁止通行的之后，他会因此而得到一个结论——这整个经过只是一场梦，因为他“斩钉截铁”地推论说：不应发生之事便绝不会发生。一个人的想象愈战胜他的论据，则前述之界线愈会消失，于是他可以是个模范丈夫、父亲、国民或任何他觉得他**应该**是的人物。

自谦型的人，“爱”对他而言似乎是一件可以解决一切问题的宝物，他同样地觉得他的“应该”形成了一则不可被质疑的律法，但当他试着——焦虑地——去满足它们时，却觉得他是如此无能以至于无法完成它们。于是，在他意识的经验中，最显著的元素乃是自我批判，这乃因觉得自己实际上并非是至高无上者而产生的一种罪恶感。

当达到极端时，对“内心指使”的这两种态度都会使个人难以去分析自我。趋向于“自以为是”的极端，会使他无法发觉自己的缺点；而倾向于另一极端——过度自愿承认的罪恶感——则带来一种危险，会让他过度洞察自己的缺点，而这一

① Christian Morgenstern，1871～1914，德国作家、诗人。——译者

洞察只具有打击性而不具令人解脱的作用。

最后谈到退却型。“自由”的概念对于此类人比任何其他事更具吸引力，这一种人乃是三个类型中最易于反抗他内心指使的人。因为自由——或他所认为的自由——对他具有相当的重要性，所以他对任何“强制”便有着过度的敏感。他也许会以带点被动的方式去反抗。他觉得他该做的每一件事，不管是完美的工作，阅读还是与太太间的性关系，在他的心目中都变成一种逼迫，因而引起意识或潜意识的愤恨，结果使他变得冷漠。即使他把该做的事都做了，也只是其在内心的抗拒所产生的紧张下完成的。

他有时也会以更积极的方式去反抗他的“应该”，会力图完全摒弃它们；而且有时会走向极端，而坚持只在快乐的时候做自己高兴做的事。这种反抗或许会采取暴力的方式，且常常是出于绝望的反抗。因此，他要不是相当的恭敬、优雅、虔诚，就是十分的邪恶、放荡、信口雌黄。

有时一个平常很顺从“应该”的人，也会经历一段反抗期，此种反抗通常是针对外在的限制而产生的行为。马昆德[①]已用细致的笔调，描绘了这些暂时性的反抗。他已向我们显示，

---

① John Phillips Marquand，1893～1960，美国小说家。——译者

这些反抗甚易镇压住，因为限制性的外在标准与其“内心的指使”之间具有一强而有力的联盟，反抗期过去之后这个人会变得迟钝且冷漠。

最后，有些人或许会在自责的“美德”与反对一切标准的激烈抗拒二者之间交替。善于观察的人会发觉，这种人心中存在着一种无法解决的困扰。他们有时候对于性或金钱上的事件极端不负责，但有时候也会表现出高度发达的道德感。因此，当这位朋友正为了他们的不正直而绝望时，此番又发现他们确是好人，但过不久马上又会陷入严重的迷惑中。还有一些人在“我应该”与“不，我不要”间或许会存有一特定往返移动的关系。“我应该还债，不，为什么我应该？”“我应该节食减肥，不，我不要。”通常这些人会给人以具自发性的印象，而将他们对“应该”所表现的矛盾态度误认为是一种“自由”。

无论占优势的态度是什么，在发展过程中总有很多会被外移；它被感受为发生于自我与他人之间，其形态与被外移的特定方面及它被外移之方式有关。大略而言，一个人会强将他的标准加于他人之上，并提出完成它们（标准）的残酷要求。他愈觉得他自己是万物的判断标准，他就愈会坚持——不只坚持一般的完美，而且坚持要求别人满足他的那种特定标准。别人无法满足他时，他就会被激怒或轻视对方。更不合理的是，他因自己无法达到自认为应该的状况而生的激动，随时随地都会发泄在别人身上。譬如，当他不是一个完美的情人或说谎被拆穿时，他会对那些使他失败的人采取敌对的态度，甚至栽赃陷害以对抗他们。

另一方面，他会觉得他对自己的期望乃是来自他人，不管他人是否真的期望某事，只要在他自己的感觉中其他人乃是如此，他们的期望都会转变为必须被完成的要求。在心理分析中，他也觉得分析师期待他完成一些不可能之事，他将下列有关他自己的感觉归于分析师：他**应**永远精进、有成就，**应**永远有个梦以供分析，**应**永远谈论那些他认为分析师想要与他讨论的事，**应**永远感激分析师的帮忙并以进步表达出来。

要是他相信别人正如此期望或要求他的某些事物，则他会以两种不同的方式做出反应。他也许会试着去预期或猜中他们的期望，而且极想去实现那些期望。在这种情况下，他通常也预期如果他失败的话，他们一定会责备他或贬低他；或者如果他对“强制性”太为过敏，则他会觉得他们乃是在强制他，干预他的事，催促他或压制他。然后他会心中愤恨，甚至于公然地反抗他们。他也许会拒绝送圣诞礼物，因为这种行为被人所期望。他无论办公或赴约都会迟到一些，他会忘却周年纪念、信件或者任何别人要求的帮忙。他也许会忘记去拜访亲戚，因为他妈妈曾要他去拜访，尽管他喜欢他们而且想要见他们。对于他人的请求他会有着过度反应，他较不畏惧他人的指责，而是愤恨此种指责。他生动而偏颇的自我批判，也固执地被外移了，然后他会觉得别人对他的判断是不公平的，或觉得他们总是在猜疑他有不可告人的动机。或者，要是他的反抗更富攻击性的话，则他会炫耀他的违抗行为，并且坚信他毫不在乎别人对他的看法。

对“被请求”的过度反应，乃是认识“内心要求”的良好路标。使我们感受为比例不相称的那种反应，对自我分析是特别有助益的。下面的说明，在部分的自我分析中，也许对于提示有关我们在自我观察中所导致的错误结论也是有用的。这一说明乃是有关于一位我偶然见过面的忙碌的行政官员，有人打电话询问他是否能去码头会见一位来自欧洲的逃亡作家，他很崇拜这位作家，以前在访问欧洲的社交场合中也曾见过他。因为他的时间已被会议及其他的工作所占满，所以事实上他有可能由于太忙而无法答应这项请求，特别是因为他可能还得在码头等上好几个钟头。事实上他有两种方法可行，而这两种方法都是明达的，他既可以回答说他将仔细考虑并看是否能去，也可以表示歉意并婉拒，且问是否有其他需要他效劳之处。然而，他却立即恼怒且唐突地回复说他太忙了，不可能到码头去迎接任何人。

过后不久，他便为这句话感到后悔了，接着他马上尽力去寻找作家的去处，以便在他需要时能帮助他。他不只悔恨此一事件，而且他也感到困惑。难道他内心深处认为那位作家不如他想象中那么高贵吗？他确切地觉得他是高贵的。难道他自己不像自己所以为的那样友善与热心吗？如果他真是友善的，那么他会因为被要求证明他的友善与热心而生气吗？

他这样的分析是正确的。他之能怀疑他慷慨的真实性，对他而言乃是一种正确的做法——因为在他理想的形象中，他是人类的恩人。然而，当时他并不能完全消化这一分析，他借着记起他后来也渴望给予帮忙来否认他具有此种可能性。但当他正要打消这一念头时，他找到另一线索。当他后来打算给予帮忙时他是出于主动的，而上次他拒绝时他是“被请求”这么做的。于是他了解了当时他觉得此种请求乃是一种不公平的强加。假使他早已知道这位作家到达了，他一定会自主地考虑去码头接他。他一下子又想起许多相同的事件——其中他总是对要求他帮忙一事报以愤慨，他感觉到许多事情都是负担与逼迫，而事实上它们只不过是请求或建议罢了。他也想到了他对于争论与指责的暴躁，他得到的结论是：他是一个欺凌弱小的人，而且总想要去支配他人。此处我提及这一点，是因为这种反应很容易被误认为具有支配他人的倾向。他由自身所获知的其实只是他对逼迫与指摘的过敏性。他无法忍受逼迫，因为他无论如何都感到被束缚。而他无法忍受指摘，因为他是他自己最严厉的批评家。就此而论，我们也可以重拾他怀疑自己的友善时所放弃的思路。大抵言之，他是热心助人的，因为他**应该**是热心的，而不是因为他对人类所拥有的那种相当抽象的爱。他对于每个具体个人的态度比他所了解的还更具分裂性，因此，任何请求都会使他陷入内心的冲突：他**应该**答应请求而且是以相当慷慨的态度，同时他也**应该**不允许任何人强迫他。愤怒乃是当时因无法解决这一左右为难之情况的一种表现。

“应该”对一个人的人格与生活的效应，随着他对它们的反应或经历的方式不同而有所不同，但是某些效应是不可避免而且是规则性的，虽然其程度大小有异。**“应该”总会带来一种紧张的感觉**，一个人愈试图在行为中去实现他的“应该”，则此种紧张程度愈大。譬如，他会觉得他仿佛始终都是用脚尖站立着似的，而且因慢性的疲惫而痛苦。或者，他会感到轻微的痉挛、紧张或被禁锢。或者，要是他的“应该”与他所处文化环境的期望态度一致，他也许会感到这种紧张是微乎其微的。然而“紧张”也可能强烈得促使一个本来积极向上的人失去参与活动与义务的欲望。

此外，由于外移作用之故，“应该”总是以一种或多种方式而促成人际关系上的障碍。在这方面最常见的乃是对于批评的过敏。因为残忍地对待自己，他会觉得任何其他人的批评——不管是事实上的或只是预期的，不论是友善的或是不友善的——正如他对自己的责难一样猛烈。当我们明白他因为落后于他自设的标准而感到何等地憎恨自己时，我们就会更了解这种敏感的强度了[①]。其他方面，人际关系的障碍种类乃依据较占优势的“外移作用”种类而定，此种障碍可使他对别人过于残酷或吹毛求疵，或过于忧虑、过于大胆反抗，或过于顺从。

最重要的是，“应该”进而会损害情感、愿望、思想或信仰的自发性——如感觉自己情感的能力与表达情感的能力等。因而，充其量这种人的行为只能具有“自发的强迫性”（引用某一病人的话），他只能“自由”地表达他所**应该**感觉、期望、思考或相信的。我们已习惯于认为我们是无法控制情感而只能控制行为的；在与他人的交往中，我们能够强迫他人工作，却无法强迫任何人去喜爱他的工作。同样的，我们通常能使自己在行为上装出那种毫不犹疑，但却无法使自己具有真实的自信

① 参考本书第5章“自恨与自卑”。

感，这依然是基本无误的。若我们还需要证明，精神分析可提供不少这方面的资料。但是，如果“应该”发出有关情感的命令，则“想象”必会挥其魔杖而使“我应该感觉到的”与“我现在感觉到的”此二者的界线消失。于是我们会真的相信或感觉到，如我们**应该**相信或感觉到的一样。

在心理分析中，这种现象在对假情感的伪确信发生动摇时，便会不自觉地表现出来，病人也因此会经历一段痛苦的但却颇具建设性的“混乱期”。譬如有一个女人，她曾因为她的“应该”而相信她喜欢每个人，现在她或许会问道：我真的喜欢我的丈夫、我的学生、我的父母亲吗？或者，我真的喜欢任何人吗？此时这一问题是无法回答的，因为对一切阻碍真实情感之抒发的恐惧、猜疑与愤恨（这些还被“应该”所掩蔽着）此时只是刚刚被碰触，我说此一时期具有建设性，是因为它代表“求真”的开始。

自发的愿望所能被“内心指使”压制的程度是相当惊人的，下面我引用一个病人在发现了她的“应该之暴政”后所写的信：

之前我只知道我无法希冀任何事物，甚至于连死也不能！而“活”亦然。迄今，我以为我的困扰只是我无法去做事，无法放弃我的梦想，无法料理我自己的事情，无法接受或控制我的怒气，无法使我自己更有人性，不论是经由纯粹的意志力、坚忍还是忧伤。

现在我第一次发觉到我实实在在无法感觉任何事物(是的，尽管所有人都知道我出了名的敏感！)对于痛苦我知道得何其彻底——我的每个毛孔都填满了内在的愤怒、自怜、自卑与失望，六年了，一次又一次！但现在我又知道——一切都是消极的、过激的、强迫的，一切都是来自外部的强加；而我的内心，没有一样属于我的东西[①]。

“虚构情感”的创生，对于那些理想在于成为良善、爱与神圣的人而言最让人印象深刻。他们**应该**是体贴的、受欢迎的、富同情心的、慷慨的、钟情的，因此在他们心目中他们具有所有这些特质。他们的谈吐或动作姿态一若他们就真的是善良的与慈爱的一般。而且因为他们确信它，所以他们甚至于可暂时地使他人也相信。当然这些虚构的情感并不具深度支持力，在适当的环境下，他们也许是相当一致的，因此自然不会被人怀

① 引自“真我的发现”（Finding the Real self），《美国精神分析杂志》，Vol. Ix，1949，由卡伦·霍尼所序之“一封信”。

疑。在《女人阁》一书中的吴夫人，只当困难发生于家中及当她遇见一位感情生活相当正直且诚实的男性后，才开始怀疑她情感的真实性。

“定做的情感”其肤浅更常见于其他方式里，比如它们很容易消失。当自尊与虚荣心受到伤害时，“爱”迅速地让路而变为“漠不关心”，或“愤恨”与“轻视”。在这些情况下，人们通常不会扪心自问：“我的情感或意见何以这么容易就改变了？”他们只觉得有一个使他们对人道的信仰遭到挫折的人存在着，或觉得他们未曾“真正地”相信过他。这些并不意味着他们也许没有体会强烈且活跃的情感的潜能，而是在富意识的层次上表现出大量的伪装情感，通常极其缺乏真实性。长远来看，他们给人以虚幻而难以捉摸的印象，或者——用一句粗话来说——给人一种“骗子”的印象。突发之怒通常是唯一真正无所掩饰的情感。

在另一种极端行为中，无情与残忍的感觉也会被过分地夸张。在有些神经症患者中，其在感受温柔、同情与自信上的禁忌，就如其他患者在敌意与报复方面的禁忌一样大。这些人觉得即使缺少任何亲密的人情，他们也应该能够过活，因此他们相信自己不需要这些人际关系。他们不应享受任何事物，因此他们相信他们无所顾虑。于是他们的情感生活较少扭曲，只是赤贫而已。

必然地，由“内心指使”所酿成的感情画面，并不全像这两种极端一样简单化。其产生的命令可以是相互矛盾的；你**应该**很具同情心，因此**不应**逃避任何牺牲；但你也**应该**很残忍，这样才能达成一切复仇行动。结果这个人有时确信他是无情的，有时却是极端地仁慈。还有一些人，有如此多的情感与愿望被阻止了，因此普遍的**情感泯灭**也由是而生。譬如他们禁止一切为自己希冀的事物，这些禁忌可压住所有活跃的愿望，而且对他们之为自己做事产生普遍的抑制。部分由于这些抑制，他们发展出普遍的“要求”，因为他们觉得有权使生命中的每件东西自动放在银制的大盘上呈献给他。然后因此种“要求”遭受挫折所生的愤恨，又会被“我们应该忍受生活”的这种指使所遏止。

这些普遍的“应该”对我们的情感所造成的害处，比它们所造成的其他损害更少被人发觉到，实际上它是为了试图将自己塑造成完美典型所付的最高代价。情感乃是我们自己最具活力的部分；要是他们处于独裁政治下，那么在我们的基本生存中将会产生极深的不定性，它一定会不利地影响我们和内在与外在一切事物的关系。

“内心指使”的震撼力之强度永远比我们能估计到的更大。

实现“理想化自我”的驱力在个人内心愈占优势，则“应该”就愈成为转变他、驱使他、鞭策他付诸行动的唯一动力。当一个与真我远离的病人发现了他的“应该”的一些阻碍效应时，他仍旧完全无法考虑放弃掉这些“应该”，因为如果没有它们——他如此觉得——他就不会或不能做任何事。有时他会以如下的说法来表明这种关系：一个人除了借用武力外，是无法使他人做“正当”之事的，这乃是他内心感受的外移化表达。于是对于病人而言，如果“应该”的主观价值已根深蒂固，则只有当他体验出在他自身内存有另一自发力时，他方能放弃此种主观的价值。

当我们了解“应该”的巨大强制力后，必定会提出一个问题，此问题的答案将于第 5 章中加以讨论：当一个人发觉他无法满足他“内心的指使”时，他会有何反应呢？先简短地暗示此一答案吧：他会因此而开始憎恨并轻视他自己。事实上，我们并无法完全了解“应该”此一压力所具有的震撼力，除非我们知道它们与自恨彼此相糅合的程度。此种震撼力乃是惩罚性的自恨之恶兆，此种自恨潜伏在“应该”的背后，而且使“应该”变为一种真正的恐怖政权。

第四章　神经症的自负

虽然神经症患者费尽苦心，努力以求完美，同时对已得到的完美深具信心，但他们仍未得到自己衷心渴求之物：**自信与自尊**。即使在想象中自己如神一般，但他还是缺乏天真的牧羊人所具有的纯朴自信。高贵的地位，满载的名誉使他感到自傲，却没带给他内心的安全感。他依旧真实地感到自己不为人所需要、易被伤害，而且需要不断地证实自己的价值。只有他支配了权势，具有影响力，而且被赞美与敬重时，他才可能会感到坚强而有意义。但这种兴奋的感觉，当他在陌生的场合中失去扶持时、在他遭遇失败时或当他独处时都甚易崩溃。天国的大门不会为只会表演的人打开。

让我们观察在神经症的发展中，“自信”这一领域内发生了什么。明显地，为了自信心的发展，小孩需要外界的帮助。

他需要温暖、感到受欢迎、被照顾、被保护，以及有信任氛围的环境、对他的行为的鼓励、建设性的纪律。被给予这些因素，则他可发展出对人的“基本信赖”，利用玛丽·拉塞[①]精选的术语而言，这包含了对他人及自我的信赖。

但如果有多种伤害性的因素同时出现时，必然就会阻止小孩个性的发展，这些因素及其一般的影响吾人已于第一章中讨论过，此地我想进一步说明使他特别难于获得适当的“自我评价”的理由何在。盲目的溺爱也许会使他感到自己的重要性，他会因此而感到为人所需要、被人喜欢及赏识，但这并非由于他自己，而只是由于他满足了他父母亲对崇拜、特权或权力的需要所致。一种力求完美的生硬纪律，或许会使他因无法达成这些需求而产生自卑感。譬如，在学校的恶劣行为或坏成绩会使他遭受到严厉的惩戒，而善行与良好成绩则被视为是理所当然的；趋于自主与独立的行动可能被嘲弄。所有这些因素，再加上普遍缺乏真正的温暖与关心，带给他一种无价值与不被爱的感觉——或始终让他觉得除非改造自己，否则他一文不值。

此外，因早期众多不恰当的因素而形成的神经症发展会削弱他的生存重心。他会因此变得与自我疏远（脱离）而且感到分

① 参见玛丽·拉塞(Marie Rasey)1946 年出版的《心理分析与教育》。

裂，他的“自我理想化”乃是一种企图，想通过提升心目中的自我，以超越有关他自己或别人的残酷现实来补救这一切所造成的损害。于是就如“魔鬼协定”此一故事中所述的，他在想象中(有时是在事实上)获得了所有的荣誉，但他所得到的并非自信，而是其价值颇受怀疑的一项辉煌礼物：**神经症的自负**。这两样，感觉上和看起来极其相像，以致大部分人对它们的差异常有着理解上的混淆。例如在韦伯斯特(Webster)旧著中的定义是：自负乃是一种自尊，基于真实或想象中的自我价值而产生的。区别就在于真实的与想象的优点之间，但它们却都被称为“自我尊重”，仿佛此种差异乃是无关紧要的。

这种混淆也是因大部分病人将“自信”认为虽无来源，但却最为大家所渴求的一种神秘特质而产生的。如此一来，他们会期望分析师利用某些方法将它缓缓灌输到他们心中，就非常符合逻辑了。这使我们想起了一部卡通，其中有一只兔子和一只老鼠都打了勇气之针；而后它们长成平常体形的五倍大，勇敢而充满不屈不挠的战斗精神。病人所不知道(以及因焦虑而变成真的不了解)的乃是个人所具有的优点与自信感间的严密因果关系，这种关系比下面所述者更为明确，即一个人的金融状况乃取决于他的财产、他的积蓄或他的谋生能力，如果这些因素都满足了，那这个人将会获得经济上的安全感。或者，另举一例，渔夫的自信乃基于下列这些实质性的因素：拥有形态良好的船只，拥有改良的渔网，具有有关天气与水性的知识以及强壮的体力。

个人的优点多少因我们生活的文化背景而有差异。如西方文化中，个人优势包含有下列这些性质或特点：有自主的信念且依此行事，有因开发我们的潜能而生的自恃与自我负责，对自我的资产、负债与局限能予以真实的评价，有强大的力气以及坦率的情感，有建立与培养良好人际关系的能力。这些因素完善作用的结果可以主观地表现出自信的感觉，若它们无法健全地作用，则自信必会因之动摇。

同样地，正常的骄傲也以坚实的品行为基础，它可以基于一种特殊成就；就如，以有正义感的勇敢行为为傲或以做好一件工作为傲；或者，它也许是我们对于自身价值的一种普遍感觉，或对尊严的一种静默的体察。

就“神经症的自负”对于“伤害”的极端敏感性而论，我们易于认为这乃是正常的骄傲的极端发展。但它们的差异乃在于质的差异，而非量的差异上。神经症的自负较为空幻，且完全以不同的因素为根据，这些因素都属于或支持个人自我荣誉化。它们可以是外来的东西——如威望——或者也可由个人所自称具有的品行与能力组成。

在“神经症的自负”的种类中，“威望”的自负似乎是最接近正常的。譬如在我们的传统中，一般人都因拥有迷人的女友、来自有声望的家庭、生于本地、身为南方人或新英格兰人、来自有威望的政治或专业团体、谒见过显要人物、人见人爱、拥有好的汽车或住在好的社区而引以为傲。

这种自负乃是神经症中最不典型的。对于具有大量心理困扰的多数人而言，这些事情所代表的意义与它们在正常人之中所代表的并无相异之处；对于其他人而言，若真具有意义，也是微乎其微的。然而有些人却将神经症自负的重心置于威望的基础上，这种威望对他们而言乃是至关重要的，以致他们的生活老围着威望打转，而将大部分的精力耗费在增加威望上。对于这些人，参加拥有威望的团体及加入著名的事业机构是绝对必要的事。当然，他们的汲汲以求以真正的兴趣与上进的合理愿望为借口，完全被“合理化”了。任何能自然增加这种威望的事物都能引起他们衷心的喜悦；如果他用以增加个人威望的团体遭到任何失败，或团体本身的威望发生削减，都会激起自负伤损的反应，这些我们都即将加以讨论。例如，如果某人家族中有一人不成器或有精神疾病，则他会觉得对他的自负而言这乃是一大打击，虽然他会给这位亲戚以表面上的关心。又如，有很多女人宁可不上餐馆与戏院，却不可没有护花使者伴随出游。

所有这些看来都与人类学家所告诉我们的某些所谓的原始人的行为相似，他们个人主要是而且觉得自己是团体中的一分子。于是自负并不只局限于个人的事件上，而且遍及组织与团体的活动。然而虽然这些过程看来似乎是相同的，但它们之间仍有重大的差异存在，这即是：**神经症患者基本上与团体无关**，他不会觉得自己是团体中的一分子，没有团体的“归属感”，而只借着团体来增加自己的威望。

虽然一个人或许会为想象与追求威望而耗尽精力，虽然在他心目中他随威望而浮沉，但是通常这并不会清楚地使他认为这是个该被分析的心理障碍问题，这乃是因为它极其普遍地存在，同时也因为它看来就酷似我们的文化模式，或者由于分析师本身也无法免于此病所致。然而它是一种疾病，有时甚至于可以毁灭一个人，因为它使人变成一个投机者，从而破坏了个人的完整性。它绝非是正常的，相反地，它代表一种严重的障碍。事实上，它只会发生于以下这些人身上：他们与自我极其疏离以至于自负的焦点都大部分投注于自身之外的事物上。

此外，“神经症自负”的依据在于其在想象中认为自己所具有的“特性”，以及他那特别的“理想自我”所拥有的一切上。在这里“神经症自负”的特性变得格外明朗化了，神经症患者并不以他作为人的特质而自傲。当我们知道他对自己的错误看法后，我们就不会因他的自负抹杀了他的困难与有限性而感到惊奇了。他甚至于多半不以自己所具有的优点为傲，他或者只模糊地觉察到它们；或者真的否定它们，但即使他真的认出自己的某些优点，这些对他而言也不具重要性。譬如，如果分析师吸引他注意他工作上的优越能力，或他在生活中所表现出来的坚毅性格，或者指出——纵使他具有心理问题——他写出了一本好书，病人也许会真实地或装模作样地耸耸肩，带着明显的漠不关心，将赞美轻描淡写地置之度外。他特别不赞赏一切劳而无获的奋斗。譬如，他宁愿放弃为求深究烦恼根源的真诚努力，虽然他曾经一次次严肃地表示出愿意进行心理分析及自我分析。

文学家易卜生笔下的培尔·金特(Peer Gynt)或许是一个最好的实例。他并不特别强调他自己有很多的资产、高超的智慧、冒险精神以及坚强的生命力，他却以并不存在的一件事——“他是真正的他自己”为傲。事实上，在他的意念中他并非是他自己，而是他“理想化的自我”，它具有无限的“自由”与无限的权力。(他将无界限的自我中心升格为高尚的生活哲理，如易卜生所指出的，他把女妖的信条“有你自己就够了”进行了美化，变为“你即是真实”。[①])

在我们的病人中有很多像培尔·金特的这一类人，他们渴望能将自己造就为圣人、举重若轻的人类导师，等等；但只要他们与这些估价稍有偏差，他们就会觉得仿佛失去了“个性”一般，不管“想象”应用于哪方面，它本身必会具有无上的价值，因为它能使得它的背负者(想象者)得以高高在上地俯视那些不得不在事实面前谨小慎微的芸芸众生及行人。病人当然不会谈及“真实(truth)”，而只会含糊地使用“实况(reality)”一词。譬如有一个病人，他的“要求”便相当绝对以至于他期望整个世界都是为他服务的，当他第一次发现自己的“要求”，他认为这乃是荒谬甚至是堕落的。但隔天他又恢复了他的自负：认为他的“要求”才真是“宏伟的精神杰作”。如此一来，不合理的“要求”的真正意义被淹没了，而想象中的自负取胜了。

更常见的是，自负并非特别附着于想象，而是附着于所有

---

① 在易卜生戏剧《培尔·金特》里，山妖有一句话刻在洞口“To thyself be enough”。——译者

的精神过程：智力、理性和意志力。神经症患者认为自己所具有的无限力量，归根结底，是“心思之力”，所以必然的，他为它着迷而且引以为傲。理想化的形象乃是他想象的产物，但绝非在一夜之间就产生的。智力与想象（大都在潜意识里）不断地作用，以维持个人的虚构世界，它们经由合理化、正当化、外移作用以及冲突意念间之和解——简言之，即想方设法以使事物看上去与原来不同。一个人与他自己愈疏远，他的意念则变得愈真实（一个人离开了我的思想就不复存在；我离开我的思想，我也不复存在）。就像夏洛特夫人一样，除非是经由镜子，否则他无法直接望见现实。更确切地说：在镜子中他只看见他对于自己以及对于世界的“想法”。这就是为什么有关智力或主宰思想方面的自负并不只局限于那些从事智力工作的人，而且也常会发生在所有神经症患者身上的原因。

神经症患者“自觉有权要求”的能力与特权，也会产生于这种自负。譬如，他会以一种虚幻的“不能被害”为傲，就身体而言，这意味着他从不遭遇任何疾病或身体的损伤；就精神方面而言，意味着从不感到被伤害。还有些人可能会因幸运、“为神所眷顾”而骄傲。又如，在疟疾区域未曾得病、赌赢了、远足时天气宜人等，都是这种人引以为傲之事。

在神经症中，有效地维护他的“要求”的确是个有关自负的问题。那些觉得有权不劳而获的人，要是他们能操纵别人借给他们钱，为他们驱驰，免费提供医药治疗，则他们会引以为傲。有的人觉得自己能支配他人的生活，因此要是他们所保护的人不马上遵从他们的忠告，或不事先经过他们的许可而擅依己意行事，则他们的自负便会受到打击。还有一些人，觉得只要他们表示出自己正处于困境，则有权旋即获得解脱。他们会以他们之能得到同情与宽恕而自傲，如果其他人仍旧对他们吹毛求疵，则他们马上会有被冒犯的感觉。

神经症患者为了满足“内心的指使”所产生的自负，表面上看来似极坚实，但事实上却如其他自负一样虚弱，因为它必定包含着借口。一位以完美的母亲自居的妈妈通常只能在自己的想象中感到完美，一位以自己独特的诚实作风为傲的人，或许不会明显地说谎，但却常会被潜意识的或半意识的欺诈心念所侵蚀。那些以不自私为傲的人，也许不会公然地提出要求，但却会利用他们的无助与痛苦欺骗他人，且将他们那种针对正常的自我主张的抑制误以为是“谦恭”的美德。此外，他们自己的“应该”只具一种主观的价值，因它可以为神经症的目的服务，然而它却无客观的价值；比如神经症患者会以不要求或不接受任何帮助为傲，却不顾这样做是否较为明智——这是社会工作中一个被人熟知的问题。有些人会以极力讨价还价为傲，但有些人却正好相反，以不讲价钱为傲——这乃看他们的心意是必须永居于获胜的一方，还是他们觉得自己不应求私利而定。

最后，它也许只是代表着那些支撑着自负的“强迫性标准”所具有的高级性与严肃性。了解“善”与“恶”使他们自觉变为如神一般崇高；正如蛇告诉亚当和夏娃吃下苹果后，就会像上帝一样能辨善恶一般。神经症患者那种相当崇高的标准使他不顾自己的现状与行为，而觉得自己是一个可资为傲的道德神童。他也许已经在心理分析中了解他对威望的极度渴求，对事实的钝感以及他自己的报复心；但这些丝毫也没使他变得更谦恭，或稍微减低他那种自认为是高超道德者的感觉。这些真实的缺点对他并不算数，他并非以本身具有的道德而自傲，而是以了解“他应该如何”而感到自傲。尽管他或许会暂时性地了解他的自责之无益，或甚至有时会对自责的邪恶感到惊恐，但他仍处在对自我的苛求中而无法宽容自己。毕竟只是自己吃点苦而已，这又有何关系呢？他的痛苦岂非是他高超道德情操之另一证明？因此维持这项自负似乎是值得的。

当我们由神经症的一般观察进展到对个人特性的观察时，乍见之下，一切现象显得让人迷惑。简直没有一事不被自负所包围，一个人觉得那是自己明显的优点，在另一人看来却成了可耻的缺点。一个人以粗暴待人为傲；但另一个人却以粗暴无礼为耻，而以仁慈待人为傲。一个人以其在生活中一贯的虚张声势为傲；而另一个人却以吹牛为耻。有些人以相信别人为荣，但也有人等量地以猜疑他人为傲——诸如此类。

只要我们不在整个人格的上下文中察看自负的特定种类，我们就会为这种多样性而感到迷惑。但一旦我们从个人的全体性格的视角来检视每一种自负，答案就显露出来了。他为自己骄傲的需求如此强烈以至于他不能忍受自己竟处于一种盲目饥渴状态之中；所以他利用自己的想象，把那些饥渴的需求转变为高尚的、他可以为之骄傲的品质。但只有那些为他实现“理想自我”提供动力的强迫性需求经历了这种转型，而对于那些相反的、阻止了他这样做的需求，他则选择了压制、否认和唾弃。

他这种无意识状态下对价值的反转能力是完美到了让人震惊的程度。卡通图片，是非常好的例子，可以让我们生动地理解这种现象。人们对那些自己不喜欢的部分，直接用刷子抹上美丽的颜色，然后就可以拿出来作为自己的优点四处炫耀。

魔棒一挥，朝三暮四的行为变成了无限自由，对现存道德规则的盲目反抗变成了反对大众偏见，对为自己打算的压抑变成了神圣的无私行为，对妥协的需求变成了全然的善，依赖变成爱，占人便宜变成了机智，自我中心的“要求”能力变成强有力的，复仇变成了公正，使人受挫的诡计变成了智慧的武器，对工作的厌恶变成了对工作这一古板习惯的成功抵制，等等。

这些潜意识的过程常会令我想起易卜生《培尔·金特》一书中的巨人们，对他们而言，“黑的看来就像是白的，丑的就像美的，大的就像小的，而肮脏的就像洁净的。”最有趣的是易卜生用与我们相同的方法，来说明这种价值的颠倒。易卜生说，只要你生活在像培尔·金特般自足的梦幻世界里，你就无法真实地面对自己。梦幻与真实之间并无桥梁，通常来说，它们的差异过大而不容任何和解；而且只要你无法真实待己，而是自我中心地生活在想象的“伟大形象”中，那你就会挥霍你的价值，你的价值尺度也就会像那些巨人的价值尺度一样的颠倒，这道道地地就是本章所讨论的一切问题的要旨。当我们一离开自我去寻求荣誉，我们就不再关怀我们自己的真相。神经症的自负，不论以何种形式出现，都是虚假的自负。

当分析师了解了只有那些被自负所包围的倾向，才是用以实现“理想自我”的倾向这一原理之后，他(她)就要留意地去侦查那些病人行为中所固定且隐伏着的要素；在行为特点的主观价值与该种特点中所隐藏的“神经症的自负”之间，似乎存有一定的关系。只要发现这两种因素中的任一项，分析师就可正确地推论出另一因素可能也存在，因为其中通常必有一项会先引人注意。因此病人在心理分析进行之初，常会以讥诮的言辞或使他人受挫的能力表露出他的自负，虽然分析师当时并无法了解该因素对病人的意义为何，但他仍可依理推论出它在特定神经症中扮演着重要角色。

分析师渐渐了解每一病人所具有的特定自负，这对于治疗而言是必要的。只要病人潜意识地或自觉地以驱力、态度或反应为傲，则病人自然无法将此视为应该被解决的问题。譬如，当病人已知道自己具有“以机智凌驾他人”的需求时，分析师就会觉得不证自明的，这正是该被解决的也是将被克服的一种问题倾向，因为分析师考虑了病人真正自我的利益所在。他知道此种倾向的强迫性，知道它在人际关系中所引起的障碍，造成了许多本具有建设性目的的精力的浪费。然而，对此毫不自知的病人却会感到正是这种智取他人的能力使他成为一个优越者；于是他暗自以此为荣。因此，他对分析“以智取胜的倾向”便不感兴趣，而只关心干扰他达成“智取”的那些因素。只要这种评价上的差异没有被揭开，则分析师与病人将会分别在不同的目的上移动且因发生龃龉而各怀心意地进行分析。

以如此不稳的基础为依托的神经症自负，就像纸牌屋一样的不坚固，连最轻微的气流都可以令之倒塌。以我个人的主观经验而言，神经症的自负使人变得易受伤害，其广度恰好是他被自负所困扰之范围。此种自负可被内在或外在因素伤害，自负受损所产生的两种典型反应是羞耻（Shame）与受辱（humiliation）。要是我们自己做了、思考了或感觉到某些违背我们自负的事情时，我们便会不自觉地感到羞耻；如果别人做了伤害我们自负的事，或不能满足我们的自负对他们所做的要求，我们就会觉得受辱。对于任何似乎比例不相称或不合地域时宜的羞耻或受辱的反应，我们都须先问自己下面这两个问题：哪种特定的情况会引起这种反应？哪种特定的潜在自负受到了伤害？这二者具有密切的关联，且无法迅速获得解答。譬如，分析师也许会知道那些对问题持着合理的、敏感的态度的人而言，手淫往往会引发过度的羞耻，但对于另一些人而言却无所谓。在这里，引起羞耻的因素似乎是相当清楚的，但果真如此吗？手淫对不同人而言，其所意味的也许是不同的，分析师无法立即知道许多与手淫有关的因素中究竟何者引起了羞耻。是否因为手淫与爱情脱离，所以对于某些病人而言，它意味着一种堕落的性行为？是否因其所得到的满足比性交还大而扰乱了性只与爱相连的幻象？它是一个伴随幻想而生的问题吗？它意指允许病人具有任何需求吗？它对于坚忍的人而言是过于自我放纵吗？它意指失去自我控制吗？只有当分析师能够了解这些因素对病人的意义时，他才能继续追问第二个问题：究竟哪种自负受了手淫的伤害？

我还有另一个例子，可用来说明准确查明羞耻及受辱的起因的必要性。许多未婚女性会以拥有情人而深感羞耻，尽管在她们有意识的思想中她们并不愿遵从习俗。碰到这种病例，最重要的是先要确定她的自负是否已被特定的情人所伤害；果真如此，则羞耻是不是因为她的爱人不够迷人或专情而引起的呢？还是因为他待她太恶劣呢？还是因她太过依赖他呢？或者仅仅因为她有一个情人，而无关乎她情人的地位与性格？要是如此，那结婚对她纯粹是一个威望的问题？还是说有情人而不结婚乃是轻浮与无吸引力的证明？还是她应该像贞洁的处女一样超越于性欲之上？

通常同一事件可引出羞耻或受辱二者中的一个反应，但其中必有一者较占优势。一个被女孩所拒绝的男人，他也许会感到被她所辱而自问“她究竟自以为是何等人物？”或者他会因为自己的诱惑力与男子气概无法绝对地吸引她而自感羞耻。他当众的一段发言并没有引起热烈反响，于是他或者会感到被那些“不了解”他而令他讨厌的蠢货所侮辱，或者会为他自己的笨拙而感羞耻。某些人正在利用他，他或自认为被剥削者所侮辱，或自耻于他之未能维护他自己的利益。他的孩子们并不聪明或不讨人喜欢，这或者使他感到屈辱并发泄在他们身上，或者他会因为自己在某些方面误导了他们而羞耻。

这些观察指出我们的思考的“再定向”的必要性，我们易于对“实际情况”过分强调，而以为它可决定我们的反应。譬如，当一个人说谎被捉住时表现出的羞耻，我们易于将它视为是“自然的”反应，但同样情况下另一个人却可能一点也不羞耻，反而觉得他被那些发现他的底细而针对他的人所侮辱。因此我们的反应其实不只由情势所决定，而且还由我们自己的神经症需要所决定。

更为特殊的，产生羞耻或受辱反应的原理与价值的反转原理恰恰相同。对于富攻击性的夸张型之人而言，他们可能极度缺乏羞耻反应，即使分析的探照灯做了最细微的彻查，刚开始时亦无法查出任何羞惭迹象，这些人就是过分生活于“想象”中，以至于在他们心目中，自己乃是毫无瑕疵的；或者因为他们以战斗的姿态将**正确**作为保护层来掩护自己，因此他们觉得自己所做的每一件事“本来就是”对的。因此对自负的伤害只能由外而来。任何对他们的动机提出的质疑，揭露任何他们的障碍，他们都会觉得是一种侮辱，不管这么做的是谁，他们只能猜疑这个如此对待他们的人怀有恶意。

在自谦型的人当中，受辱反应主要被羞耻的感觉所遮蔽，表面上他们是服从的，精力全被为满足自己的“应该”所带来的忧虑所占据。但基于吾人将在后面予以讨论的理由，这种人的关注焦点，主要是自己无法达成最高的完美，因此他们易感羞耻。于是分析师可由哪一种反应较占优势，而推论出基本的神经症结构中相关倾向的暂时性结论。

至此，自负与自负受损的反应之间的关联是简单而直接的。同时，因为这些关联都相当典型，所以分析师或自我分析的人，似乎都很容易由自负而推论出自负受损的反应，或由后者而推论出前者。认识神经症自负的特殊标志后，他可警醒地注意到何种自负容易产生羞耻或受辱感。反之亦然，这些反应的发生也可刺激他去发现根本的自负并检查其特性。使问题变得复杂的是这些反应可能会被许多因素干扰。一个人的自负也许使他极易遭受攻击，但他并不会自觉地表达出任何受伤的感觉。我们所提过的“自以为是”的情形，就可以阻碍这种羞耻感觉的出现。此外，“无懈可击”的自负也许会禁止他承认感到被伤害。神也许会对人性的缺点感到愤怒，但他决不会被一个老板或一个司机所伤害；他**应该**伟大得足以忽略这些琐事，而且坚强到可以对一切困难举重若轻。因此“凌辱(insult)”遂会以双重方式伤害他——他感到被他人所侮辱并因为被伤害而感羞耻。这种人通常都处于永久的矛盾状态中：他之脆弱已到了荒谬的程度，但他的自负丝毫不容许他这么脆弱。这种内在的情况大大地加深了他那种弥漫性的暴躁。

问题有时也会被弄得模糊不清，因为自负受损的直接反应除了羞耻感与受辱感之外，还可以自动地转变为其他的情感。要是丈夫或爱人对其他女人发生了兴趣、忘了我们的愿望，或他的心思全被工作与嗜好占据，这些都会伤害到我们的自负，但我们意识所可以感觉到的一切乃是对单恋的悲伤。被忽视也许只是引起失望的感觉，羞耻的感觉在我们知觉里，可能表现为些许的不适、困窘，或更特别的，它会变为内疚。最后一项转变特别重要，因为它可以让我们很快地了解某些内疚。譬如，如果一个人潜意识里充满了借口，然而却为自己某些无害的及不重要的谎话而感到内疚，那么我们便可明确地推论出他较关心外表的真诚而不关心实际的真诚；他的自负因他无法维持他那种最高且绝对的真诚幻象而受到伤害。或者，要是一个以自我为中心的人因不体恤他人而产生内疚，那我们必须要先查看他的内疚感会不会来自自认为污损了其美德的光环，而不是因为他真诚地懊悔他未如自己所期望的那样去怜悯他人。

此外，这些反应——不论是直接的或已经转变的，也许都不会在意识里被感觉到，我们只能知道我们对于这些反应的反应。在这种“次生的反应”中，愤怒和恐惧构成了主要部分，我们知道对自负的任何伤害都会激起报复的敌意，它可由不喜欢到憎恨，由焦躁到气愤，进一步变成盲目而凶狠的狂怒。就观察者而言，愤怒与自负间的关系有时候是甚易确立的。譬如一个人会对态度傲慢的老板或欺骗了他的司机无比愤怒，但让他愤恨的事故充其量只是一些让人烦恼的小事。这个人自己必定只知道自己应对他人的恶行产生义愤，但就观察者（如分析师）而言，却可了解他的自负被这些事件所伤害，以至于他感到受辱并进而报以愤怒。病人也许只会承认此种解释最能说明他的反应何以会过度，也可能会坚持他的行为一点也不过分，他的愤怒乃是对于别人的邪恶与愚蠢的正当反应。

当然，并非所有无理的敌意都因自负受损而生，但它确实比一般人所想象的还担当了更重要的角色，分析师应该永远记住这一可能性，特别是要注意有关病人对他（分析师）、对于这种解释以及对于整个心理分析所表现的反应。如果敌意中带有损毁、轻蔑及侮辱他人的意向时，则它与自负的关系更可辨明，这就是报复的直接法则。病人对此种法则全然不知，感到了受辱，于是同样地要羞辱别人。所以在这些事件之后谈论病人的敌意就完全是多费唇舌了。分析师必须直捣核心，通过提出一个问题去发掘在他心目中何为屈辱。有时当心理分析刚开始，分析师尚未戳到痛处之前，病人会产生侮辱分析师的冲动或出现一个这样的孤立的想法，在这种案例中，可能病人在潜意识里觉得被分析就是一种羞辱，分析师的主要工作乃在于如何使此种关系明朗化。

无疑地，心理治疗中所发生之事，在治疗室之外也会发生。如果我们更常想到攻击行为可能是因自负受损而发生的，那我们就可使自己免于许多痛苦的甚至痛心的折磨。因此当朋友或亲戚接受了我们的大力帮忙，却表现出一副可憎的样子时，我们就不该为其忘恩负义而感到生气，而是应考虑到他的骄傲也许已因接受帮助而相当严重地被伤害了。同时，根据当时的情况，我们可以与他深入交流或尽力循着能保全其面子的方法去帮助他。同样的，当看到一个人藐视大众，我们也用不着去愤恨他的自大。我们必须认为他可能是因为自负的作祟而变得如此易受伤害，满身伤痕且苦不堪言地活着。

还有一种鲜为人知的情形是当我们觉得冒犯了自己的自负时，敌意、憎恨或轻视同样也会指向我们自己。强烈的自责并非是这种对自我的愤怒的唯一表现形式，报复性的自恨的确具有极其繁多且深远的含意，因此，如果我们在讨论因伤害自负所引起的反应时讨论它，则将失去方向。所以，我们把这一点留到下一章讨论。

恐惧、焦虑与惊慌都是对于预期中的屈辱或已发生的屈辱之反应。预期的恐惧或许与考试、公演、社交聚会或男女约会有关。这些例子通常被称为“怯场”，要是我们有所指地将该词用于任何公开或私下表演前所发生的不合理恐惧，它将是很好的描述术语。它所包含的场合有：当我们希冀给予别人——例如新的亲戚或一些达官显贵，或是餐馆中的侍者领班——一个好印象，或在我们开始一项新活动的场合，譬如开始新的工作、准备绘画或上公众演说课时。因这些恐惧而感到痛苦的人，常会将它归之于对失败、耻辱、嘲弄的恐惧，这正是他们所感害怕之事。不过，此种想法却易令人产生错觉，因为这表明了这种反应乃是对真实失败的合理恐惧。在这一点上，它忽略了一项事实——**构成“失败”的事项都是主观的**。它可能包含了所有未能获得荣誉与完美的事项，而对此种可能性的预期，明显地乃是轻度怯场的要因。个人害怕自己无法做得像自己的“应该”所要求的那样完善，因此他会害怕自负受到伤害。另外还有一种更严重的怯场形式，以后我们自会了解，其中，潜意识的力量参与了作用，正好阻碍了他的表现。此种怯场乃因惧怕他自己的自毁倾向会荒谬地让他变得笨拙不堪、忘却台词、中途卡住，并因此而受到羞辱，更别提光荣与胜利。

另一种预期性恐惧与个人的表演能力并不相干，但与他将不得不去做一件可能会损害他的特定骄傲的事有关——譬如请求提升或帮忙、提出申请或与女人亲近——因为这些事情都可能遭受拒绝，要是性行为遭拒对他而言意味着丢脸之事，则在性行为之前可能会发生此种预期性的恐惧。

恐惧反应也可能因“凌辱”而引起，很多人会表现出打颤、战栗、出汗，或其他因别人对他缺乏敬意或待他无礼而产生的恐惧表现。这些反应是由愤怒与恐惧混合而成的，此种恐惧有几分是因害怕自己的暴力倾向而产生的。同样的恐惧反应也在羞愧之后产生，但又不很显著，一个人如果在别人面前显得笨拙、胆怯或具挑衅性，则他可能会在其后突然感到被不安甚至于惊恐的感觉所击溃。例如，有个驾车上山的女人，她欲从山路一端的小径达到山顶。虽然山路相当陡峭，但要是没有泥泞，则甚易步行。然而她穿了不当的衣饰：穿了新西装、高跟鞋而无手杖。虽然如此，她仍试着走；跌了好几跤后，她终于放弃了。休息时，她远远望见下面有一条大狗正对行人狂吠着，她不由得产生一种恐惧之情。这种恐惧令她大感惊讶，因为她平常并不怕狗，何况还有很多人围绕在狗的主人身旁，她根本是用不着畏惧的。她开始思索这件事，她想起年轻的时候曾经发生一件意外之事使她感到极端羞耻。那时她正像目前的情况一样“失败”，这次是因为她未能成功抵达山顶。她自语道：“这么快下结论不够通情达理，”她又接着想道：“但我应该能够解决它才对。”这么一来，她找到了问题的症结所在，她知道了那只是她的“愚蠢的自负”，它受了伤害，这使她面对可能的攻击感到束手无策。就像以后我们将会了解到的，她当时无助地将自己置于她对自己的攻击之下，而且将危险外移了。此种自我分析虽不完全，但却十分有效：她的恐惧消失了。

对于愤怒的反应，我们远比对于恐惧更能直接地了解。但在刚才的案例中，它们乃是互为连锁的，缺乏其中的一种我们就无法了解另一种。二者的产生都源于自负受损造成了恐怖的危险，部分原因是自负取代了自信，前面已讨论过，然而这并非答案的全部。就像我们以后将会知道的，神经症患者乃生活在自负与自卑的交替情况中，因此，自负受损便会使他很快地坠入自卑的深渊中。欲了解焦虑的各种魔咒，就必须谨记住这个重要的关系。

虽然愤怒与恐惧的反应在我们心目中或许与自负无关，但它们依然被认为是指向自负的最好路标。如果这些“次生反应”不以如此的方式出现的话，那整个问题就会显得更为复杂，因为不管理由为何，这些次生反应或许会在该出现时却因受到压制而消失不见。在这种情况下，它们可能会导致或促成某些症状的产生，如精神病发作、忧郁、饮酒及身心失调。或欲压制生气与恐惧情绪的需要，可能会变成了导致情绪迟钝的因素。如此一来，不只愤怒与恐惧，甚至于所有的情感都会因此而有所转变，变得较不完全或较不强烈。

神经症自负的毁灭性，在于它对个人具有极端的重要性，但同时却又使他极易遭受攻击的这种复合关系。这种情况造成了紧张，因为它们出现的频率与强度是根本无法忍受的，因此它们便需要一个应急办法：**当自负受损时它自己自动设法重建，当它遭遇可能的危险时设法避免伤害。**

保全面子的需要是急切的，这有很多有效的方法。事实上，因为有太多种不同的方法，粗鄙的及精巧的，所以我不得不将我的陈述限于最常见且最重要的一些方法。最有效且几乎无处不在的方法与因感羞辱而欲报复的冲动有着密切的关联。

我们之前的讨论，认为它乃是因对于自负受损所引起的痛苦与危险而表现出的一种“敌意反应”。但报复或许也是为求自我辩白的工具，它包含了一种信念——借着向得罪他的人报复，则他的自负便可获重建。此种信念乃基于如下的感觉而生：攻击我们的人借其权力伤害我们的骄傲，如此则他已凌驾且打败了我们；如果我们借着报复而比他伤害我们的程度更甚地伤害他，那情势就反转了，我们将获得胜利且打败他。神经症的复仇目标并非是“扯平”，而是在于借更猛烈的还击而获取胜利。不获胜利则无法重建他那被自负所包围的想象中的伟大；这种重建自负的能力给予了神经症式报复心理以难以置信的固执性，并说明了此种报复的强迫性特质。

因为“报复”吾人将在以后予以详细讨论①，现在我只概略地提出一些主要的因素。由于报复力对于自负之重建甚为有益，所以这种报复力自身可为自负所笼罩。在某些类型的神经症患者的心目中，它就是力量，而且通常是他们所认识的唯一力量。反之，无力还击通常意味着柔弱，不管是因为内在的还是外在的因素抑制了他报复的动机。因此当这种人感到被侮辱，且当这种情势或存于他内心的某些事物阻止他报复时，他

① 请参考本书第 8 章，“夸张型的解决法——征服一切”。

就会受到双重的伤害：本来的“侮辱”以及因他无法通过还击雪耻所带来的“失败感”。

诚如前述，报复的需要乃是“荣誉探求”中一项不变的成分，要是一旦它成为生活中的主要动力，那么它将造成一种最难以解决的恶性循环；神经症患者用尽各种可能的方法以凌驾他人，其决心是相当巨大的，因此更加强了追求荣誉的必要性，也加大了神经症的自负；自负膨胀后，依次地又增强了报复心，因而又导致为求胜利的更大需要，如此循环不已。

重建自负的次要方法，乃是对足以伤害自负之人或事物失去兴趣与关心。譬如，很多人放弃了对运动、政治、智慧的追求兴趣，因为他们那种欲出人头地或完成某一完美杰作的急切需要没有得到满足，他们因无法忍受这一点而导致了放弃。他们并不晓得所发生的事情，他们只是变得兴味索然，而且可能会转向于一种实际上低于他们自身潜力的活动。一个本来可以成为优秀教员的人，被分配了一个他无法立即精通的工作或自感被降级的工作后，他对教学的兴趣会因此大减。此种态度上的变化也与学习过程有关。一个很有才华的人，他开始狂热地从事戏剧或绘画工作后，他的教师或朋友会觉得他在这方面很有前途因而十分鼓励他。然而尽管他很有才华，但毕竟不会一夜就成为巴利莫尔[1]或雷诺阿，而且他渐渐知道，他并非是班上唯一的天才，他当然也会在最初的作品中表现拙劣。然而这些却伤害了他的自负，而且他可能会突然“了解”到绘画或戏剧并非其天赋所在，何况他未曾“真正”地对此种事业感兴趣。于是他失却在这方面的热情，缺课，然后很快地就完全放弃了，转而从事其他的事，但只是在重复着此种循环而已。他可能因经济的理由，或因自己的惰性，而能够持续停留于某种活动中，但却心不在焉地工作；因此他无法了解，如果专心从事此项工作的话他将会宏图大展。

在与人相处的关系中可能也会发生同样的过程，当然，我们可能有很好的理由不再去喜欢一个人：可能因为起初我们过于高估他，或者彼此的发展方向歧异。但无论如何，探究我们为何由喜欢而变得漠不关心的原因乃是值得的，而非一味地推诿没空或者肯定错在当初，不肯做进一步的分析。真实原因也许是在过去的交往中发生了某些事情伤害了我们的自负，也许因为他拿我们与他喜欢的其他人比较，也许是他并不像以往那样敬重我们，或者我们心里明白我们使他失望，因而想到他就感到羞耻。这些情况在婚姻与爱情的关系上可能扮演了相当尖

① Barrymore，1878～1954，美国电影明星。——译者

刻的角色，于是我们易于固执认为“我不再爱他了”。

所有的这些“撤出”导致了精力上的徒然浪费，通常也带来很多的悲苦。其中最具破坏性的，乃是因我们对真我丧失兴趣，不再以之为傲——此一题目将留到后面讨论。

还有更多的方法可用来重建自负，这些方法虽很常见，但其前因后果并不为人们所了解。譬如，我们或许说了某些话，而后又发觉那是愚蠢的——比如说了题外话、不体恤、过于自大或过分自责，如此一来我们可能会忘却它，否认我们曾经说过，或主张那些话乃是另有他意的。跟此种否认相类似的，是将事情扭曲——减少我们的责任，略去某些因素，强调不相干的事，用偏颇的角度解释它们，这些可以使我们的自负最后免受伤害，而且能洗清自己的一切。令人困窘的事或许还会原样停留于我们心目中，但却会被借口或托词所拂拭掉。某些人虽或承认自己做了下流之事，但那是因为他已三夜没睡或其他人挑衅了他的缘故。他伤害了某些人的情感、轻率且不体恤他人，但他的用意是好的。他曾经让需要他帮忙的人失望，但这是因为他抽不出时间的缘故。所有这些借口或许部分、或许全部是真实的，但在这个人的心目中，这些并不是失败可以被原谅的缘由，而是可以把失败消灭掉。同样的，很多人觉得只要说声抱歉，万事都可以回到正轨上来。

这些诡计都有一点共同的倾向，那就是在逃避自我的责任。要么是忘却我们无法引以为傲之事，要么润色它，或谴责别人，我们都不想坦承自己的缺点，借以来保全自己的面子。对“自我负责”的排斥也可隐藏于虚伪的客观性背后。譬如，有一个病人对自我做了机敏的观察，且对自己所不满意的地方提出一些相当准确的描述。表面上他似乎是知觉敏锐且诚以待己，但“他”也许是一个聪明的观察者，观察着“那个压抑的、恐惧的且具狂妄需求的家伙”，如此一来由于他不对他所观察到的人负责，更因为他的“自负之光”只照向他那智慧而客观的观察力上，所以他的自负所受到的伤害遂被减轻了。

有些人并不介意客观或诚实地待他们自己，所以尽管他的态度有普遍的规避行为，当这种病人觉察到某些神经症的倾向时，他就会在“他”与“他的神经症”或“他的潜意识”间做一个明显的区别。“他的神经症”乃是与“他”毫不相关的某些神秘事项，这似乎是骇人听闻的；事实上，对他而言，这不只是保全面子的方法，而且是保全生命，甚至是保全神圣性的方法。他自负的脆弱性承担如此极端的比例，因此他必会因他坦承横在自己面前的障碍而变得四分五裂。

此处所要提到保全面子的最后一项诡计就是幽默的使用。

无疑地，当病人能坦率地认识他的困难，而用少许的幽默来承受困难时，这就是一种内在的抒发。但有些病人在分析之初，就老拿自己开玩笑，甚至于夸大他们的困难，致使他们看来仿佛是在取闹似的，同时他们还会对任何批评都表现出一种荒诞的敏感。在这些例子里，幽默乃是在替其无法忍受的羞耻找台阶下。

当自负受到伤害时，有这么多的诡计可用以重建它，然而新的自负也甚易遭受攻击且又异常珍贵，因此即使是在未来，它也需要受到保护。神经症患者为了防止它未来遭受伤害，会建立起一套精巧的“回避系统”，这也是一种自发进行的过程；他并不知道自己想要躲避某种活动，因为这可能会伤害到他的自负；他只是要去防止它，且常是对这些情况毫不知情。这种过程涉及各种活动及人际关系，而且它会阻碍实际的奋斗与努力。如果它被无限扩展，便能颠覆个人的整个生活。他不会去从事与自己能力相称的任何真正追求，因为他怕无法获得显赫的成功；他很喜欢写作或绘画，但不敢动手；他不敢亲近女人，因为恐怕被拒绝。甚至因为怕与旅馆经理或守门员打交道而不敢出外旅行。或者，他只敢到他甚为熟悉的地方，因为他并不喜欢被陌生人看作无关紧要的人。他因怕不自然而对社交生活畏缩不前。或者因自己的经济状况，他要么无法从事有价值的事情，要么他固守在平凡的工作上，严格地限制自己的开支。此外，在更多的意义上，他生活得比他的财富水准还低下。最后，这使他不得不远离他人，因为他无法面对落后于同辈此一事实，如此他得以规避别人对他工作所提出的任何问题或批评与比较。为了忍受生活，他必须使自己更坚定地生活于一己的幻想世界中。但所有这些作为对他的自负而言，并非是补救之道，而只是一种掩饰；他也许从此开始培养他的神经症，因为具有大写字母 N 的“神经症”（Neurosis）已变为自己何以缺乏成就的宝贵借口。

这些都是极端的发展，不用说，虽然自负是促成此症发展的主因，但并非是其中唯一的因素。更常见的，有些“回避行为”常被限制在某些方面。譬如，某人或许对于一些很少被抑制的以及一些服务于荣誉追求的事业十分积极、十分有办法；他或许在他的专业领域内非常勤奋而成功地工作，但他却会规避社交生活。相反地，他也可能在社交活动中或像唐璜那种角色中觉得更为安全，但他却不敢冒险认真从事一项工作去测试自己潜力有多大。他也许会觉得当组织者较为安全，但却要回避任何个人间的关系，因为他觉得卷入这些之中就易受攻击。

恐怕情绪上与别人有交集(神经症式的疏离),通常以恐怕自负受伤害为最明显。基于很多理由,一个人可能特别畏惧于不能极其成功地与异性相处;如果是一个男人,那他潜意识里就会预期着,当亲近女人或与她们发生性关系时,他的自负将受到伤害。于是女人对他(他的自负)而言变成了一种潜在危险,这种恐惧可以大到减弱甚至于粉碎女人对他的魅力,而使他回避与异性接触。虽然这种抑制并无法完全说明他之转变为同性恋的缘故,但却是促使他偏爱同性的真正因素之一。在许多反常的情形中,自负往往是爱情的劲敌。

这种“回避”现象可能牵涉到很多不同的特定事件。譬如,某一个人,他或许会回避在公共场合演说,或回避参加运动,或逃避打电话。如果有旁人将要打电话、做决议或与房东谈交易时,他会把整件事推给对方。在这些特定的活动中,他很可能知道他在回避某事。然而,在更多的场合里,这问题通常被“我不能”或“我不在乎”的态度所掩盖。

当我们检查这些回避行为后,我们可以发觉有两项原理可以用来决定它的特性。简言之,其一为经由限制个人生活中的活动以求安全。抛弃、撤退或放弃远比冒着让自负受到伤害的风险的行为更为安全。在许多情况下,“心甘情愿”显示了自负具有压倒性的重要性，这一明确证据让人印象非常深刻：为了自负，他宁可将个人的生活限制到已受阻碍的程度。另一原理为：不尝试远比因尝试而导致失败更安全。后者之极致给“回避”打上了“终结的印章”，因为它剥夺了人们渐渐克服困难的机会，即使就神经症患者的逻辑而言，此种做法也并不实惠，因为他不但必须付出过度限制他生活的代价，而且最终还需付出使他的自负受到更深伤害的代价。当然他并不做长远之计，他只担心因当前的尝试与错误所造成的危险性。如果他毫不尝试，则他就不会遭受损害，同时他可找到各种托词。至少在他自己的心目中，还得以保有一种自慰的想法：“要是他尝试了，他将早已考及格了，已觅得更好的职业了，或赢得一位漂亮的女人了。”通常他还会有更离奇的幻想：“要是我专心写作或作曲，则我必比巴尔扎克或肖邦还伟大。”

在很多情况下，“回避”扩展到我们对所有事物的渴望之情中：简言之，回避也许会围绕住我们的愿望。我们提到过有人觉得无法得到所希求的东西乃是一种不名誉的失败。因此单单抱有愿望这一项就意味着很大的危险性，然而对愿望的自我审查却意味着我们的活力也被加上了一重束缚。有时候人们会规避任何可能伤害他自负的思想，在这方面，最重大的回避乃是对考虑死亡的规避，因为“必须变老”而且像其他人一样死去，此一观念乃是无法忍受的。奥斯卡·王尔德的《道林·格雷的画像》正是对这种永葆青春的自负的一种艺术化表达。

自负的发展是神经症患者人格发展中势必形成的结果；其过程的至于巅峰与巩固化，乃因“追求荣誉”而引发。最初个人可能怀着比较无害的幻想，而将自己刻画成一个很富魅力的角色，而又继续在他心目中创造他“实际上”所能够或应该成为的理想形象，最后则达于一决定性的步骤：他的真我凋谢了，富余的精力被转移到“理想自我的实现”上。那些“要求”乃是他为保障他在世上所拥有的立足之地——为配得上他理想自我的尊贵地位并提供足以支持他的地方——的一种企图。利用他的“应该”，他驱策自己去实现这种自我的完美性，而且，最后必须发展出一种私自的价值系统，好似《1984》(乔治·奥威尔著)中的“真理部”一样，以便利用此一系统来决定他所该喜欢的与该接受的，以及他所该赞美的与值得引以为傲之事。但这个价值系统也必须决定什么该被拒绝、被痛恶、被忽视、被憎恨以及何者该引以为耻。二者缺一则便无法作用。于是自负与自恨变得更不可分离了，事实上它们乃是同一过程中的两种表现。

第五章　自恨与自卑

目前我们已追溯到神经症的一种发展过程——由“自我理想化”开始，借坚定不移的法则，一步步地演变，将价值转变成神经症的自负。这种发展实际上要比我至今所陈述过的更为广泛，因为它被同时所产生的另一自动过程——一种似乎相反的过程，但它们同样因“自我理想化”而生——所加强并复杂化了。

总之，当个人将其重心转至“理想的自我”后，他不只会赞扬他自己，而且必定会就错误的知觉来看待他的实我——包含他在某段时间内所具有的情况，身体的、精神的、健康的以及神经症的等方面。荣誉化的自我不仅变为被追求的幻象，而且也变成他用以衡量自己真实情况的标杆。他的“实我”的情况若就神一般完美的观点而言，将是一种相当令人困窘的情景，因此他不得不轻视它。此外，从动态上说更为重要者，他作为人类的实存状况却继续——严重地——干扰他飞向荣誉。因此他必定会憎恨它，同时憎恨他自己。因为自负与自恨乃是同一实体，所以我主张将所有相关的因素统称为**自负系统**。现在由对自恨的了解我们把一全新的过程纳入考虑，这大大地改变了我们对自负的观点，直到目前我们经由深思熟虑，暂时放下了自恨的问题，以便先得到一种为求实现“理想自我”的直接驱力之清晰图像，现在我们要拾起自恨问题，以得到整个事情的全貌。

无论皮格马利翁是如何激昂地尝试将自己塑造成为辉煌显要的人物，但他的驱力依旧是注定要失败的。充其量，他也只能有意识地忽略掉某些阻碍性的矛盾，虽然如此，这些矛盾仍旧会继续存在。事实显出他仍须与他自己共同生存；不管是吃饭、睡觉还是沐浴，不管是工作还是做爱，他永远都须如此。有时他会以为如果与太太离婚，改变另一种职业，搬到另一公寓或去旅行，则事情将会有所好转；但事实上，他必须永远伴随他自己过活。即使他运作得毫无瑕疵，一如上了油的机器，但他仍旧存在着精力上、时间上、权力上或耐力上的缺陷——即人类的缺陷。

这种情况的最好描述方法，无过于借着两个人的例子来说明。其一为独特而理想的人；而另一个则为如影随形的陌生人

（实我），这个陌生人总是干涉的、烦扰的、令人困窘的。利用“他与陌生者”来描述长期的冲突似乎是较为恰当的，因为它较接近个人的感觉。此外，即便他能将实际的阻碍忽视掉，且视为与自己无关，但他依然不可能远离他自己且遗忘了他们[①]。虽然他可能会成功、会顺利发挥他的能力，或者甚至于沉迷于独特成功的巨大幻想，但他依然会感到卑下或无安全感。他也许会有成为骗子、怪物的痛苦感觉——一种他无法说明的情感。当他接近他自我的真实性时，他内在的感觉会确切地呈现在他的梦中。

他自己的实况经常明确而痛苦地来袭；想象中自己是神圣的，但事实上却拙于社交场合。每当想要带给某些人难忘的印象，他的手便会不自主地发抖，或变得结结巴巴、面红耳赤；或许他会感到他自己乃是世上女子唯一的爱人，但却会突然变得性无能；当他在想象中自己正像个男人一样跟老板谈话时，却只会现出一番傻笑；在想象中他会用一番精彩演讲结束大家的七嘴八舌，但绝佳的句子只有第二天他才能想出来；他永远无法得到轻灵修长的体态，因为他强迫性地使自己变得贪吃无

① 请参考我在《我们时代的神经症人格》（w. w. Norton，1936）一书中所提到的“惦记”（register）这个术语。这一术语是表示对于那些发生于我们身上但却不自知的事件而言。

餍。亦即实际的、经验性的自我变成具攻击性的陌生人，理想的自我乃因偶然因素而不得不与之捆绑在一起，后者因此以憎恨与轻视去抵抗这个陌生人。实我于是变成为“自负的理想自我”的迫害对象。

自恨使人格的裂缝更为明显，此一裂缝开始于“理想自我”的创始。它意味着一场战争，这乃是每一个神经症患者的主要特性：他在与他的自我战斗。实际上在这一基础上有二种不同的基本冲突，其一在于自负系统本身之内，这一点以后我们将详尽说明。是介于夸张驱力与自谦驱力间的冲突。另一项，乃是介于整个自负系统与真我(real self)间较深的冲突。虽然当自负被提升到至高无上时，战斗可能就已退居背景中或被掩盖了；但它仍具有相当的潜力，在适当的环境下，它可能会完整地发挥出它的威力。下一章我们将讨论其发展之特性与时期。

这第二种冲突较为深刻，在心理分析之初虽尚不明显，但是当自负系统濒于倾覆而个人更接近他自己时；当他开始感觉到自己的情感，知道自己的愿望，赢得选择的自由以及能自作主张并自我负责时，反抗的力量就会因此而复苏。自负系统与真我间的激战会被更明显地引发，这时自恨对抗真我所拥有的建设力之烈度远非其对抗实我(actual self)的缺点与缺陷之烈度可比。它是一种比目前我们曾讨论过的任何神经症冲突还要更激烈的冲突，我主张称此为**核心内在冲突**。[1]

我很想在此加入一理论性的评注，因为它有助于将“冲突”的意义弄得更清楚。在我的其他著作中，我曾用过“神经症的冲突”一词，乃意指一个人在两种互不相容的强迫性驱力中求存。而“核心内在冲突”则是指介于正常的与神经症的，建设性与破坏性的力量之间的冲突。因此我必须扩大我们的定义，而说神经症的冲突可发生于两种神经症的力量之间，或正常的与神经症的力量之间，此种差异在术语的解释上是很重要的。为什么介于自负系统与真我间之冲突，会较其他冲突更能使我们的精神分裂？其理由有二：第一，在于“完全卷入”与“不完全卷入”所涉及的差异；拟于国家，好比个人团体间的利益冲突与发生内战的国家不可同日而语。另一理由，则在于我们生命的真正重心，即具生长力之真我，在为求生存而战。

憎恨真我远比憎恨实我的缺陷更不可被知觉，但它却构成了自恨不可或缺的背景——或是提供主要精力的潜流，尽管憎

① 这里我采用了米里埃尔·艾维米(Muriel Ivimey)博士的建议。

恨“实我的缺陷”可能更为显著。因此，憎恨真我显得是一种纯粹的情节，而憎恨实我总是一混合的现象。譬如，如果我们的自恨是以残忍地责备自己之自私此一形式出现——包括为自己做的任何事，这一形式可能既是因自己无法达成神圣的绝对性标准而产生的憎恨，也是一种压榨真我的方法。

德国诗人莫根斯特恩，在他的一首诗《成长之痛》[①]中简明地表达了自恨的性质：

我将屈从，因被自己所摧残
我生而为二，理想的我与实况的我
最终其一必消灭另一
理想似匹奔腾的骏马，现实附托于骥尾
理想似一转轮，现实束缚其上
像一暴怒者，曲勾着十指欲伸入牺牲者的发中
像一吸血鬼，盘踞其心，吸之又吸

诗人只用几行字就表达了此种过程，他说我们可能用一种

① 此诗出处：*Collection of Poems Auf Vielenx Wegen*，R. Piper and Co.，Munich，1921，Translationed by Caroline Neuton。

充满打击性与虐待性的怨恨来憎恨我们自己——此种怨恨是如此地具破坏性，致使我们无力去抵抗它，只能等待精神上的自毁。他又说我们并不因为我们是无用的而憎恨自己，而是因为我们被驱策去超越自己。他说这种怨恨乃是因“理想”与“现实”间的矛盾冲突所产生的，这不只是一种分裂，而且是一种你死我活的残忍战斗。

自恨之力量与固执性是惊人的，即使对一个甚为熟悉其运作方式的分析师亦然。当我们试着去说明其奥妙时，我们必须了解在其中的每一个步骤中，自负本身都会因感到被实我侮辱及压制而产生愤怒，我们也须知道此种愤怒说到底是无能为力的。因为尽管神经症试图将它自己视为远离肉体之精魂，但它为了要得到荣誉却必须依赖实我。如果它杀害被憎恨的自我，则它必同时杀害它荣誉的自我，一如道林 · 格雷撕毁足以表现他的堕落的画一样。一方面，这种依赖性通常可避免自杀的行为；要是没有此种依赖性，则自杀势必成为自恨的必然结果。事实上自杀较少发生，它是许多因素的综合结果，而自恨仅是其中的一个因素而已。另一方面，这种依赖性使自恨变得格外残酷不仁，就像任何其他无力的愤怒一样。

此外，自恨不只是自我荣誉化的结果，而且还能够维持此种荣誉化。更明确地说，它可被当作一种驱力，用以实现“理想的自我”，并借着除去冲突的元素，而在一个更高的层级上寻求自我的完全统一。对缺点之非难更承认了神圣的标准，他凭此标准以辨认自己。在心理分析中，我们可观察到此种自恨的作用。当我们揭露病人的自恨后，我们或许会天真地期待他渴望除去它，此种正常的反应事实上有时也会发生；但更常见的，他的反应会形成分裂，虽然他势必会认识自恨是一个不可克服的负荷与危险，但他却又感到反抗此种支配会导致更大的危险。他会以看来更为合理的说法来解释他的崇高标准的好处，同时强调试图对自我更加宽容会导致自己变得松懈的危险性。或者，他会渐渐地表露出他坚信轻视自己乃是应该的，这正表示只要他仍坚持他夸张的标准，他必无法接受他自己。

第三个因素我们已暗示过了，它给自恨以残忍不仁的力量，它是对自我的一种脱离，简单地说：神经症患者对他自己并无感情。认识到他在打击自己，并不足以促使建设性的行动诞生。在此之前，必先有对痛苦的自我的些许怜悯或对痛苦的实际体验。或者，就另一方面而言，想让他因认识到“自我挫伤”，或者甚至于使他对此感兴趣之前，他首先必须先做到坦承他私人愿望的存在。

对自恨之知觉究竟如何呢？在哈姆雷特、理查三世等戏剧中或此处所引用的诗句中所表示的，并非专指诗人对于人类心灵痛苦的真知灼见。很多病人在短期或长期内，都会经验到自恨与自卑，他们也许会有“我恨自己”或“我轻视自己”的感觉，他们也可能对自己恼怒。但此种自恨的生动感觉只会发生于悲痛之际，而当悲痛消失时也就跟着消失了；通常他们只会认为这种感觉——或思想——系对“失败”、“愚蠢”、犯错感或因了解了某些心理障碍而引起的暂时反应。因此他们对于自恨之破坏性与持续作用并无知觉可言。

一般以自责的形式表达自恨的病人对其知觉的程度过于千差万别，我无法对其做任何一般的叙述。那些将自己封锁在“自以为是”之壳内的神经症患者，完全抹杀了自责的声音，以致他们对此无法知觉。与此相反的是自谦型，他们坦白地表达出自责与罪恶感，或由其愉快的歉意或自卫行为中，可看出他无意中所显示出的此种感觉。这种个人在知觉上的差异的确是有其意义的，后面我们将讨论它们的意义何在以及是如何发生的。但这些并不能证明自谦型的人可知觉到自己的自恨情形；因为即使是那些知道“自我控诉”的神经症患者，也不知此种控诉之强度与破坏性有多大，他们亦不知其内在固有之无效性，而易于将其视为他们高度道德感的证据。他们并不怀疑其正确性，而且事实上只要他们还用一种神圣完美的眼光来判断自己的话，就无法如是怀疑。

然而，几乎所有的神经症患者都晓得自恨的结果：罪恶感、卑下感、束缚、痛苦。但他们对于这些痛苦与自我评价来自他们自己这一点毫不知情，同时即使他们有一丝知觉，也会被神经症的自负所遮蔽。如此一来，他们并不因感到被束缚而痛苦，反而以能“不自私”“节欲”“自我牺牲”“责任感太强”等为傲；这些词汇能掩饰他对自我所犯下的众多恶孽。

我们从这些观察中所得到的结论乃是自恨本质上是一种潜意识的过程，在上次的分析中，我们曾注意到病人并不知晓这种冲突的存在。其根本理由是大部分的过程都已被“外移”了，例如，自恨的表现被认为并非产生于个人与自己之间，而是产生于个人与外界之间。我们可以约略地区别自恨的积极与消极“外移”作用：前者乃是力图将自恨导向外界以对抗生活、命运、习俗或人们；后者之憎恨乃停留于对抗自我，但却又被觉察与感受为系来自外界。在这两种方式中，内在冲突的紧张性均因转变为人际间的冲突而告消减，下文我们将讨论此种过程所可能表现的形式及对人际关系的影响。此地之所以介绍它，只是因为有了“外移”作用作媒介，对自负的许多形式可以很好地加以观察和描述。

自恨的表现实与人际关系中憎恨的表现相同。用我们尚记忆犹新的史例来说明后者，即如希特勒对犹太人之怨恨，我们知道他邪恶地威吓与指责他们、侮辱他们、公开地贬低他们、用各种形态与方式剥夺并挫败他们，他摧毁了他们对未来的希望，最后则全面折磨并杀害他们。在日常生活、家族或竞争者之间，我们也可以观察到这些憎恨以更公开或更隐秘的形式表现出来。

我们现在将研究**自恨的主要表现**及其对个人之直接影响，这一切的表现都已被大作家们观察到了，而大部分个人身上出现的情况，自弗洛伊德以后，在精神医学文献上都有记载，被描述为自责、自贬、自卑感、无能享受快乐、直接之自毁作用、被虐狂倾向，等等。然而，除却弗洛伊德“死欲”的观念及弗朗茨 · 亚历山大与卡尔 · 门宁格的附加阐述外[①]，似无一普遍的理论可以说明所有的这些现象。虽然弗洛伊德的理论面对的也是这些临床现象，但它是基于不同的理论前提，因此，

① 参见弗朗茨 · 亚历山大所著《整体人格的精神分析》(*The Psychoanalysis of the Total Personality*) 以及美国心理分析学家卡尔 · 门宁格所著《反抗自我的人》(*Man Against Himself*)。

它所提出的问题解释以及有关的治疗也就随之而完全不同了。在下一章中我们将讨论这些差异。

为了不迷失在细节中，我们先区别自恨所产生的六种样式，或曰表现，但需时刻谨记它们彼此间有重复之处。简言之，它们是对自我冷酷的要求、无情的自责、自卑、自我挫败、自虐与自毁。

在前一章里，当我讨论对自我的要求时，我们将此视为神经症患者为修正自己，使自己变为“理想自我”的手段。然而我们也已经说过，“内心的指使”构成了一种强制系统，一种暴君行为，而当人们无法完成它们时，可能就会报以休克或惊慌的反应。我们现在所在的地方能让我们更完全地了解何者制造了此种强制性，何者迫使他如是激昂地顺从内心的指使，以及为什么对于“失败”的反应会如此的剧烈？“应该”之被自恨所催生，一如其被自负所催生，当无法达成时，自恨之愤怒就会因此而爆发。这一情形可比之为拦路抢劫，其中抢劫者持左轮手枪指着被抢者说：“将你所有的东西给我，否则我就杀了你。”然而就抢劫的行为本身而言，可能还比“应该”要来得更为仁慈些。在抢劫中被威吓的人借顺从而自救是可能的，但“应该”却无法被满足。同时，被射杀的所有结果不过是死亡，似乎没有终生苟活在自恨的痛苦中那么残忍。在这里引用一封病人的信："他的真我被神经症所遏制，此种神经症就像是他原先为了保护自己而设计、最后却杀死主人的巨兽。而且活在极权国家里与活在个人的神经症中是几无差别的，无论哪一种方式，最后你都必丧生在集中营内，这个集中营的主要目的即在于尽可能痛苦地破坏自我。"

事实上就其真正本质而言，"应该"乃是自毁的，至今我们只知道其破坏性的唯一一点："应该"将人置于狭窄的紧身衣之内，剥夺人内在的自由。即使他想将自己塑造成完美的行为主义者，也只有当他牺牲了他情感与信仰的自发性及真实性时方有可能实现。实际上"应该"就像政治专政一样，目的在泯灭个性，他们创造了一个类似司汤达在《红与黑》一书中所描述的神学院或乔治·奥威尔在《1984》中描写的国家一般。在这种环境下，任何个人的思想与情感都受到怀疑，它们需要绝对无疑的顺从，甚至连这种顺从都不被觉知。

此外，许多"应该"在它们的内核里表现出了自毁的特性。我很喜欢举出三种"应该"作为说明，它们都是在病态依赖性的情况下所产生的，其上下文吾人皆可详尽地加以表达如下：我**应该**伟大得足以完全忽略发生于我身上的事，我**应该**能够使她爱我；以及我**应该**为"爱"而完全牺牲一切！这三种

“应该”结合在一起，势必会使病态的依赖性长存不灭。另一种“应该”，要求一个人为其亲戚、朋友、学生、雇工等负起全责。他**应该**能解决每个人的问题，而使人迅速获得满足。这暗示着只要任何事情出了毛病都是他的错误。如果有位朋友或亲戚因某些理由而烦恼、诉苦、批评、不满或想要获得某些事物，则这种人会被迫而变为无助的牺牲者，他必定会感到自己有罪且必须将每件事妥善办好。引用一位病人的例子来说，他就像是盛夏旅馆受困扰的经理：客人永远是对的。任何不幸之事，是否真是他的过错都已无所谓了。

最近有本法文书《目击者》[①]将这种过程描述得真是淋漓尽致。主角与他的弟弟出航；木船漏水了，又赶上暴风来袭，他们因此不幸翻覆并沉没了。因为弟弟有条腿受了重伤，所以无法在汹涌的海浪中游泳，他注定要被淹死了。书中的英雄（主角）于是便拖着弟弟力图游向海岸，但他很快地就发现他无法这么做。因为事实上只有两个选择，两人都淹死或者英雄自救。他很清楚地了解到这种局势，于是他决定自救。然而他同时觉得自己就像是个谋杀者一般，对他而言这念头是如此真实，以致他确信别人一定会将他当作谋杀者。他的辩解毫无益

① 参见 Jean Bloch-Michel，*The Witness*，Pantheon Press，1949。

处且不实际，因为他依着在任何情况下他都应该负责任的这个前提而行。当然这是一种极端的情势，但这位英雄的情绪反应准确地说明了当人们被此种特定的“应该”所驱策时心中所怀藏的感觉。

个人也可将对自己有害的任务加诸自己身上。在陀思妥耶夫斯基的著作《罪与罚》一书中便可找到此种“应该”的例子。拉斯柯尔尼科夫为了证明他具有拿破仑的能力，遂觉得他**应该**有能力杀掉一个人。就如陀思妥耶夫斯基所明确表示的，虽然拉斯柯尔尼科夫对世人有各种愤怒，但没有哪件事会比“杀害”更使他仁慈的灵魂感到可厌了。然而他必须强制他自己去完成这件事。他在实际上所感觉到的则出现在一个梦中，梦中他看到一匹瘦弱饥饿的驴，正被几个醉酒的农夫逼迫着去拉动它不可能负担的重载，而且它被那些农夫残忍不仁地鞭打着，最后被打死了。拉斯柯尔尼科夫看见了此种情形，马上匆忙而充满同情地奔向那头驴。

这个梦出现于当拉斯柯尔尼科夫处于强烈的内在挣扎之时。他觉得他**应该**杀人，但也觉得那是件极度令人厌恶，以至于他简直就无法真的去做的事。在梦里，他了解他逼迫自己去做对自己而言乃是不可能之事，一若要那头驴拉动重载一样，乃是残忍不仁的。于是他对于强迫自己去做的此一事件，从内心深处发生了深刻的同情。在如此感受着他那真实的感觉时，梦醒后他觉得自己统一到了一处并决定放弃杀人计划。但他那种拿破仑似的自我希求不久又占了上风，因为那时他的真我已无力抵抗了，一若饥饿的雌驴无力反抗残忍的农夫。

使“应该”变为自毁的第三个因素乃是自恨，这个因素比其他的因素更能说明“应该”的强制性。当我们违背自己时，可因自恨而转变为对抗自己。有时此种关系甚为清晰且易于推断。一个人如果无法像自己所认为的那样全知全能，他就会像《目击者》此一故事中所述的一样，充满了无理的自责。更常见的是，他根本就不晓得自己违背了“应该”，只是无形中感到低落、不适、疲倦、焦虑或急躁易怒。我们可以想想此前所举过的例子，一位女士，因为无法爬到山顶而突然变得怕狗。其前后关系如下：首先她先感觉到放弃继续往上爬这一明智选择乃是一种失败，因为她必须要能支配一切（这种要求乃是潜意识的）；其次，她继续潜意识地自责，于是表现出了自责的反应，亦即感到无助与害怕，这里她第一次对此种情绪的过程有所知觉。如果她未曾分析她自己，那她对狗的害怕会是一件让人迷惑的事，因为此种害怕与先前所发生之事并不相关。在其他的例子里，在个人的意识里只能知觉到他用以保护自己免于自恨的特殊方法，就如解忧的特别方法（疯狂购物、酗酒或暴饮暴食）。他常觉得自己被他人欺骗（消极的“外移作用”）或是他待人暴躁（积极的“外移作用”）。我们有充分的机会，从各种不同的观点来了解这些自我保护的企图是如何产生的。在这种背景下，我仍想先讨论另一种类似的企图，因为这种企图易于被忽略，而且可导致无可治疗的绝境。

这种（努力）企图乃是当一个人在潜意识里了解他不可能达成他的“应该”之时所发生的。于是一个富理性且相当合作的病人，也许会变得激动而陷于如同感到被一切人与事所侮辱的境域里。譬如，他会觉得他的亲戚剥削他，他的老板不公平，牙科医生弄糟了他的牙齿，精神分析对他无益等。他也许会在心里暗骂分析师并在家里大发脾气。

在了解他的烦恼的过程中，使我们震惊的第一个因素，乃是他对某些特别照顾做出坚决的“要求”。依其特别情势，他可能强调在办公室里他应得到更多的帮忙，坚持他的妻子或母亲要让他独处，要他的分析师给他更多的时间，或者坚持他的学校要格外厚待他。他给我们的第一个印象乃是他疯狂的“要求”与对挫折怒骂的冲动。但当他注意到自己这些“要求”时，就会增加他的暴怒。他也许会变得更公开地表现出敌意。

只要我们细心地听，就会发现贯穿他的谩骂中的主题。他仿佛在说：“你这个蠢猪，你不知道我真的需要某些事物吗？”如果我们记得“要求”乃是因神经症的需要而生时，则我们可以发觉，他的“要求”之突然增加乃是意味着一种相当紧急的需要的陡增。由此出发，我们便有机会可了解病人的悲痛何在。分析结果往往是虽然他并未意识到，但他已经了解他不能完成某些他急需的“应该”。譬如他或许已感到在某些重要的爱情关系上他就是无法获胜；或者明白工作远超过他的负荷，就是他尽全力也无法胜任；或者他已认出在心理分析中所产生的某些问题，令他退缩甚至于无法忍受；或者，他们正在嘲笑他欲借意志力的绝对努力排除那些问题。这些认识——大部分是潜意识的——使他感到惊慌，因为他觉得他**应该**能够克服所有的这些障碍。然而在此种情况下他仅能在二者中选其一。第一，他要认识他对自己的那些“要求”乃是虚妄的；第二，他激昂地要求他的生活情况必须如此地被改变，而后即可不必面对“失败”。在激动下，他选择了第二条路，而治疗的任务就是向他提示还有第一条路。

了解病人如果认识了那些无法实现的“应该”，可能会产生急切“要求”这一情况，在治疗上将是无比重要的。因为这些“要求”可产生甚难控制的激动情况，就理论而言它也是重要的，它帮助我们更了解许多“要求”所具有的紧急性，同时它也有力地提示病人之感觉要符合他的“应该”的紧急性。

最后，即使病人只是模糊地认识到他无法——或即将无法——满足他的“应该”，都会产生极端的绝望，进而产生一内在的需求以避免此种认识。我们已经知道，神经症患者用以避免此种认识的一种方法，那就是在想象中去完成他们“应该”(用某些方法我“应该”能变为或能做——因此，我现在即能变为或能做)。现在我们更可了解这种似乎巧妙的逃避真相之路，事实上乃是由于他不敢面对“他现在不行而且不能满足他内心的指使”这一潜伏的恐惧所决定的。因此这一说明即解释了第一章中我们提出的论点：想象乃被用来给神经症的需要提供服务。

在许多潜意识的自欺方法中，此地我仅提出两项，因为它们具有最重要的意义。其一，降低自我的知觉的敏感度。有时狡猾的神经症患者，也许会固执地使他自己的情感、思想或行为无法被自己知觉，甚至于在心理分析中，他也可能用“现在我并没意识到那个”或“我并不如此以为”而中断更进一步的讨论。我要提的另一种潜意识的诡计，乃是大多数神经症患者的特点——认为自己只是一种反应物，这比责备他人更为严重，这等于是在潜意识内他们将自己的“应该”也否定掉。于是他们觉得生活的情势就像是在接受外界一系列的推拉一样。换句话说，“应该”本身已被外移了。

用更普通的话来总结就是：任何蒙受暴政的人，必衍生出一些对残暴命令虚与委蛇的办法。他被迫变得言行不一，面对外在的暴君，这种表里不一是有意识的；而面对内在的暴君（由于它本质上也是潜意识的），一连串的欺骗行为则只会变成潜意识的自欺性的虚伪。

所有的这些他使用的方法避免了自恨的涌出，而自恨的发觉会让他意识到“失败”。因此它们具有很大的主观价值，但这却会导致“真实感”的普遍损伤；如此一来，它们确确实实地促成了“脱离自我”[①]而且促成了自负系统的独立运转。

因此，对自我的“要求”在神经症的结构中占有了极关键的地位，它们构成了个人为实现理想自我形象的企图。它们利用两种有效的方法增加他与自我的脱离：借着强迫自己去曲解他自发的情感与信仰；以及借着酝酿普遍存在的潜意识欺骗行为——它们也被自恨决定；而最后，当他认出了他无法顺从它们时，自恨于是而发。某种意义上说，一切自恨的表现乃是对

---

① 请参考本书第6章“脱离自我”。

于其无法完成“应该”的一种惩罚——换一种方式说，如果他真能变为超人，则他一定不会感到自恨。

处罚性的自责是自恨的另一表现。它们大多是依着我们心中既定的前提所进行的残酷推理。如果个人无法达成无惧、慷慨、镇静、意志坚强等的绝对要求，则其自负必会对其下达“有罪”的判决。

有些自责乃是针对存在于内心的障碍而发，因此看来似乎是合理的，无论如何，病人自己总觉得自责乃是正当的。毕竟它符合了高标准，难道这不值得称赞吗？事实上他断章取义地把障碍从环境中切割出来，并对障碍加以猛烈的道德谴责。那些障碍承担了所有本该由人承担的责任；他是否能有不同的感觉、思考、行动，甚至于他是否了解这些困难都完全不在考虑之内。于是一个本该为人所检视与研究的神经症问题遂转变为令人可憎的污点，它玷辱了人，使人变得不可救药。譬如，他也许无法防护他的兴趣与意见，他注意到当他应该发表异议及防护自我免于被剥削时，他却心平气和。能够公正地观察到这一点，不只值得表扬，而且是他趋向渐渐认识那种抑制他，而不是激发他的强制的力量之首步。然而在破坏性的自责下，他将会因为自己“没种”、是个令人不齿的胆小鬼，或因为觉得周遭的人轻视他这个弱者而丧胆。这种自我观察的结果乃是使自己感到“内疚”或卑下，这种自贬身价的影响，将会使他在下次的场合中更难以大声地发表意见。

同样地，某些显然怕蛇或怕驾车的人，也许会被劝说这种恐惧乃是起因于他无法控制的潜意识力量。他的理智告诉他有关“胆小”的道德谴责是无意义的，他甚至于会反复地与自己争论他是“有罪”还是“无罪”的。但这不可能得出结论，因为它是一种介于不同层次生命的争论。作为人类，则他可允许他自己受制于恐惧，但如果他是神，则他应具有绝对不畏惧的德性；所以当他有所恐惧时，他只能憎恨与轻视他自己的无能。另一方面，一位作家无法创作作品，因为存在于他自身的许多因素使写作变成一种痛苦的折磨，因此他的工作进行得很慢；他虚度光阴且尽做无益的离题之事。他并不因这种挫折而怜悯自己，反而称自己是个懒惰的无用者，或者是个对这份工作缺乏真正兴趣的骗子。

最常见的，这种人常会责备自己是个虚张声势者或是个骗子，这种自责并非全因某种实质事件而袭击他。更常见的，神经症患者常为这个理由——怀疑（这并非一定会附加在任何事情上，它有时是潜伏的，有时却是意识得到的痛苦）而感到模糊的不适。有时他只意识到恐惧，而这恐惧乃是对自责的一种反应，这种恐惧是唯恐被发现真相的恐惧：如果人们更进一步了解他，就会发觉他是个废物。于是，他便会暴露出无能，人们便会知道他只会炫耀，而在神气的表面下并无任何真才实学。在更密切的接触下或在任何的测验的条件下，还有什么会被“发现”又是非常模糊的。然而此种自责也并不是从天上掉下来的，它来源于所有存在着的潜意识伪装的总和——伪装的爱、公平、兴趣、知识或谦逊。而这种特定自责出现的频率与这些伪装在每一神经症患者身上所出现的频率乃是相同的。此地它所表现的破坏性乃在于它的目标是带来罪恶感与恐惧感，而不是促成对潜意识伪装的建设性的探索。

还有些自责更多针对做某事的动机而较少针对现存的障碍。这些看上去就好像是良心自察。而只有就前后的关联综合来看，方能显出一个人是真的在反省自我，还是只是吹毛求疵，或是两种驱力都存在。这种步骤之所以最具欺骗性，因为事实上我们的动机很少是纯金的；它们常会混合着一些较不名贵的金属。然而，如果大部分是金，我们仍旧会称它为金。如果忠告朋友的主要动机是出自具建设性的帮助的善意，我们就可以感到满意。但这种置身于“吹毛求疵”的掌握中的人则不如是。他会说：“是的，我给了他忠告，甚至是非常好的劝告；

但我并不乐意这么做，因部分的我憎恨受到打扰。”或说：“或许我忠告别人只是为了觉得比他优越，或者为了讽刺他无法将某种特别情势处理得更好。”这种托词都是骗人的，正因为其中真实的成分太少了。有智慧的局外人，有时也许能够驱逐此种幽灵。他或许会答道：“就算有所有你提到的这一切，但你给你朋友充分的时间以及关心，希冀对他真有帮助，对你而言难道这不是格外的光荣吗？”遭到自恨所害的牺牲者绝不会这样正视这种事件。当他罩眼睇视他的缺点时，他就像是为了某些树木而看不见整个森林一般。此外，纵使是牧师、朋友或是分析师以正确的角度为他介绍这些事，他可能也会不相信。他也许会很礼貌地接受明显的事实，但他心里却想着，他们只是为了鼓励或恢复我的勇气才这样说。

这些反应是值得注意的，因为它们显示了要让神经症患者由自恨中解放出来是多么困难，他对事件整体性的错误判断也很清晰地表现了出来。他也许会发现他过分地注意了某些方面，而忽略了其他，不过他仍会固守着他的决定，其原因乃是他的推理方法与其他正常人的前提不同。因为他给予朋友的忠告并非绝对有用，所以他全部行为在道德上而言都是可憎的；因此他开始打击自己并拒绝任何免于自责的可能，这些观察结果有时会驳倒精神医学专家的假定——自责只是为重建勇气或逃避责备与惩罚。此种假定当然确有发生，在小孩或成人方面，当他们对付那些咄咄逼人的权威人士，这也许只是一种策略。但尽管如此，我们还是必须对我们的判断保持谨慎，而且应该检查此种极欲恢复勇气的需求。将这些例子一般化并将自责视为只是为了一种战略性的目的，这都意味着人们未能重视它们的破坏力。

此外，自责也许会集中于个人所无法左右的灾难上，这在神经症患者身上最为明显，他们或许会将他们所读到的谋杀案，或将六百英里外中西部的水灾责任归咎于他们自己。近乎荒谬的自责通常是抑郁症的最显著症状。在神经症中，自责虽然显得较不古怪，但也许更不真实。举个例子，有一位聪明的妈妈，有一天她的小孩与隔壁的小孩玩耍时，从邻居的阳台跌了下来，小孩受了轻微的脑震荡，除此之外没有大碍，但这位妈妈在此后的好几年中都以不谨慎而自责，认为那完全是她的过失；如果她在的话，小孩就不会爬上栏杆，也不会摔下来。这位妈妈承认过度保护小孩是不智的，她当然也知道就是一个过度保护小孩的妈妈也不可能时刻都在看着孩子，然而她却依旧固执于她的看法。

同样地，有一位年轻的演员为了职业上的暂时失败而痛苦地责备自己。他完全知道他在对抗超乎他能力所能左右的障碍，当他与朋友讨论这种情况时，他指出了这些不利的因素，但他却采取了一种防卫的态度，一若为了减轻其罪恶感及反驳自己的无辜。要是朋友询问他当时他还可能怎么做时，他却无法说出任何具体的事物。没有细察，没有勇气的振作，没有鼓励可用以对付他的自我谴责。

此种自责可能会引起我们的好奇心，因为与此相反的态度较多且较常发生；神经症患者为了证明自己的无罪，通常都贪婪地攫取情势上的困难或灾祸以为口实，他为此竭尽所能；简言之，他本应该令人惊服，然而整个情势或意外的不幸却将此完全破坏了。虽然这两种态度表面上看来是对立的，但其相似性却出奇地大于相异性。在这两种方式中，注意力都由主观的因素被转移到外部，这些外部因素对于幸福与成功都具有决定性的影响力。二者之作用都在于抵挡那种因自己并非是“理想自我”而带来的自责的猛攻。在前述的例子里，其他神经症的因素也干扰了“要做个理想的妈妈”或“做个具有辉煌生涯的演员”此一想法。那时那个女人因为自身的困扰太多而无法一切时候“做个好妈妈”，而那位演员对于必要的交往与职业竞争具有某些自我抑制。这两个人对于这些精神障碍都有某种程度上的了解，但他们却常在提到它们时过于随意，还会忘掉它们或巧妙地润饰它们。就一个快乐走好运的人而言，这样做不会使我们感到稀奇，然而在我们的两个例子中——两个人在这方面都是典型的——一方面他们战战兢兢地对待自己的缺点，另一方面却残忍、无理地为自己无法左右的事自责不已。在此二者之间，存有一惊人的矛盾，只要我们不了解这些矛盾的意义，它们就不易被观察到。事实上，这些矛盾包含了一项有助于了解自责的动力过程的重要线索；它们指出病人对于自己缺点的自我反责十分严重，因此病人不得不寻找自卫之法；病人可能会利用这两种方法：小心谨慎地对待自己并将责任推到周遭。问题在于为什么借此种责任之转移，在他们意识中竟然还无法除去自责？答案在于因为他们并不觉得这些外在的因素能够超出他们的控制。或者，更正确地说，这些因素**不应**超乎他们的控制之外。因此每一种毛病的产生都仍归咎于他们自己，而且也揭示了他们那“可耻的有限性”。

虽然已提过的自责大都集中于某些具体的事情上——存在内心的精神障碍、动机、外界等——但还有一些部分仍旧是模糊不清的。病人或许会不能将自责归于某一特定事物，却觉得罪恶萦绕于怀。在探求理由而遭失望之余，最后，他可能会认为自责也许关系到某些前世的罪恶；然而，有时一种更具体的自责也会产生，而这使他相信他已找到何以憎恨自己的理由。譬如，让我假定他已发现他不关心别人而且不会帮助别人，于是他会力图改变此种态度，并且想借着这种努力除去自恨；但是，即使他真的面对自己的缺点，而此种努力——虽然对他而言值得赞扬——也无法除去他的敌人，因为他已本末倒置。他不憎恨他自己，因为他的自责有些是正确的；但他会更加控诉他自己，因为他憎恨他自己。于是自责一个接一个地相继而生。他没报仇，因此他是个缩头乌龟；他是具报复心的，因此他是个残暴者。他对人是有所助益的，因此他是个蠢货；他对人是无所助益的，因此他是一头自私的猪，等等。

如果他将自责外移，则他会感到他做的每一件事都会被别人怀疑有隐秘的动机。诚如以前所提过的，对他而言，这可能真实得足以使他愤恨他人之不公正。为了防护，他也许会戴上坚固的面具致使他人无法由其面部表情、声调，或其姿势来猜测他的内心。或者，他甚至于可能会不知道这种外部化，而在意识里感到每个人都是良善的。而且只有在精神分析过程中，他才会了解到他真的感到长期受人怀疑。就像达摩克利斯(Damocles)一样，因害怕严重的谴责将会随时降临其身，而生活于恐惧之中。

我认为没有一本精神医学书籍会比卡夫卡的《审判》[1]一书

---

① 弗兰兹·卡夫卡，《审判》，Alfred A. Knopf，1937。

更能对这些模糊的自责做出更透彻的陈述。正如卡夫卡一般，神经症患者也许会为自卫而战斗，倾其全力徒劳地反抗其不了解且不公平的裁判，因而在过程中变得格外绝望。此地之自责也构成了卡氏在真实生活中失败的主要基础，诚如弗洛姆在他对《审判》的分析中说明的一样[①]，主要是因为卡氏的生活已完全麻木，他盲目地前进，他缺乏自主性与成长力。简言之，弗洛姆说的“他无果的生活”可谓一语中的。弗洛姆指出任何如此生活的人，必定会存有罪恶感；这有其妥善的理由：因为他就是有罪的：他总是在寻求别人为他解决问题，而不求助于自己和他自己的已有资源。在此种分析中具有一种深广的智慧，我也确实赞同其中所应用的概念，但我觉得它仍不完全。它未曾考虑到自责的无益性——它们只是具有责备的特性。换言之，它遗漏了一点，亦即卡氏对自己罪行的真正态度本身，在其所处的阶段中并不具有任何建设性。其原因乃因为他在自恨的情境下看待这个问题。这也是在潜意识中的；他并不觉得他正残忍地在责备着自己，因为整个过程都已被外移了。

最后，一个人可能会为从客观上看来无害、正当，甚至于

① 埃里希·弗洛姆，《为自己的人》，Rinehart，1947。

良好的举动或态度而自责。他也许会将“照顾自己”看成是娇养；将好食视为贪婪；将考虑自己的愿望而不盲从别人视为顽劣自私；将接受他需要而且负担得起的分析治疗视为自我放纵；将坚持自己的意见视为胆大妄为。这里我们也必须询问哪种内心的指使或自负已为该追求所触犯。只有自傲于禁欲的人才会控诉自己“贪婪”，只有自谦的人才会将提出主张的举动视为是任性；但与这种自责最有关且最重要的原因，乃是病人常欲与即将出现的真我一战。自责大都明显地产生在分析的末期，它们是一种诋毁和阻碍自我向健康人格发展的企图。

自责的邪恶(就像各种形式的自恨之恶性)使自卫之道变得必要，在精神分析中我们可以清楚地观察到。病人一碰到心理障碍，就马上会寻求防卫，他也许会反映出义愤、感觉被误解或变得好辩。譬如，他会指出：虽然过去自己真的是那样，但现在已改善了很多；或指出要是他太太不那样做，障碍就不会存在；或要不是他父母，则它必不会发展到今天。他也许也会采取反击，而且时常以一种求全的态度批评分析师——或相反地，变得满意与逢迎。换言之，他的反应就像我们已经很严厉地责备过他，他因惊吓而无法镇静地审视这责备一般。他遂听任自己以能支配的手段盲目地还击，譬如千方百计规避谴责、借着归罪他人、借着服罪或借着继续攻击，等等。这里我们面临了一项精神分析治疗中的主要阻碍因素，但它除了影响分析外，它还使人们逃避客观地面对问题。必须“避免自责”的内在需要，使人们无法对自我做建设性的批评，同时也破坏了人们由错误中学习的可能性。

我想借着与正常的“良心”相比较，来总结这些对神经症式自责之评论。正常的良心会随时警惕地卫护着真我的利益。引用埃里希·弗洛姆的佳句，它乃是“人类对自我的召唤”，它是真我对我们整个人格的适当作用或不当作用之反应。与之相反，自责乃起源于神经症的自负，它对个人无法符合自负本身的需求表示不满。它们并非为了真我，而是与真我直接冲突，且意味着对真我的毁灭。

因良心而产生的不舒适或懊悔是可以具有明显建设性的，因为它可对错误的特定举动或反应，甚至我们整个的生活方式做一检查。因我们的良心觉得不安，而启动的过程一开始就与神经症的过程不同。依着良心，我们会试着公正地面对我们所觉察到的错误行为或态度，不任加扩大，也不故意缩小。我们会试着找寻何者应对此事负责，并最后以可行之法努力改正错误。相较之下，自责会借着宣布整个人格之不良而发布一责备性的判决，自责乃因此种判决而告停滞，这一停滞的意义在于一个积极前进的行动将证明这一自责是无效的。更通俗地说，我们的良心乃是一个服务于我们人格发展的道德机构，而自责在起源上与道德无干，在结果上是非道德的，因为它们使个人逃避了严正地去检查他所面临的障碍，因而干扰了人格的发展。

弗洛姆用“极权主义者”的良心来与正常的良心相比较，他将前者定义为“内移的极权恐惧”。事实上，“良心”这个词的一般用法暗含了三种截然不同的意义：其一，为惧怕被发现与受惩罚，而对外界的权威所产生的下意识屈服；其二，谴责性自我控诉；最后，还可意指对自我感到建设性的不满。我认为“良心”的名称应仅用于最后一项，而我也将在此种意义下使用“良心”这个名词。

第三，自恨还可表现于自卑上。我将此一表达用作毁损自信之多种方法的总称：自贬、自轻、自疑、自辱与自嘲。这与自责只有细微的差异，我们往往不能肯定地区别出某人因自我谴责或卑劣无用才自觉有罪，还是因蔑视自己而感到可鄙。在某些情况下，我们只能确定地说，这些都是打垮我们自己的各种不同方式。但在这两种自恨形式的运作方式间尚有一可资认识的区别：自卑主要是在于对抗任何为求改善或成就的奋斗，但个人对它的认识在程度上却有极大的差异，这理由我们以后会了解。它也许隐藏在那种冷静又一贯正确的自大外表之下，然而，它却会被直接地感觉或表现出来。譬如，一位到卫生间补妆的迷人女孩，会发现自己的心在说：“多么荒唐啊！丑野鸭，装什么美！”另外，有一位知识分子，醉心于一个心理学课题，他想就此写一篇论文，不过他竟会自言自语道：“你这个自大的蠢驴，凭什么你能写出论文！”即使这样，如果吾人就认为如此明确置身于这些嘲弄声之中，代表他们会了解这些想法的全部意义，这就大错特错了。还有一些平白的自我嘲弄也许较不具恶性——也许真的是机智而幽默的。就像以前我说过的，这些更难于评价；它们也许是一种较少受到愚蠢自负控制的自由的表现，但它们也可能只是潜意识里为求保全面子的诡计。更明白地说：它们也许是为了保护自负，以及保护自己免于毁于自卑。

自辱的态度可容易地观察到，尽管它们可能被他人嘉许为“谦逊”，或他自己如此认为。这种人在尽心照顾生病的亲人后，也许会想道或说道：“只做了最微不足道的。”另外，一个演讲者，听到别人的褒扬时他可能说：“我这样做只是为了令人印象深刻。”医生或许会将痊愈归之于幸运或病人的活力，但相反的，要是病人没有好转，他必定会认为是自己的失败。此外，虽然自卑可能不被感觉到，但有一些“对结果的恐惧”却相当明显——对观察者而言。许多见闻广博的人在讨论中并不高谈阔论，因为他们害怕显得愚蠢。无疑地，此种对自己的才能与成就的否认与自辱，对于自信之发展或恢复都是有害的。

最后，自卑还以巧妙或粗鄙的方式表现于整个行为中。人们可能对他们的时间、他们所做的工作或将做的工作、他们的愿望、意见或信念做不足的估价。下面这些人也是一样，他们似乎已经丧失了那种庄重地面对自己所说、所做或所感之事的能力，要是别人认真对待它们，则会令这些人感到震惊。于是他们发展出一种对自己冷嘲热讽的态度，通常会接着扩展出愤世嫉俗的世界观。更清楚地，自卑在怯懦的、谄媚的或道歉的行为中更为明显。

正如其他的自恨形式一样，自骂可能会出现在梦中。有时它会在梦者的意识对其相当陌生时出现。他也许会借着粪池、一些可厌的东西(蟑螂或大猩猩)、盗匪或可笑的小丑等象征来代表自己。他也许会梦见一幢外观堂皇而内部却秽如猪栏的房子，或已经烂到无法修理的破屋子，或与下流的异性发生性行为，或某个公开侮辱自己的人，等等。

为了对问题的剧烈性做更深入的了解，此处我们将考虑自卑的四项结果。第一是，某些神经症患者会将他们自己的不利之处与他们接触到的每个人相比，而觉得别人比他更光鲜、更精明、更有趣、更迷人、更会穿着；他人享有妙龄或青春，或较好的职位，或较显要的地位。然而即使这种比较打击神经症患者，使他失去平衡，但他也不会彻底地去弄清楚它们；或者即使他思索了，卑下感也依旧会存在。这种比较非但对他自己不公平，而且也常是无意义的。为什么一个足以以他自己的成就而自傲的中年人应该要与一位擅长跳舞的年轻人相比呢？或者，为什么一个对音乐不感兴趣的人会要与音乐家相比并感到卑下呢？

这些事项只有当我们想起那种各方面都要优于他人的潜意识要求时方有意义。此处需附加说明的是，神经症的自负也是需求他**应该**在任何事上都优于所有人。于是别人任何“优异”的特长或能力必定都会成为他的眼中钉，而且必定引起自毁性的责骂。有时候这种关系也会是相反的：一个已处于自骂心境的神经症患者，会利用别人“显赫”的能力而加强与支持他责备性的自我批评。在此我们用两个人的比喻来说明它：它就如一位具野心与虐待狂倾向的母亲，利用吉米朋友的好成绩或清洁的指甲而使吉米感到羞惭。但此仍不足描述由竞争中退缩的过程，在这种情况下，从竞争中退缩毋宁说是自卑的结果。

自卑的第二种结果乃是在人际关系中的“易受攻击性”。自卑使得神经症患者对别人的批评与拒绝极度过敏。在些微或毫无挑发的状况下，他感到别人轻视他、严重地攻击他、不在意他的陪伴，或真的在藐视他。自卑极大地加深了他对自己的不确定感，因此使他更加怀疑别人对他的态度。因为他不能接受自己的真实情况，所以他不可能相信那些完全了解他缺点的人会以善意的或欢喜的心情来接受他。

他内心深处所感受到的东西更是猛烈，而且坚定地认为别人很明显地是在轻视他，且此种猜疑将长存于他的心中，尽管他并不曾有意识地察觉出任何自卑的迹象。盲目地假设他人轻视他以及相对或完全地觉察到他的自卑，这两项因素都指出了大部分的自卑都已被外移。这也许会导致他人际关系上的微妙毒害。他也许会变得无法接受他人“表面上的”积极情感。在他的心目中，恭维乃是意味着讽刺的评论；同情则是屈尊的怜悯；某些人之所以想要了解他，乃是因为他们在希冀他的某些东西；别人表示喜欢他可能只是因为他们不十分了解他，或他们自己也是无用的或“神经症的”，或因为他对他们有用，或将来有用之故。同样的，事实上毫无敌意的事件都可能被当作自卑的证据。某人在街上或戏院内没向他问好，没接受他的邀请，或没立刻回答他——这可以说只是轻微的屈辱。某人对他开了个善意的玩笑——这却会是明显地在羞辱他。对于他的建议或行动所做的反对或批评，非但不会成为就事论事的真诚建议，却反会成为轻视他的证据。

诚如我们的分析所见，个人本身既不知道他以这种方式与他人相处，也不晓得其中所包含的扭曲现象。在后面的这种情况下，他可能会认为别人待他的态度“果真是这样”，甚至为自己能“面对现实”而自傲。在精神分析的关系中，我们可以观察到病人认为他人轻视他乃是当然的，且这一看法可以发展到何种程度。在经过一连串的分析后，病人会和善地对待分析师，会不经意且无掩饰地提出：分析师看轻他乃是不证自明的，因此他觉得不必要提它或更进一步去想它。

所有这些与人际关系有关的知觉扭曲都是可理解的，因为他人的态度确实是可以有许多不同的解释，特别是当它发生的背景被切掉时。然而他却觉得他那被“外移”了的自卑是真实无误的。这种转移责任的自卫性质是很明显的，然而与永远清醒而尖刻的自卑感相伴生活，即便并非不可能，也是让人无法忍受的。由此观之，神经症患者在潜意识里乃有兴趣将他人视为罪犯。虽然感到被轻视或被拒绝对他而言是痛苦的(对任何人都是一样)，但是这痛苦却比直面自卑较为轻微。明白他人既无法伤害个人的自尊也无法建立自尊，对任何人而言，都是一门长久而困难的学习课程。

因自卑所引起的人际关系中的“易受攻击性”，常与因神经症的自负所带来的反应相伴而生。往往很难说一个人是因为自负受损，还是因为他的自卑的“外移作用”，而感到被羞辱。它们是如此地难以断然分开，因此我们需就两个角度来解读这种反应。当然，在某一特定时候，二者之中必有一种较易观察到和较易接触到。如果一个人对于“轻视”报以报复性的自大反应，在这种情况下，自尊受损当然是最主要的原因；要是由于同样的激怒，但他却转变为卑躬屈膝而试图逢迎他人，则自卑就会是较为突出的理由。但在任何一种情况下，其相反一端也在发生作用，这是应该谨记于心的。

第三项，受自卑支配的人，通常会遭到别人过多苛待。他甚至不能察觉那些公然的苛待乃是屈辱或剥削。即使愤愤不平的朋友使他对此引起了注意，他也有减低犯罪者罪行或将犯罪者行为正当化之倾向。这只发生于某些情况之下，譬如病态的依赖性，而且是一种错综的“内在情愫群”的表现结果。但产生此种结果的因素中，主要的还是因病人“怀疑自己不配受到任何更好的对待”而引发的“自卫无能”。譬如，有一个女人，她的丈夫以跟其他女人谈情说爱为炫耀；对此她无法诉苦，甚至于无法感到意识上的愤恨，因为她可能会觉得这乃是因自己不可爱的缘故，且会认为其他女人较为迷人。

最后要提到的一项结果，乃是他需要他人的关心、敬重、赞赏、崇拜或喜爱以减轻或平衡自卑。对这些关心的追求乃是强迫性的，因为逃离自卑的掌控之需要乃是十分急切的。它也可以是由胜利的需求所决定的，也可能成为一种纯消耗性的人生目标。结果是他对自我之评价完全视他人而定：随他人对待自我的态度而升入天堂或坠入地狱。

如果沿着广阔的理论线而思考，这些观察便可帮助我们更进一步地了解，为什么神经症患者如此固执地依附于自我荣誉化的影像。他必须维持它，因为他觉得除此之外只有一条路：死于自卑的恐怖中。在自负与自卑间产生了这么一个恶性循环，其中一项总是会更加强另一项。只有当他对自己的实况感兴趣时这一切才会改变，但是自卑却使他难以发现他的自我；只要他自我的堕落影像对他而言依旧是真实的话，则他的自我就会显得卑劣。

神经症患者究竟是轻视自己的哪一方面呢？有时是每件事：人类的缺陷；他身体的外观与功能；他的领悟力——推理、

记忆、批评、计划、特殊的技艺或天赋；任何由个人行为到公开表达之活动。然而轻视倾向的普遍性则多寡不一，它通常较明显地集中于某些区域，这乃是依据对于解决神经症而言某种能力或态度所具有的重要性而定。譬如富攻击性之报复型人，将深深地轻视他身上所有他自认是“懦弱”的东西，这包含了他待人的积极情感、报复的失败、任何顺从（包括合理的屈从）、无法操纵自己与他人。囿于本书之体系，无法对所有可能做详细的讨论，而这也是不必要的，因为研究问题的原理是永远相同的。为了说明，我只想讨论两种常见的自卑表现——都是有关于吸引力与智慧的。

关于容貌与仪表，我们可以发现五花八门的自贬，从普通的“无吸引力”到“令人作呕”。尤其是突然在一个比普通人更迷人的女性身上发觉到此种倾向，真是让人震惊；然而我们不可忘却在此更重要的，并非客观事实或别人的意见，而是那个女人的理想影像与她真实自我间的落差。因此，即使对一般人而言，她是个美人，但由于她并非是个“绝对的”美人——过去及未来都绝不可能如此，因此她就会注意到她的不完美——瘢痕、手腕不够细长，或头发卷得不够自然——因而她在这方面贬低自己，有时候甚至到了憎恨揽镜自照的地步。或者她唯恐别人觉得自己是令人作呕的，而这种感觉又十分易成为“事实”，譬如在看电影时坐在她身边的人偶然更换了一下座位。

依据其他人格的因素，对仪表的自卑心态可能会导致要么过度关注如何抵消强烈的自骂，要么“毫不在乎仪表”的结果。在第一种情况下，她必定挥霍大量的时间、金钱和思想在头发、裙子、肤色、帽子之类事物上。如果自卑是针对某些特别方面，如鼻子、乳房或是过胖，则也许会导致她采取极端的“治疗法”，像手术或强制减肥。在第二种情况下，自负干扰她对皮肤、姿态或穿着做合理的关注。那女人可能会确信她真的是丑恶或可厌的，因此任何为求改善容貌的企图对她而言似乎都是荒谬的。

就“容貌”的此种自责而言，若个人能了解它其实是由更深远的来源所酿成的，就会发现这一点非常深刻。“我吸引人吗？”这个问题与另一问题“我可爱吗？”是不能截然分开的。这里我们牵涉到了人类心理学的一个重要问题，但我们暂不详谈，因为“可爱”的问题在另一章节里讨论将更为适合。这两个问题在很多方面都相互关联，但它们并不相同。一个意思为：我的仪表足够美丽得去吸引爱情吗？而另一个意思是：我具有值得人爱的特质吗？虽然第一个问题是重要的，特别是对于年轻人而言，但是第二个问题却涉及我们**生存的核心**，而且与从爱的生活中获得幸福有关。而值得爱的特质则与人格有关，只要神经症患者远离他自己，则他的人格必模糊得使得他对其不感兴趣。另外，吸引力之不完美对于所有实际的意向并不重要，但是“值得爱”之特质在所有的神经症中却确切地被损伤了。很奇怪的，分析师所听到的有关第一项的抱怨较多，而有关第二项的却甚少，即使不是完全没有。在许多发生于神经症中的“重心转移”中，不正是这一点使他的从内在转移到边缘，从完成自我到关注显赫的外表吗？这种过程不也是与追求魅力相一致的吗？在拥有或发展“值得爱”之特质这一点上是不伴有魅力的，但是适当的体形与合适的衣裙却是具有魅力的。就此点而论，所有仪表的问题具有过分的意义乃是不可避免的，而且“自贬”之所以会集中于这些问题上，也是可理解的。

有关对智力的自贬，及其带来自觉愚钝的结果，乃与万能理性的自负相匹配，它要看就此点而言是自卑还是自负居于显著地位而定。事实上，在大部分的神经症中，有许多障碍可以构成对领悟力不满的正当理由。怕变得激进可能会阻碍批评性的思考；不愿束缚自己可能使他难于提出确切意见。为显示自己是全能的，这种强迫性的需求可能会降低他的学习能力，遮蔽个人隐私的倾向，也可能阻碍清晰的思考；正如他们使自己看不见他们内心的冲突一样，他们也许会忽略了其他种类的矛盾。他们也许会过度沉湎于自己未来的荣誉，而对他们目前的工作感到乏味。

记得有一阵子，我以为此种真实的困难，能完全说明这种愚钝感，而且希望所说及之事能对愚钝感有所助益，譬如我提醒病人道："你的智力是完全正常的，但你的兴趣，你的勇气呢？你的所有其他构成工作能力的元素又如何呢？"对工作来说当然这些因素也是不可缺少的，但病人却对在生活中自由使用智慧不感兴趣，而他所感兴趣的乃在于"主宰者"的绝对智慧。当时我不了解自贬过程的力量，有时这种力量会占巨大比例。甚至于已获得真正智慧成就的人们，还是喜欢强调他们自己是鲁钝的，而较不承认他们的高度热望，因为在任何代价下，他都必须避免那种被嘲笑的危险。而在十分失望之余，他们会放弃一切相反的证据或证明，而接受此种判决。

自贬的过程，在各种不同的程度上阻碍了对任何兴趣的主动追求，其效应在活动之前、当时或之后都会显现出来。一个屈从于自卑的神经症患者，也许会十分胆小，因而从不认为自己可以换汽车轮胎、说一门外国语或对公众演说。或是他在从事某些活动中，一旦碰到困难就随即放弃了；或者他在公开表演前或公开表演时会感到恐慌（俗称怯场）。此外就像关于"易受攻击性”一样，自负与自卑都控制着这些抑制与恐惧。总之，它们乃是左右为难的结果；一方面需要全场喝彩，而另一方面却主动地自辱与失败。

当他克服了所有的这些困难而完成了或成功地做好一件工作时，自卑还是未曾终止过。“任何人都可以做好与这工作相同的事”；譬如在钢琴演奏时有一章节弹得不尽完美，他就会自忖道：“虽然我这次勉强过了，但下次必定会溃败的。”反之，如果他失败了，就会唤起自卑的全部攻击力，而他则受到比其实际意义更大的打击。

在我们讨论自恨的第四种表现——自我挫折（self-frustration）之前，我们必须先借区别与其看来相似或具相似效应的现象，而将此一题目缩减至某一适当的范围内。首先我们必须区别自我挫折与正常的自律之不同何在；一个内部健全调适的人会放弃某些活动或满足，但他这样做只因为对他而言有更重要的目标存在，所以他需要追求价值阶层中的那些更高部分。因此年轻的夫妻可能会放弃他们自己的享乐，因为他们更需要省钱买下自己的居所；一位专心于工作的学者或艺术家可能会限制自己的社交生活，因为宁静与专心对他而言具有较大的价值。这些戒律必以对于时间、精力与金钱上之有限性的认识为先决条件（在神经症中，则缺乏此种认识）。同时他也必先要知道自己的真实愿望何在，而且具有舍弃较不重要之事而追求重要之事的能力。这对于神经症患者而言是颇为困难的，因为他的“愿望”大都是强迫性的需要，而且其性质决定了每个愿望都同样重要，因此没有一种愿望可被舍弃。在分析治疗中，正常的自律通常是一种可被接近的目标而非现实。如果不是从经验中我了解到神经症患者并不懂得主动的自制与自我挫折之间的差异，则我就不会在此提到这一点。

我们也必须考虑，在某种程度上，神经症患者事实上是个遭受摧折的人，虽然他自己并不觉得。他的强迫性驱力、他的冲突、这些冲突的假解决以及对自我之疏离，都阻止他去了解他所具有的潜能。此外，他经常会感到被摧折，因为他为求“无限权力”的需要依旧无法达成。

然而这些打击——真实的或想象的——都不是因自我挫折的意向而导致的。譬如，为求喜爱与赞成之需要，事实上造成了对真我或自发情感的挫折。神经症患者会产生这种需要（姑且不管他的基本焦虑），乃是因为他必须应付他人。自我剥夺虽然残忍，但在这种情况下只是此一过程的不幸的副产品。在自恨的背景下，此处吸引我们的，乃是到目前为止，我们已讨论过由自恨的表现所引发的积极的自我挫折。“应该”的暴政实际是对“自由选择”的一种挫折，而自责与自卑则为对自尊的挫折，此外，还有把自恨的主动自我挫折特性表现得更为清楚之事，那就是对享乐的禁忌与对希望、志向的压制。

享乐方面的禁忌，使希冀或实际去做任何符合我们真正兴趣的事以充实我们生活，变成一种罪过；一般言之，病人愈了解自己，就会愈确切地体验到这些内心的禁忌。他想去旅行，但他的心却说：“你不配去旅行。”或在另一种情况下：“你无权休息，或看电影、买衣服。”或是一种更普通的说法：“好事并非为你而准备的。”当他想自己去分析他怀疑为不合理的那种暴躁，但却感到“宛若有一铁腕去关重门似的。”他遂因厌倦而终止了明知会对他有益的心理分析工作。有时围绕一个主题，他会产生一些内心的对话；在他做好一天的工作后，感到疲倦而想休息时，内心会说：“你真懒。”“……不，我真的很累。”“喔，不，那纯粹是一种自我放纵，这样你将会一无所获。”在如此一来一去的对话后，他可能会带着犯罪感去休息，也可能会强迫自己继续工作——但这两种方式都无利益可言。

当一个人贪求享受，他会如何严厉地打击自己的过程通常会呈现在梦中。譬如，一个女人梦见自己置身于充满佳果的园子里，只要当她一想摘取或已经成功摘到一个果实时，很快地就会有人从她手中抢走。或者，失望中的梦者，力图打开一扇重门，但却无能为力；或是他赶着去搭火车，但火车恰好开走。他想吻一位女孩，但女孩却消失了，同时他还听见了一阵嘲弄的笑声。

享受上的禁忌还可能隐藏于社会责任感中：“只要其他人还在贫民窟，我就不该住好的公寓，只要有些人仍遭受着饥饿，我就不该花钱买食物……”当然在这些情况下，一个人必须省察这些反对是否起于真正深切的社会责任感，或者是否只是禁制一种享受的障眼法。通常一个简单的问题就可以澄清它并揭露出那虚假的荣光：这个人会把那份不花在自己身上的钱用来寄包裹到欧洲吗?

我们也可从抑制的存在而推论出这些禁忌的存在。譬如，某种人只能够与他人共享事物，的确，就许多人而言，分享喜悦是种双重的享受。但他们却强迫性地主张别人应该与他们一道听唱片，不管别人是否喜欢那些唱片，因为他们无法单独地享受任何事物。还有的人可能过分吝啬于用于自己的开支，以致自己也无法为它找出任何合理化的理由。这在下面的情况中事实更为显著：对自己小气的同时，在那些能增加他们威望的事情上，他们过度慷慨；像以明显的方式施舍、举办舞会或购买对他们毫无意义的古董。他们的行为宛若被某种法律所限制住了——他们只可以做荣誉的奴隶而不可投资于任何“只能”增加他们舒适度、幸福及成长的任一事项。

像其他任何禁忌一样，挑战心理禁忌的代价乃是焦虑或其相等物，一位病人没有胡乱喝下一杯咖啡充饥，而是为自己准备了一份美好的早餐，当我大声地赞赏这是一种好表现时，她全然被惊吓住了，因为她以为我会为她这种“自私”的行为而责备她。再如一个人搬到更好的公寓，虽然这一行为在各方面都理由充分，但是却可能引起他极端的恐惧。享受一场宴会，也可能会招来恐慌，因为在此种情况下，内心可能会说道：“你将要为此付出代价。”一位买了一些新家具的病人，听到自己自言自语道：“你将无法活着去享受这些。”就这位病人的特殊情况而言，这意味着她不时怀有的对癌症的恐惧正在此时击中了她的心坎。

希望的压制在心理分析中可清晰地被观察到。“决不”这字眼，带来令人战栗的终结感，会不断出现。虽有实际的改善，但总会有声音对他说道：“你决无法克服你的依赖性或你的恐慌，你将无法自由。”对此，病人将会表现出恐惧，狂乱地要求对治愈他或帮助他等的一再保证。即使病人有时不得不承认情况已有所改善，但他还是会说道：“是的，精神分析已帮助了我很多，但却无法进一步帮助我；因此它究竟有何益处呢？”当希望的粉碎是如此剧烈时，毁灭的感觉将会由是而生。各位或许会记得但丁的地狱吧，在入口处刻有：“所有进入此地的人，抛弃你们的希望吧！”对已有明显改善之后产生的反复通常都是这样，因此是早在预料中的。有一位病人感到情形好转，已经能够忘却恐惧，知道有一种重要的关系，可以指示他逃离恐慌的途径——但后来他却又恢复了原状，而且显得更为气馁与抑郁。另一位在所有意义上已经放弃了生活的病人，每次当他发现自己内在实有的资源时，就会发生恐慌并徘徊在自杀的边缘。如果使自我挫折这种潜意识判决渗透得十分彻底，病人就会用讽刺的语气拒绝所有别人给他的一再保证。在某些例子里，我们可以探寻出故态复萌的过程。当病人已经晓得某种态度是理想的——如放弃不合理的要求——他就会觉得自己已改变了，而在他的想象里，他登上了绝对自由的高峰。然后，他又会因无法真正做到而憎恨自己，于是他告诉自己说：“你一无所用，也绝无法达成任何目的。”

最后一项且是最隐伏的自我挫折，乃是对任何希望的禁忌——不只是针对狂妄的幻想，而且针对通过开发自己的才能而成为更强壮、更优秀的人之各种奋斗。此处自我挫折与自卑间的界线特别模糊。“你想做、想唱、想结婚吗？你将会一无所成的。”

在一个后来变得颇为精进且有所成就的人的经历可以帮助我们观察到这些因素。大约是在前一年他的工作忽然颇有起色——在外在的因素毫无改变的情况下——他与一位年纪较大的女人交谈，她问他希冀怎样过他的一生，以及他渴求或期望完成什么。结果他发现自己虽有智慧、有思想，也很勤勉，但对于未来却未曾考虑过。他所能回答的只是：“喔，我相信我将永远谋求生存。”虽然他向来被认为是有前途的人，但是成就重要事业的想法却全然找不到。通过外在的刺激以及自我分析的帮助，他变得更为精进，但对于他在研究中的发现，他自己都不晓得其重要意义，甚至于不觉得自己有任何成就，因此无法增加他的自信。他可能会忘却他的发现，其后再意外地重新发现它们。最后，当他主要为了工作上的禁忌而开始寻求心理分析时，才发现那些关于他自己所希求之事、所渴求之物，或了解自己的特殊禀赋等方面的禁忌，已大到难以克服。显然地，他所具备的天赋与驱策他追求成就的壮志过于强烈而无法完全被阻止，因此他完成了某些事（即使是在痛苦下完成的），但他却无法了解此一事实，无法拥有且享受它。就其他人而言，结果就更不如意了，他们退却，而不敢冒险去尝试新事物，对生命无所期望，而过于降低他们的标的，因此他们生活在一个低于他们能力与心灵工具的水平上。

像自恨的其他方式一样，自我挫折也可在“外移作用”中表现出来。一个人常抱怨要不是他的太太、他的老板、缺钱、气候或政治因素的影响，他将是世界上最快乐的人。不用说，我们也不应该趋向另一极端而认为所有的这些因素都不相干。的确，它们会影响我们的幸福。但在对它们的评价中，我们应该细察它们的影响到底有多大，内心所涌起的思虑有多少转向了它们，毕竟常常有人也会因对自己较为友善而感到宁静与满足，而不管外在的困难是否存在。

自虐就某一方面而言，乃是自恨的必然的副产品。不管神经症患者是试图鞭策自己追求无法获得的完美，还是激烈地谴责自己、轻视自己、摧折自己，他都真确地是在虐待自己。使自虐在自恨的表现中成为独立的另一类，是因为它包含了使自己受苦的**意向**。当然对于每种神经症的痛苦病例，我们必须要考虑所有的可能性。譬如，要考虑自疑，它们可起于内在的冲突，而且表现为无目的与无结论的对话，此种对话乃是病人用以防护自己以对抗自责行为；它们也可能是自恨的表现，目的是捣毁他所置身的地基。事实上，它们可以是最痛苦的，就像哈姆雷特一样——或甚至于比他还差——人们可被“自疑”吞噬。无疑地，虽然我们必须分析之所以发生此类情况的理由，但它们是不是也构成了一种对自我折磨的潜意识**意向**?

另一种与此相同之特性是拖延。就我们所知的，许多因素都会造成某种决定或行动上的迟延，如一般的惰性或一种彻底渗透的无能力做主感都是。拖延者知道自己所拖延的事通常是会带来越来越大的压力，而且这会将极多的痛苦加诸自己身上，在此我们有时会匆匆一瞥而忽略了一些未确定的问题。当他因拖延而导致不悦或到了带来祸患的地步时，他将会满怀喜悦地告诉自己：“你活该。”但这仍非意味着，他因被驱策折磨自己而致有所拖延，而是代表一种“幸灾乐祸”，这是对使自己蒙受痛苦的一种报复性满足。虽然至今吾人仍无法从中发现**主动**折磨自己的迹象，但却可看出那种宛如袖手旁观别人之羞愧与苦恼时所表露出的喜悦之情。

要不是有其他观察足以显示主动自我折磨的驱力真实存在，则吾人所谈的这一切都将无法成为定论。在某些自我吝啬的方式中，譬如病人发觉他的琐碎节约不只是一种“抑制”，而且特别能满足自己，有时几乎已近于是一种爱好。还有一些有臆想症倾向的病人，不只具有真实的恐惧，而且还用相当残忍的方式来恐吓他们自己；于是对他们的感觉而言，轻微的喉痛变成了结核症，胃不舒服成了胃癌，肌肉痛变为脊髓灰质炎，头痛变为脑瘤，焦虑变为精神错乱；这种病人经历了她所谓的“中毒过程”，在初现轻微的不安与失眠时，她会告诉自己现在她又进入了一种新的恐慌循环中，于是以后的晚上这种症状变得日趋严重以致无法忍受。将此种最初的恐惧与雪球相比，就像她自己连续不断地将雪球滚大，最后因崩陷而掩埋了自己一样。在她那时所写的诗里，她说道：“甜蜜的自虐乃是我满心的喜悦。”在这些患有臆想症的病人中，一项导致自我折磨的因素可被分离出来；他们觉得自己应拥有**绝对的**健康、镇静与勇敢，任何些微与此相反的病状，都会使他们转为残忍地攻击自己。

此外，当我们分析一个病人的虐待幻想或冲动时，我们会发觉这些可能是因他对自己的虐待狂冲动所引起的。有时某些病人会有折磨他人的冲动或幻想，其对象大多数是小孩或无助的人。例如，有位驼背的女仆名叫安，她与病人一同住在公寓中。病人一方面因强烈的冲动，一方面又因感到被这些冲动所困扰而烦躁，安相当友爱且未曾伤害过他的情感。病人在虐待幻想发生前，常常对她的身体畸形感到厌恶与同情，而他认出这两种情感乃因他将那女孩看成是他自己所产生的。他的身体强壮且健康，但当他遭到精神纠葛变得无助或心怀轻蔑时，他就觉得自己形同跛子一般。当他第一次注意到安正过于殷勤地服务且有一种做受气包的倾向时，他就开始产生那种虐待的冲动与幻想。虽然安可能一直都是如此，但他却只有在他即将意识到自己的自谦倾向以及自恨在耳际隆隆作响时，他才会观察并感觉到这情形。

因此，折磨他人的这种强迫性欲望可被解释为一种折磨自己的冲动的积极外移，这将使他产生一种凌驾弱者的刺激感。此种积极的欲望后来减弱为虐待幻想，同时当他的自谦倾向以及对此种倾向的厌恶感变得更为明白易见时，这些幻想也就随之而消失了。

我不认为一切虐待性的冲动——或行为——都只是源于自恨而产生的，但我认为“自虐”驱力的“外移”现象必定是促成这一情形的一个因素，无论如何，这种关系出现得非常频繁，因而值得我们时常注意它的可能性。

在其他病人身上，对自我折磨的恐惧有时虽毫无外在的激发原因，但当自恨增加时，它们也会发生，且他们会对自虐驱力之消极外移表现出恐惧的反应。

最后，还可由此发现被虐狂与性行为及性幻想。我所指的范围系从自贬到残酷的自我折磨等各种手淫幻想：手淫常会伴有猛抓或掌击自己、拔发、穿小鞋走路、摆出痛苦且扭曲的姿势等行为；而此种人在进行性行为时，他便必先受叱责、鞭打、捆绑或被强迫做低贱的或令人恶心的事，方会达到性的满足。这些实例的构成是相当复杂的，我相信至少我们必须区别两种不同的种类，一种是病人由折磨自己而取得报复性的快乐；另一种则是病人自认为是堕落的，而只能循此途径以获得性满足（理由以后将会讨论）。然而，有理由相信这种区别只对意识的经验而言才是正确的——事实上病人常是折磨者也是被折磨者，他既可从被贬低之中，又可从贬低自己的行为中获取满足。

自恨最后必会到达纯粹或直接的“自毁冲动或行为”的极端。这些可以是急性的或是慢性的，公开而激烈的或隐蔽、缓慢且苦恼的，意识的或潜意识的，表现于行为中或只在想象中实现，它们可能是有关极小的或极大的问题，最后的目标则在于身体上、精神上与心灵上的自毁。当我们考虑了这些可能性后，则自杀并非是难解之谜。我们可用很多方法毁灭我们生活中极重要的事物，自杀不过是自毁的最极端且最终极的表现。

针对身体的自毁是最易观察到的，会对自己的身体造成实际伤害的案例多少与精神病有关。在神经症患者中，我们可发现轻微的自毁举动，这些举动大部分被认为是“坏习惯”——如咬指甲、抓挠、拔发等，突发性的严重伤害冲动有时也会有。但与精神病患者相反，它们只停留在想象中，而且似乎只发生于那些生活在想象中的人身上，这些人轻蔑现实(当然也轻视他们自己的一切实况)。这些冲动通常出现在瞬息的意识之后，整个过程有如闪电般快速，因此我们只能由心理分析了解其过程进展的顺序与结果：他们在突然敏锐地发觉自己的某些缺点后，随即(爆发性而且迅即消逝地)产生一种伤害双眼、刺破喉咙或用刀刺胃或将肠子切成碎片的剧烈冲动。这种典型的人有时也会有自杀的冲动，譬如从阳台或悬崖跳下的冲动。这些冲动似乎也是突发性的，因为可能很快便会消失，所以几乎没有实现的机会。另一方面，由高处往下跳的冲动也可能是突发而强烈的，以致他必须紧抓住某些物体以免如此行动，否则此种冲动可能会导致实际自杀的企图。尽管如此，这种人并没有对死亡的真实理解。相反的，他想由第二十层楼跳下，然后爬起来回家去。自杀企图是否会成功，通常依突发因素而定。假设我用一个怪异的表达，那么对“他已经死亡”这件事一定没有人会比他自己更惊讶。

对于许多更严重的自杀企图，我们有必要很快地联想到深度的“自我疏离”现象。然而，通常那种“死亡并非真实”的态度，在自杀的冲动或失败的企图中所表现的，会比一般有计划的或真正有企图的还更具特征性。当然导致自杀总有很多理由，自毁的倾向乃是这些理由中最常见的一项。

自毁的冲动也可能是潜意识的，它可能以鲁莽地驾驶、游泳、攀高或不顾身体之无力仍横冲直撞而表现出来。我们已晓得病人本身并不觉得这些举动是鲁莽的，因为他具有“不可被侵犯”的“要求”（没有一件坏事情会发生在我身上），在很多例子中，这都是一项主要的因素。然而，我们要了解还有自毁的驱力也会作用于其中，特别是当“罔顾实际危险”的心理占了极大的比例时。

最后，我们还可发现有些人潜意识地，但却有计划地借着狂饮或药物来损害自己的健康，尽管也有其他因素——如定期需要麻醉剂。在茨威格所作的《巴尔扎克传》中，我们可以看到天才的悲剧，他因极端渴求魅力而用过度工作、减少睡眠与纵饮咖啡来损害自己的健康。的确，巴尔扎克对魅力的需求使他负债累累，因此他的过度工作部分是因错误的生活方式所致。但我们必须确认，在这一例子里，自毁的驱力是否也加入作用并导致了他的早夭。

如同前例，在其他的例子里，身体的损伤偶尔会发生。我们都知道在“恶劣的情绪”下，我们更可能割伤自己，走错阶梯而摔下，或捏痛自己的手指，而如果我们过马路而不当心车辆，或驾车而不注意交通规则时，就会造成伤亡。

最后，自毁在官能疾病中的附带作用仍是个未解决的问题。目前我们对于心身之间的关系已了解得更多了，因此我们便很难完全准确地将自毁倾向的特殊角色分离出来；当然每一位好医师都会知道，在严重的疾病中，病人对于康复、活着或死去的“愿望”是极其重要的。但精神力量被导向这个方向还是那个方向可为很多因素所决定，目前我们只能断言：不管是在康复期、病发期或疾病恶化期，都需慎重地考虑身体与灵魂乃是一体的，以及自毁可能会产生的附带作用。

针对生活方面的某些价值所做的自毁，可能会造成不幸的灾祸(或意外)。在《海达 · 加布勒》一书中，Eilert Lovborg 遗失了珍贵的原稿就是一例。易卜生通过对 Lovborg 的描述写出了破坏的反应与行为的高潮。最先，他对他的忠实朋友 Elvstedt 太太略有怀疑，接着他试着借狂饮以破坏他们的关系。但当酒醉时，他遗失了他的原稿，后来遂在妓院里自杀了。就较轻微的一面言之，这种自毁也可能使人在考试中遗忘答案，或在即将进行重要的面谈之前迟到或醉酒。

精神价值的破坏，最常经由其反复性令我们吃惊。一个人正当即将成功之际，却放弃了该职业，我们姑且认为那种职业并非他“真正想要的”。但是当同样的过程三次、四次或五次地重复发生时，我们就必须找寻更深层次的决定性因素。自毁常是这些因素中较为显著的，虽然它比其他因素更为隐匿。他对它全然不知，只是一味地想要破坏他的每一个机会。这也适用于解释他放弃一份份工作，或结束一个个处境困难的人际关系。在后二者的情况中，他似乎总像个“无辜”的牺牲者或是个对别人而言愚笨的忘恩者。事实上他所做的，乃是一方面长期对于这段人际关系的过分操心，而另一方面得偿所愿又让他十分恐惧的结果。简言之，他常会将他的老板或朋友逼到使他们再也无法忍受他的地步。

当我们看到他在分析关系中的表现后，我们就可了解此种重复的事件。他可能会很礼貌地表现出合作行为；他可能常企图带给分析师各种好处(这是分析师所不想要的)；不过，到了关键的部分，他的攻击行为相当严重，因此甚至让一度对其反感的分析师涌出强烈的同情。简言之，病人会一直试图使别人成为他自我破坏意向的刽子手。

主动的自毁倾向，究竟会逐渐将个人人格的完整性与深度破坏到何种程度呢？不管就粗略或精巧的方式而言，一个人的完整性多少都会遭受损伤，这也即神经症的发展的结果。脱离自我、不可避免的潜意识借口、未予解决的冲突所造成的潜意识妥协以及自卑，所有这些因素都会导致道德的削弱，亦即会降低了真诚待己的能力[①]。另外一个问题，就是个人是否会沉默但却主动地与他德性的堕落妥协？某些观察会促使我们肯定地来回答这个问题。

我们可以观察到一些急性的或慢性的士气消沉或道德败坏现象。譬如，一个忽视外表的人，会使自己变得草率不洁或肥胖；他纵饮而少睡；他不注意身体——譬如不看牙科医师。他吃得很多或很少很少，从不散步；他忽视他的工作以及他最感兴趣的事，且变得十分怠惰。他可能会变得一团糟，至少他会较喜欢与一些肤浅的人或坏同伴交往。他会变得不可信任，他会打他的太太与小孩，开始撒谎或偷窃，这种过程变化在酗酒者中最为显著，就像《失去的周末》一书中所描述的一样。但它们同样可以以非常隐匿或微妙的方式表现出来。在明显的情况下，甚至于一个未经训练的观察者也会发觉这些人在努力“粉碎他们自己”。在精神分析中，我们知道此种描述并不足够。这些情况只有当人们被自卑与无望所压倒，而致使他们的建设力量无法再压制自毁驱力的冲击时才会发生，此种自毁驱力由此具有了自由无碍的支配力，而表现于积极地使自己道德

① 参考卡伦·霍尼所著《我们内心的冲突》一书，第10章“人格的贫瘠”。

败坏的潜意识决定中。在其所表现出的形式中，会具有主动且有计划地使自己堕落的意向，乔治·奥威尔在《1984》中对此情形已做了描述；每个有经验的分析师都会从他的描述中看到神经症患者究竟是如何对待自己的，他们的梦境也表示了他们可能主动地将自己抛入阴沟里。

神经症患者对于这种内在过程的反应个个不同，可能是高兴，可能是自怜，可能是惊骇。这些反应在他的意识中，通常与自我堕落的过程不相连贯。

自怜的反应，在一个做了下述这个梦之后的病人身上显得特别强烈。这位病人过去都是浑浑噩噩地过活，她已变得怀疑人生的价值而将理想置之不理。虽然在她做梦的那个时期，她在很勤奋地工作，但她还是无法要求自己做出任何有建设意义的事。她梦见有一个女人（她代表良好与可爱的事物）即将进入教团，但却被告知说她犯法。她被责难而且被拖去游街，虽然梦者确信她是无罪的，但她确实出现在游街的行列里。另一方面，她企图恳求牧师帮忙，虽然这位牧师亦表同情，但却对被告爱莫能助。后来被告在农场里，不只是极其潦倒，而且显得麻木与痴呆。梦者依旧在梦中，她心如刀割地怜悯着这位受害者，而且在醒来后哭了好几个钟头。详情在此姑且不提，梦者此刻会对她自己说道：在我身上亦有某些美好或可爱之处，由于我的自责与自毁，我可能真的会破坏了我的人格；我用以反对这些驱力的方法是无效的，虽然我想自救，但又想避免实际的战斗，因此在某些意义上，我与我的自毁驱力妥协了。

在梦中我们会更接近自己的真实情况。这个特殊的梦似乎是来源颇深的，而且也提出了对于梦者个人自毁的危险性之深广见识。在这种情况下，自怜的反应，就与在其他情况下一样，就当时而言都是非建设性的：它并没使她改变到转而去做有益于她的事情。只当无望与自卑的强度减轻时，非建设性的自怜方会转变为建设性的“同情自我”，而且这对于任何在自恨掌握下的人而言，都会是深具意义的前进推力，它会引发真我的感觉，并兴起“拯救内心痛苦”的愿望。

对败坏过程所表现的反应也可以是全然的恐惧。当我们考虑自毁所无法克服的危险性时，或者只要个人仍继续感觉到他只能对这些残忍力量苦苦哀求时，都会表现出此种反应。在梦与联想里，这些残忍的力量可在很多简明的象征里显现出来，譬如杀人的疯子、巨兽、白鲸或魔鬼，等等。这些恐惧是许多至今仍无法解释的恐惧之核心，譬如，对未知的恐惧以及对深海的恐惧，对魔鬼的恐惧，对神秘事物的恐惧，或对任何体内所进行的破坏性之恐惧，如中毒、寄生虫、癌症。它乃是许多病人对于潜意识的或神秘的事物感到恐惧的一部分，它可能是那种并无明显理由的恐慌之中心，如果这些恐惧长久存在，任何人都不可能与此种恐惧共存，他必须找寻方法以抵挡它们。这些方法有些已提过，尚未提到的在以后各章中将会讨论到。

在讨论完自恨及其破坏力后，我们必定会发觉这其中存有太大的悲剧，也许是人心的最大悲剧。人类之外求无限与绝对，却会同时毁灭了他自己。在他与那个答应给他荣誉的魔鬼达成协定时，他就已注定要堕入自己的心狱中。

第六章　脱离自我

本书一开始就特别强调"真我"的重要性，"真我"乃是我们自己活生生的、唯一的人格中枢；是唯一"能够"而且"想要"成长的部分。我们发觉到不幸的环境从一开始就阻碍了人格的顺利发展，嗣后，我就将注意力集中在那些霸占了个人精力且导致自负系统形成的此种力量上。这种自负系统是自主而不受人的意志所支配的，它具有残暴与破坏性的力量。

其后本书将把注意力由"真我"转到"理想自我"及其发展方面，这正与神经症患者由关心"真我"而转到"理想自我"的现象相符。但不像神经症患者，现在我们依旧对"真我"的重要性保有清晰的洞察力，因此我们仍要将注意力转回到"真我"上，同时用比以往更有系统的方式，来说明"真我"之所以会被舍弃的理由，以及这种现象对人格所造成的损失。

就“魔鬼的协定”而言，自我的舍弃就如同一个人的灵魂被出卖一样。以精神医学的术语而言，我们称此为“脱离自我”，这术语主要用于人们失却其自我认同感的极端情况，譬如健忘症与人格解体，等等。这些情况往往会引起普遍的好奇；这是很奇怪甚至是骇人听闻的：一个人并没有入睡，也不曾发生脑部的器官病变，但却不晓得他自己是谁，他置身何处，或他正在做的或已做的事。

然而，如果我们不将它们视为孤立的事件，而知道它们是一种较不明显的脱离自我的形式，对此便不会感到迷惑。在这些形式中，自我感与定向作用并没多大损失，但对意识经验的一般能力却有所损伤。譬如，有些神经症患者就恍若生活在五里雾中一般，没有一件事情对他而言是清楚的，不只是对他自己的思想与情感如此，甚至于对别人以及一些情境所包含的含意都是感到同样地迷惑。此外，这也与限于心灵内的过程状况有关。有些人面对别人的事，会是个颇为机敏的观察者，他们能够很清晰地衡量一个状况或思想的倾向；但各种经验（有关与他人的关系或本质等）却无法渗入他们的情感内，而且他们内在的经验也无法渗入知觉之中。即使是非常明显的正常人也会偶尔苦于对某些内在或外在的经验失去知觉，或对特定地区有全然不知的盲点，而神经症患者的心态也并非与此类状况完全不同。

所有这些“脱离自我”的形式与“物质之我”[①]——肉体与其所有物——大有关系。神经症患者对于自己的肉体几无感觉，甚至于他身体的知觉也都麻木了。譬如，问他的脚冷不冷，他可能必须经由思考的过程才知道自己觉得冷。当他无意地由镜中看到他自己时，他也许会认不出他自己。同样地，他可能没有“他家就是他的家”的感觉——家对他而言，可能就如同旅馆房间一样，不具人格的特质。有的神经症患者，可能不晓得他们所有的钱乃是属于他们的，尽管那些钱是他们凭劳力所挣来的。

这些只是我们所能统称为“脱离实我”实例的一些种类，所有个人的实况以及所拥有的一切，甚至包括他现在与过去生活的关系，以及对于他生活的这种连续性的感觉，可能都会被遮蔽或被蒙上面纱。在每个神经症患者中，这种过程的某些部分乃是内在的；有时病人会发觉出存在这一类的障碍，譬如，

① 像其他注解一样，我大致遵循威廉·詹姆斯(William James，1842 ~1910)的看法，此段乃摘自他的著作《心理学原理》(*The Principles of Psychology*)，Henry Holt and Co. New York，其中“自我的意识”(The Consciousness of Self)这一章。译者按：威廉·詹姆斯是美国哲学家、心理学家、实用主义创始人之一。

有个病人将自己描述为是一根街灯柱，顶端有个脑袋。但他们很少知道何以会产生这种想法的演变过程，尽管这些过程极其普遍，但它们也只能在精神分析中方才会逐渐显露出来。

此种脱离实我的迹象，虽然极其关键但却较不可触知。它乃是代表神经症患者远离了自己的情感、愿望、信仰及精力，它代表他已丧失了生活中主动决定的感觉，使他失去“自身是个有机整体”的感觉。这些依次表示着我们脱离了自己最具生命力的中枢，即我所谓之“真我”。引用威廉·詹姆斯的话，可以更完全地阐述它的特性：它带来“颤动的内在生活”；它产生了自发的情感，不管是喜悦、渴望、爱慕、生气、恐惧或失望。它也是自然兴趣与精力的源泉——“努力与专心的源泉，意志的谕令由此而发”；是愿望与意志的能力，它乃是我们之中希冀扩展、成长以及完成它本身的一部分。它产生了对我们自己情感与思想的“自发反应”与“接受或反对、据为己有或不承认为己所有、争取或抗争、同意或拒绝”。这些都表示当我们的真我变得强烈且积极时，会使我们有能力做决定且为决定而负责。因此，它导致真正的统合、整体及“一个”的显著感觉。不只是身心、行为、思想或感觉的相互调和，而且它们会在并无严重的内心冲突下发生作用，这与那些用来使我们自身协和的人为方法相反(这种方法只当“真我”薄弱时，其重要性方才会增加)，这情形很少或者根本不具有任何随之而生的压力。

哲学史显示了我们可就很多有利的立足点来讨论自我的问题，然而处理此一问题的每个人似乎都发觉难于描述他的特殊经验与兴趣。就临床应用的观点而言，我一方面将区别“实我”(或“经验自我”①)与“理想化的自我”，而另一方面则将区别“实我”与“真我”之不同。“实我”乃是某人在某一特定时间内所拥有或表现的一切的总称：身体的或心灵的、正常的或神经症的。当我们说我们想了解自己时，譬如，我们想知道我们目前的情况时，我们心目中所想的乃是“实我”。“理想化的自我”乃是存在于无理想象中的影像，或在自负体系之指使下我们所“应该”成为的影像。我已定义过好几次的“真我”，乃是一种趋向个人发展与成就的原动力，借着此种力量，若能免于神经症的桎梏，则我们可再次达成完全的认同。因此当我们说我们想要找寻自己时，所提到的就是“真我”，就此意义而言，它也是(对所有神经症患者亦然)一种**可能达成**的自我——与**不可能达成**的“理想化自我”相反。由此角度观

① “经验自我”这一术语乃是威廉·詹姆斯所倡用的。

之，“理想化自我”似乎是三种自我中最抽象的。一个能明辨优劣的神经症患者会说这就是他的可能的自我。然而尽管神经症患者的“真我”或可能的自我是抽象的，不过它仍可被感觉出来，而且我们可以说，我们对于它的任何一瞥都能感到它要比其他事物来得更为真实、更确定、更肯定；在经过某些锐利的洞察，在解除某些强迫性的需求的支配后，我们可以在我们自己或病人中观察到它的此种特性。

虽然一个人无法永远精确地区别究竟是与“实我”脱离还是与“真我”脱离，但后者将是我们以下讨论的焦点。自我之丧失，祈克果称之为“致死之病”[①]；它是一种绝望——对于不觉得有个自我存在的绝望，或对不满我们自己而感绝望，但它是一种既不喧嚣也不会让人尖叫的绝望（仍依祈克果的说法）。这种人仍会继续生活着，一若他们依旧与那个颇具生命力的中枢保有密切的关联，然而任何其他的损失——工作甚或一条腿——都可唤起他更大的关心。祈克果的此种说法，正与临床所见的相符合。姑且不谈先前所提的病症变化状况，它的丧失并不会直接或严重到让人不忍卒睹，来求医的病人只会自诉头痛、性障碍、工作上的抑制或其他的症状；通常，他们不诉苦

① 祈克果著作《致死之病》，1941 年普林斯顿大学印行。

说他们已与他们精神生活的重心失去了联系。

不用详细深究，现在我们已可基本了解促进“脱离自我”的一切力量，一部分乃是整个神经症发展的结果，特别是神经症中一切具强迫性的因素。所有这些强迫性即意味着“我是被驱使而非驱使者”，关于此点，强迫性因素的内容已无关紧要，不论是作用于与他人的关系（如顺从、报复、离群等）还是作用于与自我的关系（如“自我理想化”）。这些驱力的强迫性必然会完全剥夺了个人的自主性与自发性。譬如，当他那种“被所有人喜爱”的需要成为强迫性行为时，他情感的真实性即随之而消失，他的分辨能力也是如此；当他被驱策去做一桩为求获得荣誉的工作时，则他对于此项工作本身的自发兴趣必因之降低；此外，冲突的强迫性驱力也会破坏了他的统一性及他的决定与发布指示之能力；最后但并非最不重要的，神经症的“伪解决”[1]对统一性而言虽扮演了努力争取的角色，但也会剥夺他的自主性，因为它们已变为为求生存的强迫性方法。

其次，“脱离”亦经由一种酷似强迫性的过程而被加强，此种过程可被描述为远离“真我”的积极动作，为求荣誉的一切驱力都属于此种步骤，特别是通过神经症患者之决定将自己

---

① 请参考《我们内心的冲突》一书以及本书以后的各章。

塑造成自己所不是的形态。他感到他所**应该**感觉的、希冀他**应该**希冀的、喜欢他认为**应该**喜欢的。换言之，“应该”之暴政狂乱地驱使他去做与他之所是或所能相违背之事。而且在他的想象中，他现在已大不相同了——真的是如此的不同，以至于他的“真我”更为褪色或苍白。对自我而言，神经症的“要求”乃是意味着对自然精力储藏的一种舍弃。譬如神经症患者不靠自己的努力（有关人际关系而言），却坚持别人应该迎合他；不戮力工作，却觉得有权叫别人为他做；不自己做决定，却坚持别人应该为他负责。由于他不去利用他那建设性的能力，因此他变得愈来愈不是他自己生活中的决定因素了。

神经症的自负使他更远离他自己，因为如今他已对目前的自己感到可耻——对他的情感、智慧和所有作为——他主动地对自己撤销兴趣。整个“外移作用”的过程乃是远离“真我”与“实我”的另一积极步骤。这是令人惊异的，这种过程与祈克果所描述的对于“不想成为自己”之绝望正相符合。

最后，就像在自恨中所表现的，有一种反抗“真我”的积极步骤存在。好比说，当一个人放逐了“真我”时，“真我”就会变成一个受谴责的罪犯，被“破坏力”所轻视或威胁，甚至连“做自己”的想法都会变得极其可厌与恐怖。这种恐惧有时会公然地呈现，譬如当病人想到：“这就是我”时就会感到恐惧，有时当她对于“我”与“我的神经症”所做的明确区别开始崩溃时，这种现象也会发生。神经症患者利用“使自己消失”以抵抗此种恐惧，于是他对于“对其本身不具清醒知觉”这一点具有潜意识的爱好——喜好使自己变得宛若耳聋、哑巴与盲目。他不只使有关自己的真相变得模糊，而且对此具有了既定的爱好——这种过程削减了他对于什么是真、什么是伪的判断，不但是有关其本身内在的事物，有关外在甚至外部事物也是如此。虽然他有时会因模糊而诉苦，但他却喜好保有此种模糊；譬如，他常联想到贝奥武甫[①]传奇中在夜间由湖中出现的火龙，以象征他的自恨，他说：“如果有一重迷雾，火龙就看不见我。”

所有这些步骤的结果都会造成“脱离自我”，当我们使用此一术语时，应该知道它只集中于某一种现象上。它准确地表示出的，乃是“从他本身中移去”此种神经症患者的主观感觉。在精神分析中，他可能会了解他所说的有关他自己的光鲜之事，事实上与他和他自己的生活并不相干，那些事是有关一个与他少有关系(即使不是没有关系)的人，有关这个人的发现很有趣，但无法应用于他的生活中。

---

① 盎格鲁-撒克逊民族史诗，主角贝奥武甫(Beowulf)曾杀害恶魔格伦德尔及其母，后君临济兹(Geats)，晚年与一火龙相斗，斗毕而卒。——译者

事实上，此种分析的经验可使我们直捣问题的核心，因为我们必须牢记病人并不是在谈论天气或电视，他在谈论与他关系最密切的个人生活体验，虽然这些体验已不具人格的意义。而且正因为他可以“不置身于其中”地来谈论他自己，所以他可以“不置身于其中”地工作、交朋友、散步或与女人同床共枕，他与自己的关系已变成非人格化；所以他与他的整个生活的关系亦然。如果 depersonalization 这个名词没有已被作为特定的精神医学术语使用（“人格分解”），那它该是用来表示“脱离自我”的最好术语：它是一种使自我感消失而且使生活力减低的过程。

我已经说过，除了（只就神经症而言）在人格解体、陷入空幻感或健忘的状态之外，“脱离自我”是无法直接而显著地表现出来的，尽管其本身有着极重大的意义。然而这些情况也都是暂时性的，他们只发生在与自我远离的人们身上。引起空幻感的诱因通常是自负的严重伤害，再加上自卑的急速增加远超过了个人所能忍受的程度；反之，不管治疗与否，当这些情况消失时，他的“脱离自我”本质上仍并未改变。它只是再次被克制而已，因此使个人能够不失其定向力而继续正常生活。否则，一个经过训练的观察者一定能够察觉“脱离自我”所表现的一般症状，如两眼无神、非人格的氛围、机械的动作。像加缪、马昆德、萨特等作家已经很巧妙地描述过这些症状了。一个人能无心却又运作得相当好，始终是令分析师大感惊讶的原因。

“脱离自我”对于个人的人格与生活有何影响呢？为了获得清晰易解的答案，我们接下来将讨论有关他的感情生活、精力、支配生活的能力、对自我负责及其统合力的态度。

欲评价那些就神经症而言，有效的感觉能力与对感觉的意识并不简单。有些人在快乐、狂热或痛苦上表现得过于感性；而有些人却会显得过于冰冷，或者无论如何必躲在冷漠的墙后；此外，有些人的情感似乎已失去了强度，而变得迟钝且平淡。但不管变化何其繁多，任何程度的神经症必都具有一共同的特性，那就是情感的知觉、情感的力量与种类，主要仍由自负系统所决定。自我的真正情感被抑制或被削减，有时甚至于消失不见。简言之：自负支配了情感。

神经症患者易于忽视与他个人自负背道而驰的情感，而过分强调那些足以增加自负的情感。如果在他的自大中，他觉得他高高地凌驾于他人之上，则他不允许自己去感受羡慕；他那禁欲主义方面的自负将会禁止他有快乐的情感；而如果他以他的报复心自傲，则报复性的愤怒将会深深地被感觉到。然而，要是报复被荣誉化或合理化为“正义”时，他将不会觉得有多少报复的愤怒，虽然这种表现是如此的奔放以致他人对此毫不怀疑；绝对忍耐的自负，会抑制了任何对痛苦的感觉，但如果痛苦在自负系统中占有重要的地位时——作为表达愤怒的媒介或神经症的“要求”的根基——则痛苦不只在他人面前会被强调，而且实际上他也会更深刻地感觉到。“怜悯”的感觉若被他认为是懦弱的，则此感觉将被放弃；但若被认为是神圣的品德，则会被体验得更为完全。如果自负主要集中于自足上，而觉得不需任何事物或任何人时，则他会认为任何情感或需求就像是“无法忍受地卑伏着通过窄门……要是我喜欢某人，他就会支配我……要是我喜欢某些事物，则我将会变得非依赖它不可”。

有时，我们在精神分析中可直接观察到自负是如何干扰情感的。甲可能会以一种自然而友善的方式来回报丙友善的亲近，虽然他常因自负受损而痛恨丙。但过不多久他内心马上就会自语道：“你是个被友善捉弄的人。”因此友善的感觉也就因之而消失了；或虽然某种景象唤起了他温暖而炽热的热情，但当他自己想到：“没有人会赏识这种景象”时，自负又损毁了这种热情。

谈至此处，吾人已了解自负之作用形同一种审查，用以鼓舞或禁止情感变为知觉。但它可能会以更基本的方式来支配情感；自负愈占上风，则个人愈只会凭其自负而对生活做出情感上的反应，仿佛他已将“真我”隔离而关在一有隔音设备的屋内一般，他只能听到自负的声音。于是他感到满意还是不满、沮丧还是得意、对人之喜爱还是讨厌主要都是来自自负的反应。同样地，他意识上所感觉到的痛苦主要是他的自负的痛苦。在表面上这并不明显，但当他苦于失败或感到罪恶、孤独、失恋时，他就会觉得这相当真实，他的确就这么觉得。但问题在于“谁在受苦呢？”在精神分析中吾人已判明这乃是他的“自负的自我”。他受苦，因为他感到他无法达成超级的成功、无法将事情做得极度完美、无法让人感到完全不可抗拒之吸引、无法使人人都喜爱他。或者他会因自觉有权成功，得人缘等，但却无法如愿而受苦。

只有当自负系统大大动摇之时，他才会开始感觉到真正的痛苦；只有在这时候他才会对这个受苦的自我感到同情，这种同情可促使他去做某些对他富有建设意味的事。之前他所感觉的自怜，更正确地说乃是“自负的自我”感到被虐待因而表现出的伤感之痛楚。当他尚未经历过此种不同，他可能会耸耸肩而表示这是彼此无关的——“痛苦就是痛苦”。但它确是一件事实，仅仅是真正的痛苦，就足以加深并拓宽我们情感的范围，让我们更能向他人的痛苦打开心扉。奥斯卡·王尔德曾在《狱中记》（*De Profundis*）中描述过当他不再因自负受损受苦，而开始经历真正的痛苦时，所感觉到的这种解放。

有时神经症患者甚至于只能经由他人来体验他自负的反应。他可能不会因朋友的自大或忽视而感觉到屈辱，但会因他的兄弟或同事之将此视为屈辱，而让自己也感到羞耻。

当然，自负支配情感的程度必有差异，即使是情感深受损伤的神经症患者，他也会具有某些强烈而真诚的情爱，譬如，对于大自然或音乐的情感，这一些情感则并未被他的神经症所伤害。一个病人或许会说他的“真我”被赋予了这种偌大的自由，或者纵使他的喜欢与不喜欢主要是因自负而定，然而其中必也存有真诚的元素。不过，作为这些倾向的一种结果，在神经症中情感生活的普遍贫乏，可表现于被削减的真诚、自发性以及情感的深度。

一个人对于此种障碍的有意识的态度各有不同，有的人一点也不将他的情感贫乏视为是一种障碍，反而引以为傲。有的人则会严重地关心那与日渐增的“情感衰败”（emotional deadness），譬如，他知道他的情感逐渐变成只具一种“反应”的特性，除了对友善或敌意做出反应之外，他的情感是不活动且静寂的。他内心无法直接去感受一幅画或一棵树的美，因此它们对他而言并无意义。他也许会对某位朋友有关困境的诉苦有所反应，但却无法主动地去想象他的生活状况。或者，他可能会惊慌地知觉到甚至连这种反应性情感也变迟钝了。萨特在《理智之年》一书中描写一个角色时写道："哪怕他曾经在他自己身上能发现一种真确的细小情感，虽然平和但生机勃勃，那该有多好……"最后，有的人也许并未察觉到任何贫乏，但是在梦中，他却发现自己呈现为一座人偶、大理石雕像、平面纸板上的图像，或是一具唇角被吊起来以至于看起来在笑的尸体。在后面这些例子中的自欺对他而言乃是无法理解的，因为表面上存在的"贫乏"可被下列三种方式中的任何一种所掩饰。

有些神经症患者会表现出闪烁的愉悦与虚假的自发行为。他们易于变得狂热或沮丧，易于激起喜爱与愤怒的情感。但这些情感并非来自内心深处，并不存在于他们心中。他们生活在自己所想象的世界中，表面上看来，他们对于任何让他们着迷的幻想，或伤害他们自负的事物仍会有所反应。但通常想引人注意的需要乃是其主要动机，他们的"脱离自我"使得他们能够根据情势的需要而改变他们的人格。就像变色龙一样，他们在生活中不自知地扮演着角色，就像一个好演员，根据角色制造出自己的情感。因此他们可以看起来很真实，不管他们扮演的是世界上一个最微不足道的人，对音乐或政治有浓厚兴趣的人，还是一个热心的朋友，这也会欺骗了分析师，因为在精神分析中这种人扮演着一种病人，极想闻悉有关他们自己的事以便改变他们自己的方式。这里成为问题的乃是他们之易于装成某一种角色而又会马上换成另一个角色——正如一个人穿上了某一件衣服，然后又立刻换成另一套衣服一般容易。

另外一些人，会将奋不顾身地追求性消遣或一场阴谋或死命的驱车驰骋，以及兴奋地参与一些活动误以为是情感的力量。但是相反的，这种刺激与兴奋的需要，乃是存在因空虚而引起痛苦的确切表现。对于这种人，只有这种不寻常的锐利刺激，才会让他们不活跃的情感有所反应。

另外还有一些人似乎具有相当确实的感觉，他们似乎知道他们所感觉的，他们的情感能与场景相匹配。然而，不只是他们情感的范围有限，而且他们的表现都十分低沉，好似他们的音阶被调低了似的。更进一步的了解显示这些人依据他们内心的指使而自主地感觉到他们认为**应该**感觉到的。或者他们也许只会像他人所期待的那样做出反应。这种观察当个人的“应该”与人文环境相符合时，则更具欺骗性；无论如何，我们应该考虑情感的全貌，以免导致错误的结论。由我们内心而发的情感具有自发性、深度与真诚；如果缺乏这些特性中的某一种，则我们最好要再查验一下其潜在的动力变化为何。

在神经症中，精力的可得性，从不可持续的间断性努力导致的惰性，到一贯的甚至是夸大的精力发挥，可谓千差万别。我们无法说"神经症"本质上使神经症患者变得比正常人具更多或更少精力。但此种说法只当我们只就"量"来考虑精力，而不涉及其动机与目的时才告成立。神经症的主要特征之一，我们也已特别阐释过了，乃是将精力由发展"真我"所具的潜能转移至发展"理想化自我"此一虚假潜能上。我们愈了解此一过程的意义，则愈不会对精力抒发之不调和感到迷惑。此地我将提及两种含意。

消耗于自负系统的精力愈多，则那些可用以趋向"实现自我"的建设性驱力之精力就愈少。用一常见的例子来说明：一个受野心驾驭的人，会表现出惊人的精力以求得到卓越、权力与魅力，但另一方面，他在个人生活与人格的发展上却会没空、没兴趣或没精力。事实上，这不只是因他在他的个人生活或人格发展中"没剩余的精力"。即使他有剩余的精力，潜意识里他也不会为了"真我"而去应用它们。不然将会违反他自恨的意旨，因为自恨乃在于压制“真我”。

另一含义为：神经症患者并不**拥有**自己的精力（亦即他不觉得他的精力是他自己的），他觉得在他自己的生活中，他并非那个前进动力。在不同的神经症人格中，有不同的因素促成此种缺陷；譬如，当一个人觉得他必须去达成人家所期望他做的每一件事时，实际上他就是因他人之推拉，或他所认为的他人之推拉才去做的。当他离开别人而独自面对他自己的资源时，他将呆立如一电池已耗尽的汽车。或者，如果某些人惊吓于他本身的自负系统，而在他的野心（或壮志）上建立起禁忌时，则他必会否定——对他自己——他在自己行为中的主动参与。即使他已在这世界上为自己谋得一立足之地，但他并不觉得他已有所作为，而只觉得“它发生了”。然而除了这些促成因素外，他在自己生活中并非原动力的这种感觉，就更深的意义而言，乃是真实的；因为他的确不是被他的愿望与渴求所推动，而是被他自负系统的需求所推动。

无疑地，我们生活过程的一部分是由超过我们能力所能左右的因素所决定的，但是我们仍具有“方向”的感觉，我们能够了解我们在生活中所希冀作为的，我们能树立奋斗以求的理想，以及根据理想做出合理的决定。这种“方向感”在很多神经症患者中明显有所缺乏，他们的“定向力”之减弱与脱离自我的程度成正比，这些人的行为转变并无计划与目的，只由他们的幻想任意支配。无益的白日梦将取代有方向的作为，希望渺茫的“机会主义”将取代真诚的奋斗，犬儒主义将扼杀了理想，犹疑不决阻止了任何有意义的行动。

尤有甚者，此种隐伏的障碍不仅更为广泛且更难于辨认；一个人可能显得极有生机，但事实上却是流水线般，因为他只是被驱策奔向“完美与胜利”的神经症目标。在这些情况下，定向力被强迫性的标准所取代了，只当他发觉自己竟被绊阻于互相矛盾的“应该”中时，定向的虚假才会被发现。在这种情势下所产生的焦虑来得十分严重，因为他再也没有其他的指令可以依循。他的“真我”仿佛被关在地牢似的，他已无法与它商量，因此他是那种“矛盾的应该”下的无助牺牲者。对于其他神经症的冲突而言也是一样；对冲突之无助及面对它们所产生的恐惧之程度不只指出冲突的大小，而且还显示了他与自我的脱离情况。

内在方向的缺乏，有时并不以上述的明显方式显现出来，因为一个人的生活一直沿着传统的路径向前，所以可能完全规避了个人的计划与决定。“拖延”可能遮掩了“犹疑不决”。人们只有面临必须自己去决定的事时，才会发觉到他们的犹疑不决，这种情势乃是对最坏情况的一种考验。然而，即使如此，他们通常也不了解此种障碍的一般性质，而将其归咎于“这件事本来就是难于决定的”。

最后，不完全的方向感可能隐藏在“顺从”的背后。人们去做他们认为别人所期望他们做的事，他们成为他们认为别人要他们成为的那种样子。他们对于别人的要求或期望，产生了相当的机敏，通常他们经由另一种方式，而将这种技巧美化为“敏感”或“体贴”。当他们了解此种“顺从”的强迫性而试图分析它时，通常都会将注意力集中在与人际关系有关的因素上，譬如讨好人之需求或抵挡他人敌意之需求。然而，在与此种因素无关的情况下，譬如在心理分析的情势下，他们亦会表现得十分“顺从”。他们将创制权留给分析师，而想知道或猜测分析师所期望他们去解决的问题。他们这样做，乃与分析师所期望的鼓励他们能依自己的兴趣行动大相违背，此处“顺从”的背景变得相当清晰，他们毫无察觉地被内心所强迫，将生活的方向交在他人手中，而非将其握于自己手中。当他们只剩下一个人时，将会感到失落；在梦中，此种象征会呈现如置身于一无舵之船，失却了罗盘，处于陌生艰危之地且无任何向导。缺乏内在定向力是“顺从”的主要元素，这种现象在后来当他开始奋斗以求“内心的自主”时，也会显得十分明显，在此种过程中所发生的焦虑相当于要求他们在尚不敢信任自己之前提下舍弃惯常的所有援助。

然而，定向力的损坏或丧失也可能是隐伏的，但有另一种缺陷总是清晰可辨的(至少对有训练的观察者而言)：**对自我负责的能力**，此地“责任”乃暗含了三项意义。在现在的语境下，我不是指尽义务或守诺言的可靠性，或对别人负责。这些方面的态度彼此大有不同，因此无法由此而归纳出所有神经症的特性。神经症患者有可能会是绝对可信赖的，他也有可能为别人担负了过多或过少的责任。

这里我们不拟讨论有关道德责任的哲学纷扰。神经症内的强迫性因素是如此之占优势，以至于选择的自由变得微不足道。就所有实际的目标而言，我们将“大体而言，病人在某些方面只能是他们现在所是”此一说法视为是当然；特别是他们不得不做、感觉、思想他所做、所感觉、所思考的事。然而此种观点，并不为病人所同意，他那种对所有意味着规律与必然之事所表现的轻视，也扩及于他自身。他对既定条件下，他只能在特定的方向内发展这一事实不屑一顾。某些驱力或态度不论是潜意识的还是意识的，他觉得都无关紧要。他觉得无论是多么不可克服的问题，他都应该利用自己充沛的力量、勇气与镇定去对付它。要是他不能这样做，则证明他一无所用。反过来从自卫的角度说，他坚决地否认任何罪行，标榜他绝不会犯错，而将现在或过去对于任何困难的责备都推给他人。

此外，如同在其他的作用中一样，自负取代了责任，而且当他无法达成那些不可能之事时，责难的控诉便会起而攻击他自己，这使他无法独自去担负有关此事的重要责任。实际上，这正是他对自己或自己的生活所表现的坦白、单纯与诚实。它可以三种方式运作：确实地认识他就如现在般的存在，不缩小亦不夸张；欣然地担负行为与决定的结果，而不企图“逃避”或归咎于他人；确实了解自己的困难理应由自己解决，而不坚持别人、命运或时间将会为他解决。这并不意味着欲排斥他人的帮助，相反的，乃意指可获得所有可能得到的帮助。但如果他自己不努力于“建设性”的改变，则即使最有力的外来帮助亦将无所助益。

举例说明，这个例子事实上乃是由许多相同个案混合而成：有一个已婚的青年男性花钱总是入不敷出，尽管他爸爸定期给他经济的援助。对于这一点，他对自己及别人做了许多解释：这乃是他父亲的错，因为他没教会他如何处理金钱；这错误在于他父亲，因为他给他太少的津贴。而这情形之会继续发生，是因为他太胆小而不敢要更多的金钱：他需要钱，因为他太太并不节俭，或因为他的小孩需要玩具，而且又需缴税与付医药费——况且不是每个人都有权偶尔享乐一下吗？

所有这些理由对分析师而言都是有直接关系的资料，他们显示了病人的“要求”与感到被虐待的癖性。对于病人，他们不只完全而满意地说明了他左右为难的情况，且直接表明了他将它们当作魔杖以驱除他不管任何理由而挥霍金钱此一确切事实。这种事实的陈述，这种直言无隐，对于那些陷于自负与自责交战中的神经症患者通常较不可能。当然他行为的后果必定会显现：他银行的账目必会透支，他将会破产。他暴怒地对待很有礼貌地告诉他银行账目实情的职员，而且对那些不借给他钱的朋友发怒。当这种困境变得无法忍受时，他会告诉他父亲或他朋友这种既成的事实，并稍带强迫性地要求他们援助他。他无法面对这简单的关联：困难是因为他毫无节制地花钱所造成的。他对未来做了许多决策，但这些决策都不会发生力量，因为他过于忙着为自己辩护并归咎于他人，所以便无法依其计划行事。他所不了解的，是他无法清醒地认识**他的**问题乃是缺乏节制，这确实制造了**他的**生活上的困难，所以结果仍应由**他自己**负责。

另一例子，可用以说明神经症患者如何固执地对自己的问题与行为所引起的后果视而不见：一个潜意识里确信他可免于一般因果效应的人，可能已察觉到他的自大与报复心，但他却毫不知道别人正愤恨着他的这种作为。如果别人转而攻击他，则他会觉得这是一种意外的攻击；他感到被虐待，而且通常很机敏地指出存在于别人身上的神经症因素，因这种因素才使他们愤恨他的行为。他轻率地舍弃眼前的一切证据，他认为这些只是那些试图找寻借口以逃避他们自己罪行与责任的人之反击而已。

这些说明，虽然很典型，但并未囊括所有为逃避自己的责任所设计的方式。这些方式，在我们以前讨论到为反抗自恨的猛攻所做的保全面子的诡计及保护法时，大部分都已谈过了。我们已经晓得神经症患者是如何地将责任推托到自己以外的任何人或任何事物上，也知道他如何使自己变成一个反观自己的超然观察者，他如何巧妙地区分他自己与他的神经症。结果他的“真我”渐渐变得更孱弱或更疏远。譬如，要是他否认潜意识的力量也是他整个人格的一部分，则这些力量将会变为一种足以威吓他的神秘力量。若因经由此种规避而使得他与“真我”的接触变得愈加稀少时，则他愈会成为他潜意识力量的无助牺牲者，而且他愈会有更多的理由畏惧它们（潜意识力量）。另一方面，他为对他自己的一切综合情结负责而迈进的每一步骤都会使他变得更为强壮。

此外，对“自我负责”的畏缩使得病人更难于面对问题、克服问题。如果我们在一开始分析时即能处理这个主题，则精神分析所需的时间以及所遭遇的困难将会大大地减低。然而，只要病人当时依旧是他理想化的影像，则他必无法怀疑自己的正直性；而且如果自责的压力较为显著，则他将会对自我负责的意见报以严重而毫无助益的恐惧反应。我们也须谨记着，无法对自我负责只是“脱离自我”的一种表现，因此在病人尚未得到某些“自己的感觉”或是“对他自己的感觉”之前，想要解决此一问题，势必会是徒劳无功的。

最后，当“真我”被“置之度外”或被放逐时，一个人的统合力也将处于低谷之中；正常人格的统合性乃是“成为自我”的结果，而且只能据此以获得(统一性)。如果我们自己拥有自发的情感，且足以自做决定并为决定负责，那我们统一的感觉就具有坚固的根基；有一位诗人在发现她的自我时是这样喜悦地讴歌它的：

此际一切融合，汇于一处
由愿望至行为，语言到沉默
我的工作、爱情、时间、脸庞

聚为一种剧烈的姿态

宛若成长的花草[①]。

通常我们将缺乏自发的统一性视为是神经症冲突的直接结果，这仍算得上是正确的，但我们并不十分了解“人格解体力”的影响，除非我们考虑它所造成的恶性循环。如果因为许多因素我们丧失了自己，那我们将会失去那种可用来解决内在冲突的稳固地基。于是我们置身于冲突的掌握中，而成为那种“人格解体力”的无助牺牲者，如此我们必会抓住任何足以解决它们的工具。这就是我们所谓“为求解决问题的”神经症式企图——就有利的观点而言，神经症乃是这种企图的一连串表现。然而，在这些企图中，我们更加速地失却了自我，而且冲突所产生的“人格解体力”的影响力也更加快速地成长了，因此我们需凭人为的方法以期使自己的人格获得统合。“应该”——自负的工具与自恨的工具产生了一种新作用：用以保护我们免于混乱；他们用铁拳来统治一个人，但宛若政治暴行似的，它们创造且维持了某种特定的表面秩序，经由意志力与

① 此诗乃系 1948 年的《大西洋月刊》中，梅・萨敦(May Sarton)所发表的《现在我变为自己了》(Now I Become Myself)一文中所选录出来的。

合理化的严厉控制，企图将人格的解离部分重新组合，的确是一种强有力的办法。在下一章里，我们将与其他用来解除内在紧张的方法一块儿讨论。

这些障碍对于病人生活的重要性相当明显，因为他并非自己生活中的积极决定因素，所以无论他如何被强迫性的刚性所压制，他都会产生一种“不确定”的深切感觉。他之毫不感觉他自己的情感正使他变得如同行尸走肉，不管表面上他是如何快活。他之无法对自我负责剥夺了他真正的内在独立性。此外，“真我”之静止对于神经症的发展过程具有重大的影响，从脱离自我所造成的“恶性循环”正是由此而变得最为清楚的这个事实就可领略到。它既是神经症过程的结果，又是未来神经症发展的原因。因为愈“脱离自我”，则神经症患者就愈会变成自负系统阴谋下的无助牺牲者，而他那种用以抵抗“脱离自我”的活力也就愈来愈减弱了。

关于精力最活跃的源泉是否会枯竭或永远停滞，我们经常会有严重的怀疑，在我的经验中，延缓判断乃是此一智慧中较为重要的一部分，只要分析师有足够的耐性与技巧，则“真我”常会从放逐中回来或“回到生活”上，这是常见的。譬如，虽然他的精力无法应用于他的个人生活里，但如果这种精力可应用于谋求别人利益的建设性努力上，则这便会是个很有希望的信号。不用说，一般健全的(具有良好的人格统合性)人能够而且都具备了这种努力。但此处那些引起我们注意的人，在花费无限的精力于他人身上的同时，面对他们自己的生活却缺乏建设性的兴趣或关怀，两者之间呈现着极显著的矛盾。即使是当他们置身于心理分析中，他们的亲戚、朋友或学生通常可以从他们的分析中，获得远比他们自己从中所获得的利益还多。不过，就如治疗者一样，我们多会抓住一项事实：他们对于成长的兴趣是存在的，尽管它以僵硬的方式表现出来(外移作用)。然而，事实上使他们的兴趣返回到自己身上是十分不易的，不只在他们自身存有足以破坏建设性转变的不可克服的力量，而且他们自身也不太热切考虑此种转变；因为在他们所努力的外在方向上产生了一种平衡，给予了他们一种有价值的感觉。

当我们将“真我”与弗洛伊德“自我”(ego)的观念互相比较时，“真我”的特征会变得更为显著。虽然两者开始的前提不同，进行的途径也不同，但却似乎仍是殊途同归的，我与弗洛伊德得到了相同的结论：认为“自我”是柔弱的。不过，在理论上我们仍有明显的差异。对弗洛伊德而言，“自我”就像个雇工，会做事但却无发动权与执行力；对我而言，“真我”乃是情感力量、建设性的精力、定向的与评判力之源泉。然而，假设“真我”具有所有这些潜能，以及这些潜能一直在正常人身上发生作用，就神经症而言，我的立场与弗洛伊德的立场究有何巨大的差异呢？自我被神经症的过程所削弱或麻痹，或是“从视野中被驱除”，与“自我”天生就是非建设性的力量，这两方面就临床目的来说，不是差不多的吗？

当我们看大部分精神分析的起始期，我们必须肯定地回答这一问题，在这一阶段“真我”几乎不会明显地发生作用。我们可以发现某些真实可靠的情感与信仰的可能性。我们可以臆测病人之为发展他自己的驱力，除了更明显的夸大元素外，也包含了真正的元素；远超过他追求“智力掌控”的神经症需求，他对于有关他自己的实况也甚表关心，诸如此类等都是——但这仍只是一种猜测而已。

然而在精神分析的过程中，这种景象却发生了极端的改变；当自负系统开始动摇时，不再自动地开始自卫的病人会变得对有关他自己的实情有确实的关心，他在下列所描述的意义上开始对他自己负责：学习做决定、感受他的情感、发展他自己的信仰。所有这些作用，就如我们所已经了解的，曾被自负系统所接管，现在随着“真我”的归位而逐渐重新得到自主性，于是相关因素的再分配发生了，在此一过程中，具有建设力的“真我”被证明是较强大的一个对手。

以后我们将讨论这种治疗过程所需的个别步骤，此处我只提出所发生的事实；否则，这种“脱离自我”的讨论必定会留给我们一种对“真我”的相当否定的印象，我们会认为它只是一种幻想的印象——值得重获，但却永远无法捉摸。只当我们相当熟悉心理分析的后期状态时，才能认识有关它的潜力之争夺并非是纯粹理论上的争夺而已。在适宜的条件下，譬如在建设性的心理分析工作下，它能再度变为一种活力。

只因为这是一种实际的可能性，所以我们的治疗工作才可能超越症状的缓解，而希望在人格的发展上对个人有所帮助。唯有在此种实际可能性的洞察力之基础上我们才能了解“真我”与“假我”间的关系，就如前面章节所提出的，这乃是两种敌对力量之间的冲突。这种冲突只有当“真我”再次变得积极到足以叫人敢于冒风险时，方会变为公然的激战，在此之前个人只能做一件事：借着找寻“伪解决法”以保护自己，免于受到冲突的破坏力的袭击。这些方法将在下面几章中予以讨论。

第七章　缓解紧张之法

到目前为止，我们所描述过的一切过程已产生了一种内在的情势，此种情势充满了分裂性的冲突，不堪忍受的紧张与剧烈的恐惧。在这种情况下，没有人能够正常生活，甚至是活下去。每个人在潜意识里必定会自动涌现许多企图，以求解决这些问题、除去冲突、缓和紧张及恐惧。于是，像“自我理想化”之产生过程一样，统合力在这里也开始发生作用，它本身乃是为求解决冲突之最明显且最根本的神经症式企图：借着抬高自己于所有冲突与因之而生的困难之上，以驱除冲突与困难。然而在此种努力与目前所描述的两者之间却有所差异，我们无法很明确地界定此种区别，因为它并非是质上的差异，而是量的不同。同样由强迫性的内在需求所产生的“探求荣誉”，乃是一种较具创造性的过程，虽然它的结果仍具破坏性，不过它乃是起源于人类最好的愿望——伸展且超乎他自己的狭窄世界。在上次的分析中显示出，它是极度的自我中心，这使它与正常的奋斗有所差异，至于这种解决法与其他所应用的解决法之间的差异，并非因想象力的枯竭所引起的。想象力虽仍继续作用——但却达于使“内在情势”受到损伤的状况，这种情势当个人意欲飞向无限光明之初时，就已变得危险不堪，此时(在所提到的冲突与紧张的分裂力之下)精神毁坏的危机更是近在咫尺。

在提出解决法的新企图之前，我们必须先熟悉随时发生作用的用以缓解紧张的某些方法[①]，只要简洁地列举它们就够了，因为在本书中及之前出版的书中都已讨论过，而且在下面几章里还会对此重新加以讨论。

就此点来看，“脱离自我”也算是这些方法中的一种，而且可能最为重要。我们已讨论过造成及加强“脱离自我”的理由，再部分重述一遍的话，一方面它只是神经症患者被强迫力驱策的一种结果；另一方面，它乃是因积极地远离“真我”及

① 这些方法与我在《我们内心的冲突》一书中所说的“促进人为的协和之辅助法”相当。

攻击“真我”而生的。对于这一点，我们仍须附加说明，他同时也会极有兴致地否认它，以便免于内心的激战，而使内心的紧张削减至最小的程度。[①]这里所蕴含的原则就与为求解决内在冲突的其他所有企图一样。任何内在或外在的冲突，要是它的一方被压抑住，而另一方占了优势时[②]，则该项冲突会从知觉中消失且会真正地（人为地）被削减了。就如拥有冲突性的需求与利害的两个人或两个团体，只要其中一人或一个团体被征服了，则此种公然的冲突自会消失。在霸权的父亲与被征服的孩子间，不会存有明显的冲突；同样地，对于内在的冲突亦然。我们可能具有一种敌视他人而又需要被人喜爱的明显冲突，但只要我们压制敌意——或压制被喜爱之需求——则我们与人的关系就会变得简单化一些。同理，如果我们舍弃“真我”，则存于“真我”与“假我”间的冲突不只会由知觉中消失，而且由于力量分配也发生巨大变化，此种冲突的确会有所减退。但无疑地，此种紧张的消除，以自负系统获得更大自主性为代价。

① 此种兴致又形成加强“脱离自我”的另一因素，因此这种兴致也是属于“远离真我”的一类。

② 参考卡伦·霍尼《我们内心的冲突》一书第2章“基本冲突”。

“否认真我”乃是受自卫之指使而发生的，这种现象在精神分析的末期会显得特别清楚。就像我已表示过的，当“真我”变得更强壮时，我们才得以真正地观察到内心激战的狂暴，任何人只要由本身或他人经验过此种激战的凶猛性，都会了解“真我”很早便从激战区撤出乃是出于“求生”的需求以及“不愿被撕裂”的欲望。

这种自卫的过程，本身主要表现于病人喜好使问题变得混乱此一现象上，不管表面上他看来多么合作，但基本上他仍是个迷惑的人。他不只具有使问题变得令人迷惑的惊人能力，而且不易加以劝阻。这种喜好必定会发生，而且事实上也在发生，其方式就如同骗子在意识层次上所显示的作用一样：间谍必须隐藏他的身份，伪君子必定装出真诚的脸孔，罪犯必定会假造口供。而神经症患者，毫无察觉地过着双重的生活，同样地，他必定会潜意识地使他自己的身份、愿望、感觉与信仰变得模糊不清，而且他的一切自欺行为都是由此而生的。可以将此种动力过程明朗化：他不只在智力上对于自由、独立、爱、善与力量的意义搞不清楚，而且，只要他不拟与他自己发生肉搏战，则他必具有一强烈而主观的喜好，以维持此种迷惑——接着，他又会利用他对聪慧领悟力的虚假自负以掩蔽此种迷惑。

其次较重要者，乃是内在感受的外移，这意指(此处重述)心灵内的过程并非如实地被体验，而是将之感觉为发生于自我与外在世界；“外移作用”乃是解除内在系统紧张的极端方法，它的代价是内在的贫乏以及外在人际关系的障碍。首先，我要将外移作用①描述为一种将对所有不合自我影像之缺点或弊病的谴责，转放于他人门阶上，借此维持“自我理想化”影像之方法；其次，我认为它是一种否定自毁力的存在的企图，或者是一种掩饰自毁力之间的战斗的企图；而且我这样区分积极的与消极的外移作用：一个是“我不为自己，而是全为了别人——这是应该的”，一个是“我并不敌视他人，但他们对不起我”。现在，我已采取更进一步的方法以了解外移作用了。在我所叙述过的内在过程中，几乎没有一种不被外移。譬如，神经症患者虽极不可能怜悯他自己，但却会同情他人；虽然他坚决地表示他决不渴求内在援助，但他却会竭尽己力地去帮助那些在成长过程中遭受到打击的人；他对内心指使的强制性之反抗，可能会呈现为对外在传统、法律或势力的蔑视。他不了解他自己压倒一切的自负，却憎恨其他人身上的自负——或为

① 参考卡伦·霍尼《我们内心的冲突》一书第7章“外移作用”。

它所眩惑。此外，他可能鄙视他之对自负系统的霸权所表现的畏缩，他不知道他正在掩饰他的自恨的残酷性，他也可能发展出一种盲目乐观[①]的生活态度，而从生活中除去残酷、严厉甚至于死亡。

另一种普遍的方法就是“将自己感受为是支离破碎的”这种心理倾向，宛若我们就是所有不相干部分之总和。在精神医学文献上谓之“分隔化”或“精神碎裂”，这意义与下面所说的事实完全相同：他不觉得他自己是个完整的有机体，其中每一部分必与整体有关，而且每一部分互相影响、彼此作用。只有被远离与被分裂的人才会缺乏此种整体感。然而，此地我想强调的，乃是神经症患者对于“解构关联”具有积极的兴趣。如果向他陈述某种“关联”，他可能在理智上了解它，但对他而言，这只是一种意外罢了；且此种理解只是肤浅的，随即消逝。

例如，在他的潜意识里，对于“不去了解因果关系”甚感兴趣：诸如，某种心理因素由他种因素而生，或此种因素加强

① 参见 Edward A. Strecker and Kenneth Appel，*Discovering Ourselves*，Macmillan，13－19 页。

了其他的因素；某种态度可保护某些重要的错觉，所以需要维持此种态度；大体而论，任何强迫性的倾向都会影响他的人际关系或他的生活。他甚至于无法了解最简单的因果关系：他的不满与他的“要求”是相关的，或他对人们的强烈需求——不管是出于什么神经症的理由——使得他处处依赖别人。这些对他而言都是奇异的。他的晚入睡与他的晚上床具有某种关联，但这对他而言则若一惊人的发现。

他对于不觉察并存于他身上的矛盾价值，亦具有同等强烈的兴趣。他会相当真实地无法了解他正在忍受着甚至珍爱着存于他自身的两种价值，这两种都是能自觉到的，而且是相互冲突的。他不会将下列问题看成是问题，譬如，他将价值放于高尚的品德上，而却又矛盾地将价值建筑在欲使他人对他之卑恭上；或者他希冀诚实，但却又心存投机取巧之念。因此当他尝试反省自我时，亦只能得到一个静止的画面而已，宛若他只看到了拼图玩具中分离的各部分一样：胆怯、轻视他人、雄心、被虐幻想、被喜爱的需求等等。个别的部分虽然可正确地被他了解，但却一无所变，因为它们被剥离了背景因素，他之看待它们，却完全没有任何相干关系、过程或动力变化的感觉。

虽然“精神碎裂”本质上是一种分裂的过程，但是它的作用在于保存现状，保护神经症的平衡以免于崩溃。借着拒绝被内心的矛盾所困惑，神经症患者使他自己免于面对更根本的冲突，因此他能使内心的紧张维持着低潮，甚至于他对那些冲突根本就漠不关心，因此他永远无法知觉到他内心的紧张或冲突。

当然借着解离因果关系也可得到相同的结果，剪断因果间的链条，可以使自己免于发觉某些内在力量的强度与关联。举个重要而普遍的例子来说明，个人有时会深刻地感受到那种报复心魔力的强大动力，但他却难以了解他受伤的自负与重建自负的需求乃是此种现象的激发力；即使当其清晰可见，这一相互关系仍旧会一无意义。另一方面，他可能对于他自己的严厉自责有相当清晰的印象，他也许已从多数详细的例子中，了解了此种压服性的自卑乃是他之无法符合他自负幻想的指使所致；但又一次，他的思想却会不知不觉地破坏了这种关联。如此他的自负的强度以及自负与自卑间的关系，充其量只能是一些不明确的推理罢了——这使他不再那么需要去对付他的自负，自负依然统治一切，而紧张依旧维持低潮，因为并无冲突发生，而且他也能够维持一种虚伪的“统合感”。

迄今，我们所叙述过的有关保存内心安宁的三种企图，都具有共同的特质，即在于除去足以破坏神经症结构的元素：打压“真我”、移除所有的内在感受、废除任何(要是能被了解的话)足以破坏平衡的“相互关联”。另一方法为自主的控制，它所带来的部分的与上述有相同倾向，它的主要作用在于审查情感。在一个面临分裂的精神结构里，情感乃是危险之源，因为它们仿佛是我们心中难以驾驭的基本力量。此处我谈及的并非自觉的自制，要是我们愿意，我们便可抑制出于冲动的一些行为，或突发的愤怒与狂热；而无意识的自主控制，不只用于抑制冲动的表现或情感的抒发，而且抑制冲动和情感本身，它之作用如同无意识的防夜贼与防火警报，当不想要的情感滋生时，马上可给予紧急的信号(恐惧)。

但与其他的企图相比，它也如其名称所指，是一种控制系统，如果经由脱离自我与精神碎裂，而致缺乏一种组织上的统一感，则需要某些人为的控制系统，以聚合我们自己的每一个矛盾部分。此种自主控制系统可压过所有的冲动及恐惧、受伤、愤怒、愉悦、喜爱与狂热等情感。广泛的控制系统表现在身体上的，有肌肉紧缩、便秘、步伐或姿态的变化、脸部僵硬、呼吸困难等。个人对“控制”本身所表现出的意识反应个个不同，有些人相当敏感且会为此躁怒，至少有时会无比希冀能够释然，能够痛快地大笑，能够爱，或能够被某些狂热所影响；另外一些人却用有点公然的自负来巩固这种控制，他们将这种自负表现在不同的方面，称这种控制为威严、镇静、寡欲、蒙着面罩、喜怒不形于色，或是“现实的”、“不多愁善感”、“含蓄”。

在其他形态的神经症中，这种“控制”所表现的方式具有选择性。某些情感会安然地逃脱审查，甚至于被激励，譬如，具有强烈自谦倾向的人，便易于夸大爱或悲惨的情感，他的抑制作用则主要根植于敌对的情感范围内：怀疑、愤怒、鄙视与报复。

当然情感也会由于许多其他因素（如“脱离自我”、可怕的自负、自我挫折）而被淡化或压抑住了。然而“警醒的控制系统”却会超乎这些因素而起作用，在对控制的削弱有一点预期的情况下个人会表现出恐惧的反应——例如恐惧熟睡、恐惧麻醉、恐惧酒醉、恐惧躺在睡椅上自由联想以及恐惧往下坡滑雪。贯穿着控制系统的那些情感，不管是怜悯、恐惧还是残暴，都会引起惊恐；此种惊恐可能是因为个人对这些情感的恐惧与抛弃所引起的，因为这些情感使得神经症的人格结构中某些特有的成分濒于险境。然而也可能只因他了解了他的控制系统不发生作用时就会如此。如果对这一情形加以分析，则恐慌自会消失，只有这时，特定的情感以及病人对此种情感的态度才会变得易于接近（指治疗）。

此地所要讨论的最后一项的普遍方法，就是神经症患者相信“心智至上”。情感——因为难以驾驭——就如该被管制的嫌疑犯一般，而心智——想象与理性——则伸展得有如神话中来自瓶内的神怪一般。于是确确实实地诞生了另一种二元论，它不再是心智与情感，而是心智对情感；不再是心智与肉体，而是心智对肉体；不再是心智与自我，而是心智对自我。然而，形如其他的碎裂作用一样，这也是用以解除紧张，用以隐藏冲突，用以建立“统一”外表的方法。达成此种目的的方法有三种。

心智可变为自我的旁观者，就如Zuzuki所说的：“智力毕竟是旁观者，即使它有某些作为，好坏它都是个受吩咐的雇佣。”[①]对神经症患者而言，心智绝不是个友善的或体贴的旁观者，它多少有些偏私，有些虐待狂，但它永远是超然独立的——仿佛在注视着一位偶尔与他凑合在一块的陌生人，有时这种对自我的观察显得相当地机械性，且相当肤浅。病人会给予一些事件、活动与症状的多少接近正确的报告，但其增减却未触及这些事件对他所代表的意义，或者他对这些事件的个人

① 参见D. T. Zuzuki，*Essays on Zen Buddisrm*，Luzac and Co.，Lonton，1927。

反应的意义。在精神分析中，他也可能对于自己的精神过程感到相当有趣，但这种兴趣只是表示敏锐的观察或发现在此种情况之后的运作机制给他带来的喜悦，形同一位昆虫学家会被一种昆虫的生理作用所迷住一样。同样地，分析师亦会感到欣悦，并将病人的这种切望误以为是病人真正对自己感兴趣。但不消多久，他就会发觉病人对他那些有关病人生活的发现所具有的意义毫无兴趣。

这种超然孤立的兴趣，也可能是公然的吹毛求疵、兴高采烈或虐待狂性质的。在这些情况下，它通常会以主动的及被动的方式而被外移，他可能放下他自己，而万分机敏地以同样超然、无关的方式去观察别人或别人的问题。或者他将会觉得，他也置身在别人的憎恨的及兴奋的观察之下——一种在妄想狂情况下会产生的感觉，但这并非只限于妄想症。

不论做个自己的旁观者之性质为何，他已不再参与内心的奋斗与挣扎，他已将自己由内心的问题中转移出来。于是“他”变成“观察的心智”，因此他遂具有了统一感；他的头脑变成他所能觉得唯一活着的部分。

心智也像是个协调者，我们对它的作用已很熟悉。我们已经了解想象的作用：创造理想化的影像，使自负一刻不停地努力以遮掩此一景象、突出彼一景象，将需求转变为美德，将潜能转变为事实。同样的，理性在合理化的过程中会加强并顺服于自负：于是任何事情都变得或被觉得是合理的、真实的、正当的——这就是神经症患者所依赖的潜意识前提。

协调作用亦可用以消除任何自疑，这一作用愈格外被需要，则代表整个构造愈不稳固。于是有所谓（引用一位病人的话）“盲信的逻辑”，这种逻辑通常伴随着对“绝无谬误”之坚决信仰而生。我的逻辑占优势，因为它是唯一的逻辑……不同意这种说法的人就是白痴，在与他人相处中，此种态度表现出一种傲慢的“自以为是”的态度。关于内心的问题，此种表现摒弃了建设性的探究，但同时也借着建立一种无果的确定性，而减轻了内在紧张的程度，就如同在其他神经症的关系中此亦为真确一样，相反的极端——广泛的自疑——也可使紧张得到缓解。要是每一件事都不是真的，那为什么要那么认真呢？在很多病人中，这种压倒一切的怀疑论会被隐藏起来；表面上他们似乎很诚心地接受每一件事物，但事实上却将其原封不动地抛在一边，因此他们自己的发现与分析师的建议就都会消失在流沙之中。

最后，心智乃是个具有魔力的统治者，就如同上帝之万能一般。对内在问题的认识不再是“引向”变化的步骤，此种认识本身“即是”变化，如果病人这么认为而不自知的话，那他们往往会因为没有任何障碍消失而感到困惑，对于障碍的动力变化他已经**知道**了呀！分析师也许会指出，一定还有许多他们不知道的重要因素(这的确是真的)，但是即使病人了解了其他的相关因素，事实上，情况仍会是一无所变。于是，病人会感到迷惑与沮丧。因此他们一定会无止境地探求，以便更“进一步认识自己”，这种做法本质上虽有其价值，但只要病人仍坚持不必去做实际行为的改变，而认为“认识之光”应该能消除他生活中的每一疑云时，则此种“认识自己”的探求必定是徒劳无功的。

他愈用纯智力去处理他的生活，则愈无法承认存在于他之中的潜意识因素，如果这些因素无可避免地干扰他，则将引起过度的恐惧，或者这些因素会被否认或加以合理化，这对于初次发觉本身存有神经症冲突的病人而言，尤其重要。他在片刻间便会了解到，即使靠理性或想象的力量，他也无法使矛盾变为和谐，他会因感到自己掉进了陷阱而恐惧，于是他会鼓起一切精神力量以避免面对冲突，他如何才能规避它？[①]他如何才能躲过它？他可以从陷阱的哪个漏洞逃出来呢？单纯与奸诈并不会在此共存——喔，那他可以在某些情况下表现得单纯，而

① 参见易卜生的《培尔·金特》，the Great Bogy 有关的一幕。

在其他情况下表现得奸诈呀？或者，要是他被驱策去报复且以此自傲，而又同时有着追求平静生活的观念，则他会想要追求“平静的报复”“闲庭信步地过活”“在他不理睬这些麻烦时就可以消灭侵犯他自负的冒犯者”。此种“逃避”的需求等于是他真正所酷爱之物。至今一切被用以使冲突明显削弱之苦心经营，于是变得毫无作用，但内心的“安宁”却因此得以重建。

所有这些方法都以不同的方式减除了内心的紧张，我们可统称它们为“为求缓解紧张之企图”，因为在它们当中统合力都在发生着作用。譬如，借着“分隔化”，个人将冲突的倾向解离，因此不再觉得冲突是冲突。要是一个人觉得他是自己的旁观者，则他会因此而建立起统一感，然而我们却不可能借着说“他是他自己的旁观者”而充分地去描述一个人，除非我们知道他注视他自己时所得到的观察，以及他观察自己时的心境为何。同理，“外移作用”的过程也只关系着神经症结构的某一部分而已，尽管我们知道他把什么加以外移了或如何将其外移。换言之，所有这些方法只是部分的解决方法而已。我比较喜欢提到神经症式的解决法，主要是因为它们具有第一章中我所提到过的显著特性，这些解决法也代表了整个神经症人格的发展形态与方向，它们还可决定神经症患者必须获得哪一类的满足，该逃避哪些因素；同时，也可因此而看出患者的价值谱系以及他们的人际关系。它们也决定了患者大概会使用哪种统合方法；简言之，它们乃是生活的方式。

第八章　夸张型的解决法——征服一切

在一切神经症的发展中，“脱离自我”乃是核心问题；在那些发展中，我们可发现“荣誉的探求”、“应该”、“要求”、自恨以及各种用以消除紧张的方法。但是我们仍未描述过，这些因素究竟如何在个别的神经症结构中起作用，而这乃是要看个人用来解决心灵内冲突的解决法为何而定。然而，在未讨论这些解决法之前，我们必先弄清楚，由自负系统所产生的“内在群体”以及“内在群体”中所蕴含的冲突。我们知道在自负系统与“真我”间存在着冲突，但就如我已阐述过的，自负系统本身内部也有一个主要冲突。自我荣誉化与自卑并不会构成冲突，事实上，只要我们考虑我们对于自己所产生的这两种极端相反的影像，就会认识到它们是相对却互补的自我评价——我们无法发觉冲突的驱力。但当我们用不同的眼光来看时，则这观察的结果会有所改变，并集中在下面这个问题上：我们是如何感受我们自己的呢？

“内在群体”给“身份认同”带来了一种基本的不确定性。我是谁？我是骄傲的超人，还是卑微的、有罪的且相当卑鄙的人呢？除非他是个诗人或哲学家，否则个人通常不会有意识地提出这类问题，但是这种既存的迷惑将会呈现于梦中，这种“身份”的丧失，可用很多方式直接简明地表示出来。梦者会梦见遗失护照或当他被问及身份时，却茫然无法分辨自己的身份；或者他的一个老朋友出现在梦中，但看来与他所记忆的却完全不同；或者他会注视一幅画像，但这画框里框着的只是一张空画布而已。

通常梦者不会明确地被他的身份问题所困扰，但却会用各种歧异的象征来表示他自己：不同的人、动物、植物或无生物；他可能在同一梦中既是他自己，又是圣者加拉哈[1]，而且也是恐怖的怪物；他可以同时是被绑架的受害者与绑匪，囚犯与狱卒，法官与被告，拷问者与被拷问者，受惊的小孩与响尾蛇，此种“自饰化”（自我戏剧化）显示出多种力量同时作用于此人；而且，对这些戏剧化角色的解释对于认识这些力量很有帮助。譬如，梦者避世的倾向可由梦中一个避世的人而表达出

① Galahad，亚瑟王传说中之圆桌武士之一，因其高尚而寻获圣杯。——译者

来；他的自卑可由厨房地面上的蟑螂所表示出来，但这并非自饰化的全部意义，它所发生的事实也表示出我们将自己感受为不同自我的能力，此种能力从白天在生活中对自己产生的感受与夜里在梦中产生的感受二者之间的矛盾中也可显示出来。在他意识里，他可能是个大智者，是人类的救星，是个无所不能的人；但同一个时候，在他的梦中，他可能会是个变态，是个胡言乱语的白痴，或是睡于阴沟的被遗弃者。最后，甚至在他的意识的方式中，他对自己的感觉也可能始终在傲慢的万能者与世上多余的人之间反复变化。这在酗酒者中(但决非只囿于此者)来得特别明显，刹那间他可能鹏飞九天，表现出伟大的姿态并许下堂皇的诺言，但一下子就又变得可怜和畏缩不前了。

这些感受自我的多种方式，正与既存的内在形象相符合。更复杂的可能性暂且不论，神经症患者可以自觉到荣誉化的自我，被轻视的自我，而且有时(虽然这大部分都会被阻塞掉)可感觉到他的“真我”。因此，事实上他必定会对他的身份感到迷惑不解，只要“内在群体”存在，则“我是谁”这问题便无答案。而此外更吸引我们的，乃是这些对自我的不同感受必会有所冲突，确言之，冲突必定会发生，因为神经症患者完全以他卓越而自负的自我，及他受轻视的自我来鉴定他自己。如果他自觉是个优越者，那他就变得易于夸张他的努力与奋斗，或者夸耀自己而深信自己必有所成；他会多少具有公然自大、野心、攻击性及公开要求的倾向，他感到自满，他藐视他人，他需要别人的崇拜与盲从。相反的，要是他心目中存有的是他那被征服的自我，则他便会具有感到无助的倾向，而显得顺从、阿谀，依赖他人且祈求他们的怜爱。换句话说，完全以一种或另一种自我来鉴别自我，不只惹起了极度相反的自我评价，而且也产生了对他人全然相反的态度、相反的行为、相反的价值体系、相反的驱力以及相反种类的满足。

如果这两种自我感受的方式在同一时间内发生，则他必定会觉得自己好像是被拉往相反方向的两个人，这正是完全以两种既存的自我来鉴别身份的严重性。因此，不只是存有一种冲突，而且这是一种足以将他撕裂的冲突，如果他无法去除因此而生的紧张，则焦虑必因之而生，于是他可能会借着饮酒来缓和这种焦虑。

但就像任何强烈的冲突一样，为求解决之企图通常都会自主地开始产生，有三种方式用以解释此种解决法。其一就像是《杰基尔博士与海德先生》此一故事中所陈述的一样，杰基尔博士晓得他自己有双重面目(大略言之，乃罪人与圣者，而此二者都非他自己)永久地在相互激战着。“我告诉自己，如果二者能分别处于不同的身份中，则生活中所有无法忍受的事情，必会因此减除。”于是他合成了一种药物，借此将这两个自我加以分离。如果将这故事的幻想成分除去，则它系代表着一种借“分隔化”以求解决冲突的企图，很多病人最后都会转向这种态度。他们接连地将自己感受为极其自谦，又极其崇高与夸张，却不会觉得被此种矛盾所扰乱，因为在他们的心目中，这两种自我乃是彼此分离无关的。

然而，如同史蒂文森的(《杰基尔博士与海德先生》)故事所述，此种企图是无法成功的，我们将它置于最后一章再说明，因为这种解决只是极小极小的一部分而已。有一随“合理化”形式而生的更为极端的企图(合理化是多数神经症患者的特点)，就是企图要永久而坚决地压抑其中一个自我，而使另一个自我居于上风，解决冲突的第三种方式乃是从内心激战中撤退出来，以及放弃积极的精神生活。

扼要言之，自负系统产生了两大心灵内的冲突现象：“核心的内在冲突”以及存于自负的与被轻视的自我间之冲突。在被分析的人或刚开始精神分析的人中，这些冲突并不会呈现为两种分立的冲突，这部分地是由于“真我”乃是一种潜在力而非实际的力量，而病人倾向于轻视他自己未被自负纳入的一切事项——这也包含了“真我”。基于这些理由，此二冲突似乎已合而为一，变为一种存于夸张与自谦间的冲突。只有在经过大量的精神分析之后，核心的内在冲突方会呈现为一个独立的冲突。

就目前所知，神经症患者用来解决心灵内冲突的主要方法，似乎是用以建立神经症分类的最好根据。不过我们必须谨记，我们渴求一种精密的分类，主要在于满足我们建立系统与给出引导的需要，而不能为人类生活的百态给出公正结论。谈及人格的类型——或像此地所讨论的神经症的类型——毕竟只是一种比较方便的观察性格的工具而已，而我们所用的标准乃是那些心理体系架构中的重要因素，就此种限定的意义而言，为求建立类型的每一企图必定是利弊参半。在我个人的心理学理论的架构中，神经症的性格结构乃是重点，因此，我“分类”的标准并非那些表面症状或是个人的倾向，而只能是整个神经症结构的特点，而这些特点又依个人用以解决自己内在冲突的主要方法而定。

虽然这个标准比其他许多分类学所使用的还更加广泛，但它的用途仍是有限的——因为我们必须再做许多保留与限定。首先，虽然具有相同解决方式的人都具有性格上的共同点，但有关人性的特质、天赋或所达到的成就却是迥然相异的；尤其我们所认为的“类型”，事实上只是性格的横切面——其中，神经症的过程可导致具有明显特征且相当极端的发展，不过有些无法精确分类的“中间型结构”，永远存在着一些无法决定的范畴。而且，由于精神碎裂的进展，即使在一些极端的情况下，也通常会有多种的主要解决方式并存，使得情况更为错综复杂。威廉 · 詹姆斯说过“大多数病例都是混合的病例”，“我们别太为我们的分类而骄傲”[①]，这种方法所指出的发展方向，或许比“类型”还更为准确。

在我们心目中有了这些限定后，我们就可从本书所陈述的问题中区分出三大解决方式：即夸张的解决法，自谦的解决法与顺从退却的解决法。

在夸张的解决法中，个人会较倾向于将他自己视为“荣誉化的自我”；每当谈及“他自己”时，他的意思是和培尔 · 金特一样，指代他那十分崇高的自我，或者如同一位病人所说的：“我只要生为超人。”伴随这种解决方式而生的优越感，不一定被他意识到，但是——不管意识到与否——大体而言却会大大地决定了个人对生活的态度、行为与奋斗。于是生命的吸引

---

① 参考美国心理学家威廉 · 詹姆斯所著《宗教体验的差异》(*The Varieties of Religious Experience*)一书第 148 页（Longmans， Green and Co.， 1902）。

力乃在于征服一切，这引起了克服任何障碍——内在的或外在的——之潜意识或意识的决心，并使他自己相信他应该能够，而且事实上也真能够做到。他**应该**能够克服命运的逆境、情势的险阻、智力问题上的昏乱、他人的抵抗以及他本身内在的冲突。而征服的需求之反面，乃是他惧怕任何意味着无助之事，这是他最为痛切的恐惧。

当我们在表面上观察了夸张型的行为时，我们会发现他们正以“合理化”的方式，欲凭借着智力与意志征服生活(此为实现“理想自我”的手段)，而且倾心于追求“自我荣誉化”、极富野心的事业及报复性的胜利。而且，除却前提、个别观念与专门术语的差异外，这乃是弗洛伊德与阿德勒对这种人所得到的观察结果(他们认为这些人被自恋性的自夸与凌驾他人之需求所驱策)。然而，当我们更进一步地分析这些病人后，就会发现存在于他们之中的自谦倾向——这种倾向，病人不但已将之压抑，而且对之甚表憎恨与厌恶。我们首先观察到的，乃是他们自己的某一个面向而已，他们将此佯装为是自己的整体，以便能创造一种主观的“统一感”。他们之固执地坚持夸张的倾向，不只由于这些倾向的强迫性[①]所致，而且还为了要从知觉中

① 就如本书第 1 章所描述的那样。

除去一切的自谦倾向以及一切自责、自疑、自卑的迹象。只有循此方法，他们才能维持优越与征服的主观信念。

就此而言，最危险的是在于个人知道了有些“应该”是他所无法实现的，因为这会引出罪恶感与自卑感。由于事实上，没有一个人能够满足他所有的“应该”，所以绝对有必要使用一切有效的手段对自己否认他的“失败”。于是借着想象、强调“长处”而掩饰“短处”、行为上的完美主义与外移作用，他努力尝试在心目中维持一可资为傲的自我形象。他必定会无意识地虚张声势，且装作相当聪颖、相当慷慨、相当正直地生活着。在任何情况下，他必不会发觉到与他“荣誉化的自我”相比，他仍存有肉体上的差距。就与他人的关系而言，以下两种情感必有一项是较为明显的：他可能意识地或潜意识地以能蒙蔽他人——由于他的自大及对他人的轻视，他相信他果真能如此——为傲。相反地，他最怕自己被愚弄，而且觉得这是一种奇耻大辱；或者他会具有一种作为骗子的潜在恐惧，这种恐惧要大过其他类型神经症患者心中的恐惧。譬如，即使他凭真诚工作而获得成功与荣誉，他也依旧会觉得他是借蒙骗他人而获得的，这使他对于批评与失败，或对于失败的可能性，或人家指责他的虚张声势，都变得过于敏感。

这一大组里还包含了许多不同的类型，任何人都能通过简单的观察，从病人、朋友或文学的角色中找到相应例子。这些个别的差异中，最关键的乃是有关享受生活的能力及待人的积极(正向)情感。譬如培尔 · 金特与海达 · 加布勒都是他们自己的加强版——而他们在情绪方面的差异是多么大啊！其他有关的差异，乃依各类型为从知觉中消灭对自己“缺点”的认识而所采取的方式而定，而他们所做的“要求”、对“要求”的辩护以及维护“要求”的手段之性质彼此也不相同。至少我们必须考虑“夸张型”的三种更细的分类：自恋型、完美主义型与自大报复型。对于前二者我只想做简短的讨论，因为他们在精神医学文献上已充分地被讨论过了，而最后一项我将详细地加以讨论。

我有点踌躇地使用自恋这个术语，因为在过去弗洛伊德的文献中，它的内涵不分皂白地包含了各种自夸、自我中心、有关个人福祉之焦虑以及从他人关系中之退缩①。此地我所采用

① 请参考《精神分析新法》一书中对此一观念之讨论。此处所提的观念与该书之差异为：在该书中我强调自夸(self inflation)，我从他与别人之脱离、自我之丧失以及自信之不全而导出此一说法。当然这些依旧是正确的，但据我目前所了解的，导致“自恋”的过程更为复杂。我喜欢用“自恋乃是觉得自己与理想化的自我相仿”的意义，来区别“自我理想化”与“自恋”。自我理想化发生于所有的神经症之中，而且代表着一种为求解决早期内在冲突之企图；另一方面，自恋乃是用以解决夸张与自谦驱力之间冲突的一种方法。

的乃是其本义："喜爱个人的理想化影像。"[①]更明确地说：个人将自己与他"理想化的自我"等同，而且羡慕它。这种基本的态度使他具有其他类型的人所完全缺乏的愉悦与活泼；它给了他相当丰富的自信，这是那些为自疑而烦恼的人所艳羡的。在意识上，他没有任何疑问；他是救世主、命运的主宰、预言者、伟大的施舍者、人类的恩人。不过这里也包含了一点真实性，他常具有超凡的天赋，年幼时就能轻而易举地赢得殊荣，而且有时是最得宠且令人夸赞的小孩。

他之坚信他的伟大与独特，乃是我们用以了解他的关键之所在。他的愉悦与恒久的青春，乃由这源泉而产生，他惑人的魅力亦然。明显地，他虽具有天赋，但却地基不牢，无法持久。他会不断地谈及他的功绩或奇才，他持续需要别人的崇拜及热爱以使自己恒久地确信他对自我的评价。他的征服感，在于他坚信他无所不能以及战无不胜。他常真的是十分迷人的，特别是他给新人的感觉。不管他们对他是否真的重要，他"必须"要给他们留下好印象，他给他自己与别人以深刻的印象：

① S. 弗洛伊德，*On Narcissism: An Introduction*， Coll， apers IV， 以及 Bernard Glneck， "The God Man or Jehovah Complex"， *Medical Journal*， New York， 1915。

他“爱”人们。而且他慷慨大方、真情流露、才智横溢、甜言蜜语、乐于助人——以求他人之崇拜，或回报他所接受的他人的热爱。他赤诚地帮助家人与朋友、贡献工作与计划。他能容忍而不强求他人必定完美无缺，他甚至能忍受别人开他的玩笑，只要这些玩笑能使他显得态度和蔼可亲；然而唯有一点，他必须未曾严正地被质问过。

他的“应该”和其他形式的神经症一样不可阻挡(在精神分析中所呈现的)，但利用魔杖去对付“应该”乃是他的特征。他那种忽略缺点或将其转变为美德的能力似乎是无限的。清醒的旁观者会认为他肆无忌惮，或至少是不可靠的。他似乎不介意于毁约、不忠实、负债、欺诈(想想约翰·加布里埃尔·博克曼)等行为。然而，他不是个有预谋的掠夺者，他只是觉得他的需求与任务是如此重要，因此他们有权让自己享受每一种特权。他并不怀疑他自己的“权利”，并期待别人“无条件地爱”他，而不论他已如何地侵犯了别人的权利。

他的困难呈现在他与人们的关系上以及他的工作中。在本质上，他乃是与别人无关的此一特点，必定会在亲密关系中表现出来。一个最简单的事实，别人都会各有他们自己的愿望或意见，他们也会对他吹毛求疵或反对他的缺点，他们会期望他做某事——所有这些他都会觉得是不堪忍受的屈辱，且会引起郁积于心的气愤。于是他会有一天忍不住大发雷霆，然后去到更“了解”他的人那里，因为这种过程大都发生在他的亲密关系中，因此他常感到很是孤寂。

呈现在他工作生活中的困难是多重的，他的计划常过于夸张，他不会承认任何限制的存在，且过于高估自己的能力，他的追求过于繁杂，因此极易失败。虽然他的恢复能力赋予了他东山再起的能力，但是另一方面，事业之经营与待人处事上的反复失败（被排斥）也对他前后夹击。此外，一度被搁置的自恨与自卑这时也会全力产生作用，他会陷于忧郁中，或表现出精神病的症状，甚至于会自杀（比较常见），或经由自毁的冲动，遭遇事故或病死[①]。

最后，我们提提他对生活的感觉，表面上他相当的乐观与外向，希冀快乐与幸福，但却会隐伏着失望与悲观。他用“无限”和达成梦幻般的幸福为尺度来衡量自己，因此难免会感受到生活中的痛苦矛盾，只要他居于浪尖上，他就不能接受自己

---

① 詹姆斯·巴里（James M. Barrie）在他的著作 *Tommy and Grizel*（1900 年，Charles Scribner's Sons 出版）中已描述过此种结果。也可参考 1949，Random House 出版，亚瑟·米勒（Arthur Miller）所著的《推销员之死》（*The Death of a Saleman*）。

在任何事上的失败，特别是在征服生活方面。问题并非在于他，而是在于生活本身。因此，他会觉得生活就是一个悲剧，但他所看到的悲剧特质并非原本就存在的，而是由他所带来的。

第二种细分的类型，沿着完美主义方向行动，他与自己的标准认同。这一类型的人因为他崇高的标准、道德与智慧而自感优越，他凭此而藐视他人。不过他那种对别人狂妄的轻视却隐藏(他自己也无法预知)在文雅的友善之后，因为他的标准也抑制了此种“不合规则的”情感。

他为掩饰无法实现的“应该”而采用的方式是双重的；与自恋的类型相反，他借着负责任、尽义务，借着温文有礼的态度，借着不明显撒谎以尽最大努力满足他的“应该”。当我们一谈及完美主义型的人们时，常会想起那些秩序井然、过分呆板与守时的人，或必须选用最适当的话才说，必须打最合适的领带、戴最适宜的帽子的人。但这些只是他们需求获取最高杰出成就的表面现象而已，真正重要的并非那些繁琐的细节，而是整个生活行为的完美与杰出。然而，因为所有他所能完成的都是行为上的完美，所以需要其他的设计，即把他心目中的标准与事实等同起来——知道道德价值与成为一个善人。在这其中所包含的自欺乃是他最不能预知的，因为他会强调其他人真的都在依据此完美标准而行，而轻视那些不能如此做到的人。于是他的自责因此而外移了(转移到别人身上)。

为了证实他自己的意见，他需要别人的尊敬，而不需赤诚的羡慕(他有轻视羡慕的倾向)。如前所述，他的“要求”相对而言不是建筑在对自己之伟大的“纯朴”信仰上，而是建筑在(如第二章“神经症的要求”中所述)他与生活所订的“密约”上。因为他是良善、公平而负责的，所以他有权享受别人或生活的优厚待遇。对于生活中那些绝对可靠的公正信念给予他一种掌控感，因此，他自己的完美不只是达成优越之手段，而且也是支配生活的工具。意外横财或飞来横祸的想法，对于他是陌生的，因此他自己的成就、财富或健康，就只能是他具有美德的明证。相反地，任何降临他身上的不幸——诸如小孩身亡、意外灾祸、妻子不贞、失业——则会使这个看来很正常的人濒临崩溃，他不只愤恨厄运之不公平；尤有甚者，他精神生活的基础会因之而动摇，它使他的整个“计数系统”失灵，而且恐怖地追忆起无助的景象。

还有其他一些事会使这一类型的人面临崩溃，如我们在讨论“应该之暴政”时曾提到的：他认识到了自己所犯的错误或失败，以及他发现自己被绊于矛盾的两个“应该”之间。正如“不幸”已将他的立足之地摧毁一样，对于他自己的“易出错”之了解亦有相同效果。于是一直居于抑制地位的自谦倾向与阴魂不散的自恨，将会走到前台来。

第三种类型，则是向着“自大报复”而发展，他与他的自负互相认同。他生活中的主要动力是他需要胜利的报复。就如哈罗德 · 克尔曼有关创伤神经症所描述的[①]，此处报复成为生活的方式。

需要“胜利的报复”乃是荣誉探求中的正常成分，因此，我们的注意力便不在于有关此一需求的存在，而是在于它势不可当的强度上，此种胜利的意念如何才会支配一个人费尽毕生之力以追求它呢？的确，它必定是由许多有力的原因所促成的；但只凭对这些原因的了解，并无法充分解释它那无法克服的威力。为了获取更完全的了解，我们仍需由其他视角来研究这个问题。即使在正常人身上报仇与胜利的需求的震撼力也可以是深刻的，但它却常因三项因素而限制在一定的限度内：

---

① Harold Kelman，“创伤综合征”（The Traumatic Syndrome），美国精神分析杂志，Vol VI，1946。

爱、恐惧与自卫。只有当这些抑制暂时或永久地不起作用时，“报复”方会侵入整个人格之中，而使它完全朝着报仇与胜利的方向发展，就如美狄亚[1]那样。在这种类型里，“报复”正是有力的冲动与不足的抑制作用两种过程的结合，这也说明了报复的大小。伟大的作家们已直觉地了解到此种结合，且以远超过精神医学家所预期的更感人的方式将之描述出来。譬如，我所想到的：《白鲸记》中的阿哈布船长，《呼啸山庄》中的希斯克利夫以及《红与黑》一书中的于连等都是。

我们将从描述报复如何表现在人际关系中来开始我们的讨论，一股对胜利的强迫性需求，使他变得极富斗争性。事实上，他无法忍受任何比他知道更多或成就比他更大的人，也无法忍受掌握比他更大权力的人以及那些怀疑他的优秀的人。不可自主地，他必须把他的对手拉下来或战胜他。即使为了职业，他有时得低声下气，但他仍旧计划图取最后的胜利。他不受忠实感的束缚，且甚易变得奸诈。他孜孜以求地工作，但实际的成就仍须依他的天赋而定。虽然他有计划有远虑，但却常一事无成，不只因为他不精进，而且因为他（就如我们即将发觉

---

① Medea，希腊神话中科尔基斯国王之女，以巫术著称。——译者

的）过于具有自毁心理。

他报复性的最明显表现就是暴怒，这些报复的激怒魔力是甚难克服的，即使他自己也会感到惊骇，恐怕他会失却控制，而做出不可挽救之事。譬如，病人在酒精影响之下——亦就是说在他们平常的控制未发生作用时真的会担心自己杀人。报复行为的冲动，可以强烈到凌驾于通常用以管制他们行为的谨慎态度之上。当他们陷于报复性的暴怒中，他们的生活、他们的安全、他们的职业、他们的社会地位真会濒临险境。举个例子，司汤达的《红与黑》一书中，于连在看完毁谤他的信后，遂将德·雷纳尔夫人射杀了，以后我们就会了解这种行为的鲁莽性。

比这些更重要的，报复情感之突发所形成的是一种永久性的报复，这一类型的人在其待人的态度里都弥漫了这种情感。他确信每个人根本上都是险恶不正的、友善的姿态都是伪装的，除非他人已证明自己是诚实的，但即便如此，一旦有风吹草动他也会保留怀疑的余地。就他待人的行为而言，他表现出公然的狂妄，通常是粗暴无礼的，尽管有时这种狂妄会被文质彬彬的虚伪外表所掩饰。他会以一种精巧或粗劣的方式，自知或不自知地侮辱他人及剥削他们；他会不顾女人的情感而利用她们来满足他的性欲，基于看来似乎是“天真”的自我中心，而将人们当成是他达成目标的工具。因为下述这些人可以为他的胜利需求而尽力，所以他常与他们来往：在他的生涯中可用做跳板的人，那些他所能征服与压制而且具有影响力的女人，能灌输以盲目的认识并加强他权力的随从。

就摧折他人而言，他是个老练的人——摧折他们的希望，摧折他们对于关怀、安全感、时间、陪伴、享受之需求[1]。当别人抗议此种作为时，他会觉得别人实在是神经过敏了。

在精神分析中，当这些倾向明显地减除后，他也许会将它们视为一切人反对一切人的斗争中之正当武器，他如果不保持警惕，或不将精力用于自己的防卫，那么他就是傻瓜，他必须永远准备反击，而且不管在任何状况下，他都必须是个不可战胜的胜利者。

他待人的报复态度，最主要的表现在于他所做的“要求”的种类与维护“要求”的方式。虽然他不会公然地提出这些“要求”，而且全然不知他具有或做出了任何“要求”，但事

---

① 我与其他人都将大部分的报复表现描述为“虐待狂倾向”(Sadistic trends)，“虐待狂的”这个术语焦点在于使用权力使他人感到痛苦或侮辱他人时所获取的满足——兴奋、震颤、喜悦——无疑地可包括性的或非性的。“虐待狂的”这个术语在这种意义上是足够用的。我之所以利用“报复性的”以代替“虐待狂的”的一般用法，乃因为所谓虐待狂的倾向乃是以报复性的需求为最重要的激发力。也可参考卡伦·霍尼《我们内心的冲突》，第12章“虐待狂的倾向”。

实上却会觉得他的神经症需求有权受人敬重，而且他可以轻视别人的需求与愿望。譬如，他觉得他有权全然表达他那令人不快的观察与指责，但却同时又自觉有权不受批评。他有权决定多久看望一次朋友，与决定每次见面时做什么事，但相反的，他也有权不让他人在这方面表达他们的期望或异议。

不管用什么来说明这些“要求”的内在必要性，它们都表达了对他人的轻视。要是这些“要求”无法达成时，则会引起讨伐性的报复——这可以表现为从烦躁不安乃至愠怒、使人产生罪恶感以至公然发火。一方面，这些乃是因他感到挫折而产生的愤怒反应，但是这些情感的表现也是一种胁迫他人之方法，希望镇压他人之反抗。反之，要是他不坚持他的“权利”或未讨伐他人，则他会因为自己“变得懦弱”而对自己感到愤怒并责备自己。在精神分析中，当他抱怨他的抑制与“顺从”时，他是不自觉地在表达他为这些技巧的不完美而感到不满，而这些技巧的改善，乃是他私下所期待的，可望从精神分析中得到的结果之一。换言之，他不想克服他的敌意，只希望受到较少抑制或更有技巧地表达它，如此他必定可以变得让人敬畏，从而驱使每个人迅速完成他的“要求”。这两项因素对于他的不满不啻为一种奖励，而且他真的就是个长期不满的人，在他的心目中，他变成这样事出有因，而且他必定会很乐意要让别人知道所有这一切(包括他的不满)，尽管可能都是潜意识的。

一方面，他会用他优越的特质来为他的“要求”辩护，他所自认为的特质即是指他高人一等的学问、“智慧”与远见。更特别地，他的“要求”乃是因他的受害而应获得的“补偿”。为了强化这种“要求”，他需要珍视并一直激活他所受到的伤害，不管是往昔的还是最近的，他会自喻为“永不健忘的大象”。他所不了解的乃是他对牢记他人的“轻视”之强大兴趣，因为在他的想象中，这些轻视就像是世人该付的账单。为他的“要求”辩护之需要，以及他因“要求”受挫所表现出的反应形成了一种恶性循环，定时供给他以报复的燃料。

报复也自然地渗入了精神分析的关系内，且以许多方式表现出来；它就是所谓“负性治疗反应”[①]中的一部分，此种反应乃意味着在建设性的前进之后所造成的急性状况恶化。大体而论，对人们或对生活的任何接近，事实上必定会使他的“要

① 参考弗洛伊德《自我与本我》，Institute of Psychoanalysis and Hogarth Press; London，1927；卡伦·霍尼“负性治疗反应的问题”，*Psychoanalytic Quarterly*，1936；米里埃尔·艾维米 “负性的治疗反应”，《美国精神分析杂志》，Vol. VIII，1948。

求”以及他的报复所由生之产物濒于险境。只要这种报复性主观上对他是绝对必要的，则他在精神分析中必定要对此加以防卫；这种防卫只有一小部分是明确而直接的，病人会坦白地宣称他决不放弃他的报复：“你别想从我手中夺取它！你想让我变为好好先生吗？它带给我刺激，它让我觉得我还活着，它是力量”，等等。他的大部分防卫都表达得微妙而委婉，分析师了解它所可能的表现形式在临床上是非常重要的，因为它不只会耽搁分析的进程，而且可能会破坏了整个精神分析。

它可主要通过两种方式做到这一点，它能够影响（如果不是支配的话）分析的关系。于是，打败分析师可能看来比取得进步更为重要，而且（这一点不太广为人知）它可决定他所感兴趣解决的问题。再以极端的例子说一遍，病人对会导致较大报复的各种事物感兴趣，即那些会立刻发挥效力且不必他付出代价来执行的，那些可以优雅且沉着地实现的报复。此种选择性的过程，并非借意识的推断，而是靠一种不会失败的确信之方向性直觉；譬如，他会特别希望克服他的顺从倾向，或克服他的无权利感。他想要克服他的自恨，因为在对抗世人的战斗中它使他变得懦弱。另一方面，他不愿意削减他自大的“要求”以及被别人苛待的感觉，他会出奇固执地抓住他的“外移作用”。事实上，他完全不愿分析他的人际关系，而一味强调有关这方面他希冀不要被打扰。于是整个分析过程便很容易让分析师搞昏了头，直到他了解此种具选择性的过程所包含的那种不可克服的逻辑时为止。

此种报复的来源为何？它的强度由何而生？正如其他的神经症发展，这乃是起源于孩提时期特别恶劣的人性体验以及极少(如果有的话)的补偿性因素。纯粹的暴行、羞辱、嘲笑、冷落与严重的伪善，这些特别会打击小孩且引起他高度的敏感。成年累月在集中营忍耐过的人告诉我们，他们只能凭抑制他们柔弱的情感——特别是包括对自己或他人的怜悯——方能幸存。我觉得处于我刚描述过的那种环境下的小孩，为了生活，也必定要历经此种艰难的过程。他会做许多令人怜悯而无结果的尝试以求赢得同情、关怀或喜爱，但最后却放弃了所有柔弱的需求。于是他渐渐地“判定”真正的爱不只是他所无法获得的，而且根本就不存在，最后他不再希求它了，甚至于会鄙视它。然而，这是一种具有重大影响的步骤，因为需求爱、人性温暖、亲切乃是发展我们值得被爱之特质的有力激发力。被爱的感觉——甚至变得值得被爱的感觉可能是生活的最大的价值之一；相反的，如同我们下几章所要讨论的，觉得自己并不可爱，将会造成深刻的悲痛。报复型的人试图以简单而激烈的方法除去此种悲痛，他已确信他之不可爱并对此不再关心，因此他不用再焦虑地期望，且至少在他的心目中，他可给他那满腔的愤恨以自由的地盘。

这就是后来我们在这一过程充分发展之后所观察到的，也是我们的起点：报复的表现可能会受到谨慎顾虑或权宜之计的抑制，但却很少因同情感、爱怜或感激而抵消。为了了解当人们希冀他的友谊与爱时，此种压服积极（正向）情感的过程何以依旧存在，我们必须研究他用以求生的第二种工具：他对未来的想象与幻想；他目前甚至未来会比“他们”更好，他将成为伟人而使他们感到羞惭，他会向他们显示他们如何地冤枉了他、如何错误地低估了他。他将成为伟大的英雄（在于连的例子中的拿破仑）、迫害者、领导者与获得万世英名的科学家。这些为求辩白、报仇与胜利的可理解的需求产生了一种驱策，它并非单纯的幻想，他们决定了他生活的进程，他使自已在胜利与胜利之间驰骋，他活着以期待“那一天”的来临。

对胜利以及“否定积极的情感”的需求，都是起源于不幸的孩提时代，因此一开始，它们就密切相关，因为它们彼此互相加强，所以它们始终都是如此地一成不变。情感的硬化，原来是为求生存的需要，它可以使得“胜利地征服生活”之驱力得以无碍地发展。但这种驱力，具有伴之而生的无餍自负，最后变为一头巨兽，将变本加厉地吞噬所有的情感。爱、怜悯、体恤等一切人际关系，都被觉得是通往荣誉之路的束缚，因此这种类型的人将长久地处于冷漠与孤独之中。

毛姆(Maugham)在西蒙·芬尼莫尔[①]的性格中，曾将此种对人类欲望的有意压服描述为一种意识的过程，西蒙迫使他自己去拒绝并破坏爱情、友谊与每一件能使生活愉悦的事物，为了要做个极权政治下能“审判”的独裁领袖。在他本身或别人身上不可以有任何一种东西足以打动他，为了报复的胜利，他牺牲了“真我”，这是作家在自大报复型的人中，通过对他们无意识的所作所为的细致观察而获得的见解。允许任何人性的需求，对他们而言，变成一种卑鄙懦弱的象征。在做了大量分析工作后，情感开始显露，这些情感将会使他厌恶且令他恐惧；他觉得他“变得懦弱”了，同时这些现象也会加强他的虐待狂倾向，或令他带着自杀冲动转而攻击自己。

迄今，我们已看清他人际关系的发展，循此方式，他的大部分报复与冷漠将变得更加容易理解，但在此我们仍留下许多问题——有关主观价值与报复强度之问题，有关他的“要

① 见W. S. 毛姆《圣诞假日》，Doubleday，Doran and Co.，1939。

求”所具有的残忍性问题，等等。如果我们将焦点放在心灵内的因素，而同时去考虑它们对于人际间特定的影响，则对此我们将可获得通盘了解。

在这方面，主要的激发力在于他对自我辩护的需要。他觉得自己像是个贱民，因此他必须证明自己的价值，而他只有借着向自己夸耀其超凡的品行与特殊的能力(具体为哪一种乃依其个人的需求而定)，方能满意地证实它。对于一个像他那样孤立且具敌意的人而言，不需要他人毋宁是首要的优点。因此，他会发展出一种如神般自足的显著自负，他会变得过于自负而不需要求任何事，而且不能诚恳地接受任何事。接受结果对他而言是如此地具屈辱性，以至于所有感激的情感都无法浮现，因为他已抹杀了积极的情感，所以他只能依赖他用以征服生活的智力。因此他对智力的自负达到不寻常的程度，他为自己的警醒、能智取他人、有先见之明，或能计划而自负。此外，生活对他而言，一开始就意味着一场一切人反对一切人的残酷斗争。因此，具有“不可战胜”的力量，同时变得神圣不可侵犯，这不只是他梦寐以求的，而且是不得不如此的。事实上，就像他的自负变得像吸干一切一样，他之“易受攻击”也到了不堪忍受的地步。但他却不允许自己感觉到任何伤害，因为他的自负阻止了它；如此一来，原来为了保护真实情感而生的

“硬化过程”，现在必须集中所有的动力以求保护他的自负。于是他的自负现在高居于伤害与痛苦之上，小自蚊子大至意外或任何人，无一事物而且无人能够伤害他。然而这种方法却是双面的，他对自己所受到的伤害毫无意识上的感觉，使他得以不必忍受任何长期深刻的苦痛而生活着。然而，令人怀疑的是，对受伤的知觉性之消失，事实上是否会降低他的报复性冲动呢？换句话说，由于知觉的减低，他是不是会变得更凶猛或更具破坏性呢？对报复的知觉必定也会同样减低，于是在他心中，它转变为对所犯错误的正当义愤，转变为处罚犯错者的权利。并且，一旦“伤害”穿透了“不易受攻击”的保护层，则此番所感受到的苦痛将是不堪忍受的。除了他的自负受损外（譬如，因不被承认而受伤的情况），他还会蒙受自己“允许”某事或某人伤害他的这一屈辱的“耳光”，此种情势对这个曾经显得不介意苦乐的人而言，会引发一场情绪崩溃。

他深信自己乃是神圣不可侵犯的，而且以“不易受攻击”为傲，与此心理相似甚至可以补足它的，就是豁免与免除（惩罚）的心理。此种纯乎无意识的心理，是来自他觉得他有权任凭己意地对待他人，而他人却不可介意或企图向他报复。换言之，没有人能够伤害他而免受惩罚，但他却可伤害任何人而不受惩罚。为了了解这种“要求”的必要性，我们必须再考虑他待人的态度。我们已知道他易于经由具战斗性质的“公理”、自大的惩罚倾向以及他公然地将这些作为达成目的的工具之态度而冒犯他人，但他似乎仍未表现出任何敌意；事实上，他已大大地将敌意减轻了。诚如司汤达在《红与黑》一书中所描述的，于连要不是被不可控制的报复性愤怒所侵犯的话，他原本是很能自制的，而且相当谨慎。于是对于这种类型我们得到了一种奇怪的印象，鲁莽与小心并存于他待人的态度上，而这个印象恰好正确地反映出那些作用于他身上的力量。的确，他必须让别人觉得他能在他的义愤之间，以及在忍受此种义愤之间维持平衡；而驱策他去表现义愤不只是由报复冲动的大小而决定，而且更与他之需要胁迫别人、使别人敬畏于他握紧的拳头有关。同时，此种需要是如此的急切，因为他认为找不到与别人和平解决问题的途径，因为这是用以维护他“要求”的工具，而且——更普遍的——因为在一场一切人对一切人的战斗中，采取攻势乃是最佳的防卫。

另一方面，他也因恐惧而减轻攻击性的冲动。虽然他觉得自己何其伟大，而不允许任何人以任何方式威逼他或影响他，但其实，他是惧怕人们的。由于很多因素结合而酿成了此种恐惧，他怕别人会因他潜在地攻击他们而报复他；他怕如果他

"做得过头"，则别人会干涉他所设下的与别人有关的任何计划；他怕他们，因为他们确实有能力伤害他的自负；他怕他们，因为他为了证明自己的敌意是正当的，在他心目中他必须夸大别人对他所表示的敌意。然而，对自己否定这些恐惧，并不足以消除恐惧；他需要一些更有力的保障。为对抗这种恐惧他无法不表达报复性的敌意——但他又必须在毫不觉恐惧的情况下表达出这种敌意。对豁免的"要求"，于是会转变为对成功豁免的错觉信念，如此一来似乎解决了这一左右为难的状况。

最后一项所要提到的自负，乃是有关诚实、公平与正义的自负。不用说，他既不诚实、不公平，也不正义，而且他也不可能拥有这些德性。换言之，如果有人无意识里决心不顾事实而通过蒙骗过日子，那么这个人必是他。但是只要我们考虑他的前提何在，那我们就可了解他会相信他高度地具有这些品性。反击或更加可取的"先发制人"对他而言，乃是对抗身边那些行为不正的人，以及对抗敌对者所必需的武器(理当如此！)，它只不过是一种智慧的、正当的自利行为。而且，他并不怀疑他的"要求"、他的生气以及它们的表现之正确性，就他而言，这必定是完全正当而且"丝毫不必掩饰"的。

尚有另一因素，大大地促使他确信他是个特别诚实的人，而且基于其他理由，提及它乃是重要的。他发现他周围有许多佯装比他们实际上还仁慈、还富同情心，还慷慨的人，在这一方面他的确更加诚实。他并不伪装为友善的人，事实上他鄙视此种作为。如果他将讨论限制在“至少我并不伪装……”的层次上，则他尚还处于安全之境，但是因他欲证明他自己的冷漠乃是正当的，他遂采取更进一步的步骤。他倾向于否定有所助益的愿望或友善的行为是真实的。理论上，他并不否认友善的存在，但当它真的发生在具体的人身上时，他却易于不分皂白地将它视为“伪善”。于是此种步骤再度使他臻于众人之顶，使他觉得他自己有别于一般的伪善庸众。

对于伪装之爱之深恶痛绝，远比他对自我正义化的需求具有更深的根源，只在经过相当的精神分析之后，他方会像每一夸张型的人一样，呈现出自谦的倾向。因为他把自己当成完成一种最后胜利的工具，所以掩饰此种倾向的必要性要比其他夸张型者来得更为迫切。当他感到可鄙与无助，以及为了被爱而使自己有屈服的倾向时，就会发生周期性的变化。这时我们才了解他不只鄙视他人身上的伪装之爱，而且轻视他们的顺从、自甘堕落以及他们对爱的无助的渴求等性质；简言之，他憎恨并蔑视他自己的自谦倾向，也轻视他人的这种倾向。

自恨与自卑此时呈现了惊人的重要性，自恨总是残酷不仁的，但它的强度与效应乃依两组因素而定：其一，个人受自负支配之程度；另一组因素则为建设力所能抵消的自恨的程度，此处建设力乃指对生活中正向价值里的信仰、生活中建设性目标的存在，以及针对自己的某些温暖或欣赏性的情感。因为在具有攻击性的报复类型中，所有这些因素都是不适当而且不利的，所以他的自恨会比一般病例更具恶性的特质。即使不在精神分析的状态下，我们也可观察出，他乃是他自己的残酷监工；也可以观察出，他摧折自己的程度已到何等地步，且他会将这些摧残美化为禁欲主义。

此种自恨需要严厉的自卫方法，它的外移作用似乎只是一种自卫；就像所有的夸张型解决法一样，它会是一种积极的外移。他憎恨并鄙视别人身上所具有的他在自己身上也压抑或憎恨的东西：他们的自发性、他们的生活乐趣、他们的姑息倾向、他们的顺从、他们的伪善、他们的“愚蠢”。他将自己的标准加诸别人身上，当他们无法符合这些标准时，他就惩罚他们。他挫败他人，部分是由于“自我挫败”的冲动，因此他对别人那种看来充满报复性的惩罚态度，乃是一种混合的现象。它一方面是报复的表现；另一方面则是他对自己自责的惩罚的外移；而且最后，它被当作是为了维护自己的“要求”而威逼他人的手段。在精神分析中，这三种来源都需各别加以处理。

为了保护他自己以抵抗自恨，最显著的乃是他必须不知道他之“未依内心的指使而达成他所应该达成的结果”。除了他的外移作用外，这方面的主要防卫，乃是他“自以为是”的甲胄，它是如此之厚而不易穿透，因此它常使他变得不近情理。对于可能引起的争论，虽然有些叙述的真实性，只要被他认为是敌意的攻击，他就会对其中表达的事实毫不在乎，而且会自动反击——就像是头被触到的豪猪一般。他甚至于完全无力去考虑那些可能对他的正直发生怀疑的任何问题。

他用以保护自己，以免于了解自己任何缺点的第三种方法，就是对别人的“要求”。在讨论这些时，我们已强调过他所具的报复性元素会“夸张自己的权利而否定他人权利”；他虽具报复心，但如果不是出于为了保护自己以抵抗自恨的猛攻之有力需要，他对别人的要求本可显得更为合理。就此来看，他的“要求”，就是别人的行为应该要遵循一种不致引起他的自疑或罪恶感的方式而行。如果他能使自己确信他有权剥削或挫败他人，且他人不致因此有所抱怨、指责或愤恨，则他可以避免知道他有剥削或挫败他人的倾向；如果他觉得有权要他人不期盼温柔、感激或体恤，则他们的挫折将只是他们的厄运，而不是他待他们不善的缘故。一旦他允许自己动摇——或是自己在人际关系上的败绩，或是别人之有理由憎恨他的态度所引发，这种怀疑就会像是河堤的缺口，自责的洪流将由此冲破并扫尽他整个虚假的自信。

在我们认识了自负与自恨在这一类型中所担任的角色后，我们不只对作用于他内心的力量有了更正确的了解，而且也可改变我们对他的看法。只要基本上我们仍将焦点集中于他对于人际关系的表现如何，我们就可将之描述为自大的、无情的、自私自利的、虐待狂的——或其他代表敌意攻击的描述。这些之中任何一项都是正确的，但如果我们了解他之深深桎梏于自负系统的机器中，了解他必须尽力而为以免被他的自恨所压垮时，那我们会把他当成是个挣扎求生的受困者。后面这一观察与前面的对他的结论都是真实的。

我们由不同的眼光所观察到的这内外两种不同结果，其中一种会不会比另一种来得更重要或更根本呢？这是一个难以作答的问题，也许是无解的。当他不愿反省他与别人相处的困难时，以及当这些困难其实是微乎其微时，精神分析能从他的内部斗争找到切入点。某种意义上说在这一方面，他是易于被碰触到的，因为他的人际关系相当不稳定，所以他极其焦虑地想要避免去触动它们。但仍有一客观的理由存在，使我们在精神分析中，可首先处理他心灵内的因素。我们已经知道这些因素正以很多方式，使他产生了自大报复心的显著倾向。事实上，如果我们不考虑他的自负及自负之“易受攻击性”，则我们无法了解他自大的高度；或者，要是我们不先晓得他需要保护他自己以抵抗自恨，那我们就无法了解报复的强度如何。更进一步说：这些不只是加强的因素，而且还使得他那具有敌意的攻击倾向变得具有强迫性。这就是分析师虽想直接处理敌意，而却注定无效与徒劳的主要理由。只要促使这种敌意变成具强迫性的因素还长久存在的话（或者说，只要他对它还完全无能为力），病人就绝不可能会对了解敌意感兴趣，也不会乐意去反省它。

譬如，他之需要报复性的胜利，的确是一种具有敌意的攻击倾向，而他之需要向自己证明自己的价值，却促使它变得具有强迫性。此种欲望原本并非具有神经症的特性，因为他从人类价值的阶梯之卑微处出发，因此他必须证实他自己的存在，证明他的价值，但紧接着，需要重建自负并保卫自己免受隐伏的自卑之攻击，使得这种欲望变得更为急切。同样的，他之需要正确以及由此而生的自大的“要求”（具战斗性及攻击性的），也为了要避免产生任何自疑与自责而变得更具有强迫性。

最后，他那种对人吹毛求疵、无情讨伐的与谴责的态度，以及一切促使这些态度变得具强迫性的因素，都是因为他极度需要将他的自恨“外移”而产生的。

此外，如同开始时我所提出的，如果平常用以阻遏报复心理的力量失灵了，那报复心理往往会更急速地发展，心灵内因素乃是造成阻遏作用失灵的主要理由。舍弃温柔的情感，始于孩提时代而被描述为是一种硬化的过程，这种过程由于他人的态度与行动而变得十分必要，它意味着保卫自己以抵抗别人。使自己无感于痛苦的需要，旋即被他自负的“易受攻击性”所加强，而且因“不易受攻击”的自负而达于极点，他对人性温暖与爱之愿望(包括给予或接受)，最先是受到环境的阻挠，后来则为了求取胜利而牺牲了，最后更因他接受了自恨的判决而被冻结了，此种自恨把他污辱为是不值得爱的。这样，他就可以转攻他人，因自己已没什么可失去的了。他无意识地接受了罗马皇帝的箴言：Oderint dum metuant①，也就是说：“毫无疑问的，他们不可能爱我，他们肯定也憎恨我，因此，至少他们是怕我的。”此外，正常的自私心理，在某些情况下可用以制止

① 意为：“只要他们怕我，不怕他们恨我。”出自公元1世纪罗马帝国暴君卡利古拉(Caligula)之口。——译者

报复性的冲动，但由于他极度藐视他个人的福利，因此这种心理始终是陷于低谷之中；甚至于在某种范围内依然发挥作用的对他人之恐惧心理，也都被他那种“不易受攻击”与应该“豁免”的自负所压制了。

就失去阻遏作用而言，有一因素特别值得一提。就是他真有一丝丝同情心的话，他也极少会去同情别人，此种同情心的缺乏有很多原因，主要在于他以敌意待人以及他对自己缺乏同情心之故。但促使他待人无情的最主要因素，可能是他嫉妒他们。它是一种怀恨的嫉妒——并非只为了某一特定的优点，而是弥漫性的——一般而言，这是因为他觉得自己被摒除于生活之外所发生的。[1]这是没错的，因为他的确是被排斥在所有能使生活过得更有价值的事物外面——譬如喜悦、快乐、爱情、创造、成长。如果我们沿着极简单的路线思索，我们一定会说：难道他不是自己将生活置之度外吗？他不是以他禁欲式地不希求与不需要任何事物而自傲吗？他不是自己始终抵挡各种积极的情感吗？如此，他为什么嫉妒别人呢？但事实就是如此。无疑地，不经精神分析，则他的自大必定不允许他坦白承认此一

① 参见尼采的术语 Lebensneid 以及马克斯・舍勒著作 *Das Resentiment – im Aufbau der Moralen*，*der Neue Geist Verlag*，Leipzig，1919。

事实，但当分析进行一段时间后，他会说出某些有关的事：当然其他人的情况比他更好。或者，他会了解他并非为了其他理由，而只是因为别人总是快快乐乐的，或对某些事总是表现得极感兴趣，所以他才对别人表现出愤怒的。他自己也间接地提供了一项解释，他觉得这些人想借炫耀他们的喜悦而羞辱他；以此种方式感受事情，不只引发了报复性的冲动以致想扼杀快乐，而且也产生了一种奇异的无情表现，因而抑制了他对别人痛苦的同情心（易卜生笔下的海达·加布勒对于此种报复性的无情，给出了一个很好的例子）。因此他的嫉妒令我们想起“狗占马厩”[①]的态度；他觉得任何人都能轻而易举地得到一些事物，不管这些事物是他想要的还是不想要的，都是他无法企及的，于是这就伤害了他的自负。

但此种解释并不够深入。在精神分析中会渐渐显现出，虽然他已宣称生活的葡萄是酸的，却依旧是他所渴望以求的。我们别忘了他之转而攻击生活并非是自愿的步骤，而且他用以代换生活的代替品，乃是个贫弱之物。换言之，他对生活的“强烈兴趣”虽被抑制但却未被扑灭，在开始分析时，这只是一种希望中的信念，但它后来被证实比一般我们所假定的还多。而

---

① 来自伊索寓言故事，狗因嫉妒牛马吃草而占了马厩，但又不能吃。——译者

治疗之预兆正依托于这种强烈的兴趣的存在，如果在他心目中他并不需要生活得更为完美，那我们如何可能帮助他呢？

此一了解也与分析师对待此种病人的态度有关，大部分人对于此种类型的反应，可能会因被胁迫以致屈从，或完全拒绝他。但此中任何一种态度都不会适用于分析师；无疑地，当分析师愿接受他为病人时，分析师本有意要帮助他，但若分析师也被胁迫，则他会不敢处理他的问题；如果分析师内心也拒绝他，那他的精神分析就不会获得结果。所以分析师需要了解这个病人虽然在坚持抵抗，但他也是个为痛苦而苦苦挣扎的人，如此分析师就会同情且充分理解他了。

回顾这三种夸张的解决法，我们可以发觉他们的目的都在于征服生活，这是他们用以克服恐惧与焦虑的方法；这给予他们生活的意义，而且带给他们对生活的某些兴趣。他们试图以不同的方式来完成此种“主宰”（征服）的心意：借着自我崇拜与魔力的运用；借着迫使命运符合他们的高标准；借着成为不可战胜的人而企图在报复性胜利的精神指引下征服生活。

与此相一致的，在情感的状况中存有多种多样惊人的形式：从偶发的赤诚温暖及对生命的喜悦感到不甚关心，乃至于冷酷，不一而足。每个特定的情感状况，主要乃依他们对于自己的积极情感(正向情感)所表现的态度而定。自恋的类型，在某种条件下，由于丰足的感觉而可以变得友善与慷慨，尽管此种情况之所由生的基础有部分是虚伪的；完美主义的类型，则可以表现得相当友善，因为他**应该**是友善的；而自大报复的类型却有压制与鄙视友善的情感倾向。在这些类型中，都含有高度的敌意，但在自恋的类型中，它可借看宽宏大量而被压制住；在完美主义的类型中，它可被他降服，因为他**不应该**表现敌意；但在自大报复的类型中，它却表现得更为公然，而且基于我们所讨论过的理由，它会更具破坏性。他们对别人的期望，可包含由需要奉献与崇拜，到需要尊敬，乃至需要服从。他们在无意识里对于生活的“要求”所建立的根基，包含了对伟大自我的“天真”信仰，以及他与生活签订的分毫不差的“合同”，使自己觉得有权获取因被伤害而所该得的报偿。

我们可以预期，治疗的偶然性将依照此种分类的等级而减小，然而，此地我们必须谨记着，这些分类只是为了表示神经症发展的方向。事实上，诊断仍需视许多因素而定，在这方面，最主要而相关的问题是：不正常的心理倾向有多深多坚固？以及那些与之抗衡的动机或潜伏动机有多大？

第九章　自谦型的解决法——爱之渴求

现在我们所要讨论的内在冲突的第二种解决法，就是自谦型的解决法，它代表一种本质上与夸张型解决法方向完全相反的步骤。其实，只要我们了解此种相对性，我们马上会更明确了解此种自谦型的解决法其内容为何了。因此，我们在此将简短地回顾一下夸张型的特性，而将问题集中于：他究竟将他自身的何种事项荣誉化，他憎恨与轻视些什么？在自身内，他培养了什么，又压抑了什么？

他将自身中具有征服意义的每一事项加以培养并荣誉化；就与人相处的关系而言，“征服”乃是意味着在某些方面他需要胜过他人并表现得优越，他有操纵并支配他人以及使他们依赖他的倾向，此种倾向也可由他之期望别人如何待他的态度中反映出来，不管他是否外求崇拜、尊敬或赏识，他总是在意别人是否贬低自己以屈服于他或敬重他。他痛恨他自己变为顺从的、取悦于人的或依赖人的那种想法。

此外，他以他能应付偶发事件而自傲，而且他相信自己的确能做到，没有或不应该有他所无法完成的事，他必定设法成为——而且觉得他现在就是——他命运的主宰。无助会使他感到恐慌，因此他憎恨自身中存有任何无助的迹象。

就他本身而言，征服意指他就是他理想且骄傲的自我。拥有意志力与理性的他乃是灵魂的主宰，除非受到极大的勉强，他才会承认那种存在于他自身内的无意识力量不受其意识支配。认识自身的冲突或认识他所无法立刻解决(征服)的任何问题，都会让他极端地痛苦，痛苦被觉得是种隐匿的耻辱。这是很典型的，在精神分析中他并不难于认识他的自负，但他却不愿了解他的“应该”，或无论如何不愿了解那种使得他被“应该”左右的任何事实。**应该**没有一件事能左右他，只要可能，他会维持一种幻象：他能够对他自己下令并达成之。他憎恨存于自身内的使他投降的事物，如同或更甚于他憎恨自己投降于外部事物。

在转向自谦解决法的类型里，我们可发现一个相反的重心。他不能有意识地感觉到他优于别人，或在他的行为中表现出任何此种情感。相反地，他有贬低自己以求屈服于他人的倾向，也有依赖他人以及取悦他人的倾向。最为明显的，乃是他的态度与夸张型对于无助与痛苦的态度完全相反；他不但不憎恨这些东西，反而还培养且无心地夸大了它们；自然地，若别人对他表示崇拜或赏识，或表现出足以使他居于优越地位的态度时，却反而令他感到难受，他所渴求的乃是帮助、保护与溺爱。

这些特性在他对待自己的态度里也可发生，与夸张的类型极度相反的，他活在一种失败（无法符合他的"应该"）的泛化意识中，因此他常感到一种罪恶、卑下或可鄙的倾向，因为此种失败之意识所引起的自恨与自卑，以一种被动的方式"外移"：别人指责或轻视他。他倾向于否定或削减他那种自我荣誉化、自负以及自大的夸张情感。无论是哪方面的自负，都被置于严厉而广泛的禁忌之下。所以它不再为意识所感觉到；它被否定或抛弃了。他是他"屈服的自我"；他是一个没有权利的偷渡者。与此态度相符的是，他压抑自身中任何意味着野心、报复、胜利、为己求利的事物。简言之，他借着压制一切夸张的态度与驱力，而使自己的"自弃"倾向变得更为显著，借此以解决他的内在冲突。只有在心理分析的过程中，这些冲突的驱力才变得清楚可见。

焦虑地避免自负、胜利或优秀，在很多方式中都可表现出来。其中较具特征性而且易于观察到的，就是在比赛中对获胜的恐惧。譬如，一位具有病态依赖性的病人，有时会打得一手很卓越的网球或棋下得很好，只要她忘却她的好实力，则一切都很正常，但当她一旦知道自己领先对手时，就会突然误球，或在下棋时忽略了最明显可以获胜的棋步。甚至在做精神分析之前，她也相当了解个中理由并不是她不喜欢赢，而是她不敢这么做。虽然她会因自己打击自己而生气，但由于此种过程的作用乃是自动的，因此她并无力停止它。

同样的态度亦可在其他情况下发生；不晓得自己具有强大的实力，且不能好自利用它，乃是此一类型之特征。在他心目中，特权变为债务，他通常不晓得自己具有优越的能力，而在需要的时刻，无法适时地展现它。他在那些他的权利未被清楚地界定的情况下——就如仆人或秘书给他帮忙时——会显得茫然不知所措。甚至于他所做的请求是完全正当的，他也会觉得自己在占别人的便宜。他尽量避免求人或带着十分惭愧的心情去求人。他甚至会对那些真正依赖他的人表现出无助的情形，而且当他们侮辱他时，他也不能自卫。不足为奇的，他成为那些想占他便宜之人所易得的牺牲者。他常是一无防备，而且很迟才会发觉需要自卫，然后会对自己及剥削者报以极度的愤怒。

他对胜利的恐惧，还表现于比“比赛”更为严重的事情上，如对于成功、称赞及在众目睽睽之下的恐惧。他不只害怕任何公开的表演，而且当他的事业好不容易成功时，他自己也不相信。他感到畏惧，贬低它或将它归之于侥幸。在后者的情况下，他不觉得“我已做好它”，而只觉得“它发生了”。在成功与内在的安全感之间常成反比关系，在他生活圈里的一再成就，并没使他变得更具安全感，反而使他更感焦虑，此种情况可能会达于恐慌的地步，譬如，一个音乐家或演员，有时会因此而婉谢相当好的出演机会。

此外，他必须避免任何“胆大妄为”的思想、感觉或姿态。在一种无意识的但却系统性的自贬过程中，他矫枉过正地避免任何他觉得是自大、自夸或僭越的事情，他忘却他所知道的、他已完成的、他所做的善举，等等。他能料理好自己的事务，当他邀请人们时，他们必定会欣然应约，或具有魅力的女孩会喜欢他，这些想法他觉得都是自负的：“任何我所想做之事都是自大的”。如果他能成就某事，那只是由于侥幸或虚张声势的结果，他会觉得如果有自己的意见或信念，乃是胆大妄为的，因此他很容易不经由自己的想法或信仰的检查，即降服于任何坚决的提议。因此，像风车一样，他容易降服于反对的势力。大部分的“坚持己见”对他而言，都变成了胆大妄为的行为，譬如，面对无理的惩戒进行辩白、点菜、要求加薪、签约时注意自己的权利、对可爱的异性做进一步的追求，等等。

既存的优点或成就可以间接地被认识，但它们却非情感上所能感受到的；“我的病人似乎以为我是个良医”，“我的好友说我是个出色的小说家”，“人家都说我很富吸引力”。有时候，甚至于连别人的真诚赞赏也会被他所否定：“我的老师们以为我非常聪明，其实他们搞错了。”同样的倾向也表现在他对待金钱资产的态度上，这种人并无拥有金钱的感觉，尽管这些钱是他凭工作赚取的。虽然他在经济上很富裕，但却仍觉得自己一贫如洗。在此种过度谦虚的背后，任何平常的观察或自我观察几乎都会暴露他的恐惧。此种恐惧，只要他一抬头就会立即发生。不管是什么因素使得自贬开始发生作用，它都是被一种强而有力的禁忌所维系着，亦即禁止侵犯他为自己所划定的狭窄界限。他**应该**是易于满足的，他**不应**希冀或争取更多东西；任何愿望、奋斗或任何为求取更多之追求，他都会觉得它们正像是一种对命运的危险而残酷的挑战。他**不应**希冀借饮食或体操而改善他的体形，或穿得更华丽以改善他的外表。最后再举一个，他**不应该**借心理分析自我而改善他自己，或许他只在胁迫之下方能这么做。此处我并非谈及处理特定问题的个人恐惧，还有比这些更困难的原因使得他极力自持而不肯做一小段心理分析；通常这与他对心理分析之价值的意识信念是极度相反的，真正原因是他认为为自己花费那么多时间乃是“自私的”。

他所蔑视为“自私”的差不多与他视为“胆大妄为”之事同样是广泛分布的；对他而言，自私包含任何一种只为自己着想的事情。他通常能享受好多事物，但都会觉得单独享受它们乃是“自私的”。他常不晓得在这些禁忌下的作用为何，而只觉得共享喜悦才是“正常的”。事实上，他与别人共享快乐乃是**绝对必要之事**，不管它是食物、音乐或大自然，若不与别人共享，则将失去其滋味，失去其意义。他舍不得为自己花钱，他对自己的吝啬，可能已达到荒谬怪诞的地步了，这在与他为别人过度花费的情形相较之下显得更为突出。当他侵犯此种禁忌而将钱花在自己身上时，纵使在客观上而言此种花费乃是合理的，他仍会感到恐慌；对于时间或精力的利用，结果也与此相同。他无法在闲暇的时候读书，除非这本书有益于他的工作。他不准自己将时间花在写个人的书信上，只会在两次约会的中间时间偷偷地写完它。他常常不会收拾好自己的个人物品，除非有人会高兴他这样做。同理，他不修边幅，除非为了约会，或是职业上、社交上的聚会——也就是除非是为了别人。相反地，他会为获得有益于他人之物而竭尽全力、绞尽脑汁，譬如帮助别人达成他们所希求的合约，或帮人谋求职位；但当这些事情发生在自己身上时，他却裹足不前了。

虽然在他心中产生了许多敌意，但他却不能将之表现出来，除非情绪变得暴躁。除此之外，他害怕打斗，甚至也害怕由几种理由导致的与别人的正面冲突。一方面乃是因为一个剪短自己羽翅的人，不再是也不可能是个善战者；另一方面，他唯恐别人会对他怀有敌意，因此他宁愿投降，宁愿“理解”和“原谅”。当我们讨论他的人际关系时，我们会更了解此种恐惧，但是，和其他的禁忌相一致，事实上，也包含在那些禁忌中的，那就是对“攻击性”的禁忌。他无法维护他对某个人、某个意见、某个原因的憎恶，而且无法在必要时与之奋战。他无法维持持续的敌意，也无法有意识地带有对别人的嫌恶，因此报复的驱力必停留在无意识之中，而且只能间接地以伪装的形式表现出来。他不能公然地要求，也无法惩戒他人。至于批评、责备或控告——即使这些是正当的——对他而言，却是个最大的困难。他甚至无法打趣地做出苛刻的、诙谐的或讽刺的评论。

总而言之，我们可以说，他对于“胆大妄为”、“自私”和攻击都存有禁忌；如果我们能详究禁忌所掩蔽的范围，则会了解那些禁忌对于个人的扩展、个人的战斗力与防御力以及个人的私利，都会形成一种残酷的阻止作用，亦即对于所有增进个人成长与自尊的事项加以抑制。禁忌与自贬构成了一种畏缩过程，此种过程人为地限制了他身心的发展，并让他觉得他就像一个病人梦中所见的一样：在梦中，有一个人因为受了残忍的惩罚，身体缩小为原来的一半高，而且变得极度贫乏，且被贬至低能的地步。

于是自谦型的人，如果不违背他的禁忌，则他不会采取任何坚定的、攻击的或夸张的行动；而违背禁忌又会造成他的自责与自卑，对此他会感到泛化的惊恐（无具体对象）或感到有犯罪感。如果自卑较为显著，则他会对讥笑表现出恐惧的反应。因为他的自我感是如此的渺小，所以任何超越出他那狭窄界限的事情，都甚易引起他对讥笑的恐惧。如果此种恐惧完全是意识所及的，则它常会有外移作用。如果他在讨论中大声发表意见，竞选一个职位或者产生写作的野心，则别人会以为这乃是可笑的。然而这种恐惧大部分都停留于无意识里。无论如何，他都无法察觉它那不可克服的冲击力，然而它却是使他低沉的主因。对讥笑的恐惧，是自谦倾向的象征，恰恰与夸张的类型相反。夸张的类型可以自吹自擂、胆大妄为，而不了解他自己之荒谬与可笑，或者不晓得别人也会觉得他真是如此。

他无法真正为自己做事的同时，他不只可以自由地为他人做事，而且依据他内心的指使，他**应该**是对人最有助益的，最慷慨、体贴、善解人意以及富同情心、爱心与牺牲的精神。事实上，爱与牺牲在他心目中乃是密切纠缠在一起的：他**应该**为爱而牺牲一切——爱就是牺牲。

如此，“禁忌”与“应该”似乎便具有了显著的一致性，但是矛盾的倾向却迟早都会出现。我们会天真地预测此种类型的人，一定会相当厌恶别人那种攻击性的、自大或报复的性格，但实际上，他的态度却是分立的；他厌恶它们，却又秘密地或公开地崇拜它们，而且不分皂白地如此行动——不区别自信与空幻的自大，不区别他的实力与自我中心的蛮横。我们易于了解，他常为过度的谦逊所烦扰，因此他崇拜他所缺乏的或他无法应用而别人却拥有的攻击性特质。但渐渐地，我们会了解这并非是完全的解释。我们发觉，还有一套完全与我们刚刚所描述的相反，而且更为隐伏的价值体系，也对他发生了作用。我们也发觉，他羡慕攻击型的人的夸张驱力，但为了人格的统合，他必须深深地将自己的这种驱力压抑下来。这种否认他自己的自负与攻击性，但却崇拜他人拥有这些性质的情形，在他病态的依赖性中扮演了极为重要的角色，这种可能性在下一章我们将予以讨论。

当病人坚强得足以面对他的冲突时，他的夸张驱力也会更引人注意；他也会具有“绝对的”毫无畏惧之心；他全力谋求他的利益；他能够反击冒犯他的人。与此相一致的是根本上他就轻视自己“胆怯的”、无用的及顺从的任何迹象，因此他将处于前后夹击之中。如果他做某事他便会被指责，但不做某事亦会被指责；如果他拒绝他人的贷款或任何要求，则他将会觉得自己是一个可憎可厌的怪物；如果他答应这些要求，则他会觉得自己是个“易受骗的人”。如果他提醒无礼者注意自己的行为，则他会感到害怕，而且觉得自己相当不可爱。

只要他无法面对此一冲突，并对此加以研究，则继续阻止“攻击性的潜伏情绪”，将会使他变得更需要倔强地固着于自谦的模型中，同时也因此而加强了他自谦的固执性。

目前我们所讨论到的主要形象，就是一个人将自己压制到使自己的身躯蜷缩成一团，以避免产生夸张性的举动。此外，如前所述以及以后所将要详述的，他觉得被一种时刻准备着谴责或轻视他自己的系统所降服；他极易感到恐惧，而且正如我们即将知道的，他将大部分精力花费在缓和所有这些痛苦的情感上。在我们更进一步讨论他基本状况的细节与含义前，让我们先考虑驱策他往这一方向变动的因素，以期了解它的发展。

后来倾向于自谦解决法的人们，通常在早期曾借着“亲近”人，以解决他与他人间的冲突[1]。在典型的情况下，早期的环境在特征上与夸张的类型大不相同；后者要么很小就受到赞赏，在拘泥的标准的压力下长大，要么被苛刻地对待——被剥削或被侮辱。而自谦的类型则与此不同，他在某些人的庇护下长大：在兄长的庇护下，在为外人所景仰的双亲之庇护下，在美丽的母亲或在仁慈但却专横的父亲之庇护下。它是一种不稳定的情势，因为随时都可能引起恐惧。不过，通过付出一种代价通常可以得到一种爱：那代价是一种“自居属下”的忠诚。譬如，一位长期忍受着折磨的母亲，可能会使她的小孩感觉到自己无法专注地给母亲更多的照顾或关心乃是一种罪恶；或许是一位母亲或父亲，当他们被盲目崇拜所围绕时便会变得友善与慷慨；或是有一位较居高位的兄长，只要取悦或赞美他，就可从他那儿获取关爱与保护[2]。在这些环境下长大的小孩，反叛的意志与他对爱的需求会有严重冲突，但如此多年以后，他会压抑住他的敌意，放弃战斗的士气，让争取爱的需求取得胜利。他不再勃然大怒，而变为顺从；学着去喜欢每一个人，而

① 参考卡伦·霍尼《我们时代的神经症人格》一书第6至第8章以及《我们内心的冲突》一书中第3章“亲人们”。

② 参考卡伦·霍尼《自我分析》一书第8章，“病态依赖性的系统分析”。

且有点无助地去崇拜和依赖那些他最为畏惧的人。他对敌对的紧张性变得十分过敏，他必须缓和以及掩饰某些事情，因为赢取别人的欢心变成是最重要的事，所以他试着培养一种足以使他变得合意或可爱的特质。有时，在青春期的阶段里，会另有一段反叛期出现，夹杂着一种匆促而具强迫性的野心。但他会再次为求爱与保护而舍弃夸张驱力，有的人这时会开始初恋。这一倾向的进一步的发展，乃依反叛与野心所被压抑的程度或其趋向服从（或是爱）的彻底程度而定。

像任何其他神经症一般，自谦的类型借着“自我理想化”，以解决早期发展所产生的需求，但他只有一种方式可行。他理想化的影像，基本上乃是一些“可爱的”特质，诸如不自私、良善、慷慨、谦虚、神圣、高尚、有同情心等特质的混合物；无助、痛苦与苦难也都被荣誉化了。与自大报复的类型相比，情感对他更具意义，可能是喜悦或痛苦的情感，或是对个人而且是对全人类的广泛情感，诸如艺术、自然或各种价值的情感。具有深刻的情感乃是他影像的一部分，但只当他加强自弃的倾向时，他才能满足这些有关情感的“内在指使”，此种自弃的倾向已不再仅仅是他与人们的基本冲突之解决法。因此，他必定会发展出一种对于他那自负之双重矛盾的态度。因为他的假我之神圣、可爱的特质，乃是他所认定的所有自我价值，所以他不能不以此为傲。一个痊愈的病人自言自语道:“我谦逊地认为我当然具有优越品德。”虽然他否定他的自负，且他的自负并不表现于行为中，但是却常会以许多间接的方式而将神经症的自负表现为——易受攻击、保全面子的措施、回避，等等。另一方面，他神圣与可爱的影像抑制了任何自负的意识感觉，他必定会矫枉过正地去根除任何自负的迹象，于是畏缩的过程由是而生，这使他变得渺小与无助。他无法将他自己与自负的“荣誉自我”视为一体，他只能将自己感受为另一屈服牺牲的自我;他不只觉得渺小与无助，而且觉得自己乃是有罪的，不被需要、不可爱、愚笨而无能的。他俨然像一条丧家犬，随时把自己与那些被蹂躏的人等同起来。因此，从知觉中将自负排除，成了他解决内在冲突的方法。

此种解决法的弱点，就我们间接追踪到的而言，在于两项因素。其中之一为畏缩的过程，用《圣经》的词语来说，它就是足以埋没个人才能的“原罪”(对自我)。另一因素，与“禁制夸张性”促使他变为自恨的无助牺牲者的方式有关。在很多自谦的病人中，在精神分析开始之初，当病人对任何自责报以严重的恐惧时，我们就可以观察到这项因素。这种类型，时常不会察觉出自责与恐惧间的关系，而只能感受到他因恐惧而惊恐的事实。他通常会察觉到他有自责的倾向，但却未曾为此深思过，而他将它视为是一种出自良心以诚实待己的迹象。

他也察觉到他甚易接受他人的指责，而只在后来才会了解那些责备乃是毫无根由的，而且他比指责他人更易于宣称自己之罪恶。事实上，他在承认罪过或别人指责他毛病时所表现的反应，常会伴随此种迅速而自动的情况，以至于他所持的分辩理由根本无暇干涉。但他并不知道他也正积极地在辱骂自己，更不了解这一行为的程度之深广。他的梦充满了自卑与自责，后者最典型的例子就是“执行死刑之梦”：他被判死刑；他不知道究竟是为了什么，但却接受它；没有一个人会对他表示仁慈或一丁点关心。或者，他做了某种梦或幻想，梦中或幻想中他被虐待了，此种被虐待的恐惧可出现于忧郁症式的恐惧中：头痛会变成脑瘤；喉痛变为肺结核；胃病变为胃癌。

当精神分析进行时，他的自责与自我折磨的强度会变得更为显著。任何出现在讨论中的他的障碍都可能击倒他；对于敌意的觉察，会让他觉得自己像是个凶恶的谋杀者。对于发现自己强加给别人多少期望，会使他自觉是个具有掠夺性的剥削者。了解他对于时间与金钱的管理混乱，会引起他“堕落”的恐惧。焦虑的存在可能使他自认像某些极端不正常而面临精神错乱的人。如果这些反应公然地表现出来，则分析开始时情况看起来在变得更坏。

因此我们首先会有个印象，认为他的自恨或自卑要比其他种类的神经症更为剧烈与凶猛。但当我们更了解他，而将他的情势与其他临床经验相比较时，我们就会舍弃此种看法，而了解他只是对他的自恨更为无助而已。对于夸张类型可用的那些避免自恨的有效方法，大部分都不听他支配。虽然他借遵从他那特殊的“应该”与“禁忌”而尝试解决问题，就像每一种神经症一样，但他的合理化与想象却会遮掩并美化这种病况。

他无法借“我永远正确”而防止自责，因为如果他这么做的话，就会违反他对自大与自夸的禁忌。他无法有效地把他拒绝承认的东西投射出去，进而去憎恨或鄙视别人，因为他必须是最“谅解人”、最“宽恕人”的。指责他人或对别人的任何一种敌意，事实上都会(不但不能使自己重获信心，反而)使他害怕，这是因为他对攻击给予了禁忌所致。而且，正如我们即将发觉到的——他相当需要别人，基于这项理由，他必须避免与人发生冲突。最后，因为以上所有的这些因素，他简直不可能是个善战者，而且这不只适用在他待人的关系上，而且可适用于他之应对来自自己的攻击上。换言之，他就像被其他人攻击时一样，对于来自他自己的自责、自卑、自我虐待等也是无法做任何自卫的。他忍受一切，他接受他内在暴君的判决——此一行为进一步削弱了他对他自己已减弱的情感。

不过，他当然需要自卫，而且发展出他自己的自卫方法。

他也会对他自恨的攻击报以恐惧的反应，此种反应只当他的特殊防卫未适当起作用时才会发生。自贬的过程不只是避免夸张的态度，从而使自己维持在禁忌所设的界限内之方法，而且也是缓和自恨的方法。我可以利用当自谦的类型觉得被攻击时所表现出的行为特征，最完善地描述出此种过程。譬如他会借着过分承认罪行，而试图抚慰并挫折指责者的锐气："你相当对……不管怎样都是我不好……一切都是我的错。"他以道歉与表示懊悔与自责，试图让对方安心，他借着强调他的无助以祈求怜悯。他也会以同样的缓和的方法，减轻自责的痛苦。在他的心目中，他正在夸大他的罪恶感、他的无助、他的一切情况是这么糟——简言之，他一再强调他的痛苦。

另有一种灭除他内心紧张的方法，亦即消极的"外移作用"，这可表现为他觉得被别人指责、猜疑或藐视、被压制、被鄙视、被辱骂、被剥削或被极度残忍地对待。然而，这种可以缓和焦虑的外移作用，似乎不像积极外移作用那样，是一种驱除自责的有效方法。此外(像一切外移现象一样)，它妨害了他与别人的关系——基于许多理由，他又对于这一点特别敏感。

然而，即使有所有这些自卫的方法，他依旧处在危险不安的内在情势中。他依旧需要更有力的保证，因为即使当自恨被保持在温和的限度内时，他也觉得他所做的，或为自己做的每件事都是无意义的——这也是他的一种自贬，这使他觉得极度无安全感。因此，依据他以往的模式，他外求别人能给予他被接受、被赞许、被需要、被渴求、被喜爱、被赏识的感觉，而加强他的内在地位——他的拯援在于别人。因此，他对人们的需求，不只大大地被增强了，而且时常会具有狂乱的特性。于是我们开始了解“爱”对于此种类型所具有之吸引力。在此，我将“爱”作为各种积极情感的“公分母”，不管它们是同情、温柔、喜爱、感激、性爱或被需要、被赏识的感觉。我们将留在独立的一章，以更严格的意义，来讨论爱的吸引力如何影响个人的爱情生活。现在只讨论它如何在人际关系中发生作用。

夸张的类型为了证实他的权力与他虚假的价值而需要人们，他也需要他们作为他自恨的安全阀，但是因为他较易反求诸己，而且可从自负中取得较大的支持，所以他对别人的需求不像自谦型那么具逼迫性或广泛性。这些需求的性质与大小，可用以说明自谦型对别人的期望之基本特征。自大报复型基本上是对人抱持邪恶预期的，除非他有反证；而真正孤立的类型（以后我们会再提到此类型）所期望的，既非善也非恶。自谦型则一直对人抱有良善预期。表面上，他仿佛对于人性的基本美德有坚定不移的信心，的确他也较易感受到别人的可爱特质，态度也较为敞开。但他的期望之强迫性，使他无法分辨真伪；通常，他无法区别真正的友善与许多赝品，他过于容易为任何温暖或关心的表现所蒙蔽。此外，他内心的指使告诉他，他**应该**喜欢每一个人，他**应该**不怀疑他人。最后，他对于敌对与可能发生战斗的恐惧，使他忽视、舍弃、贬低或借责任开脱而消除谎言、不公、剥削、残酷、奸诈等特性。

当他面对着自己拥有这些倾向的确实证据时，每次都会感到讶异；但尽管如此，他仍会拒绝相信别人会有任何欺骗、羞辱或剥削的意向。虽然他时常觉得被不公正地对待，但这并不会改变他的基本期望。虽然由他苦痛的个人经验，他知道特定团体或个人不可能会给予他什么善行，但他依旧坚持地期望着它——自觉地或不自觉地。特别当此种“盲目”发生于一些心思机敏的人身上时，他的朋友或同事会因之而大感惊愕。但它只表示着他的情感上的需求是如此之大，以至于他藐视证据之存在。他愈期望于人们，他就愈有将他们理想化的倾向。因此他并非对人类真具有信心，而只是具有一种波利安娜式的态度（极端乐观之态度）罢了，此种态度必定会带来许多的失望，而且使他与人们相处时更加没有安全感。

以下是有关他对别人的期望的简短讨论。第一，他必须感到被别人所接受；他需要此种接受，不管是以何种形式，只要是可以得到的：关心、赞赏、感激、喜爱、同情、爱或性。借比较而可使它变得更为清楚：正像在我们的传统中，很多人觉得他们就像他们所“赚”的钱的数量那么有价值，同样，自谦型也用“爱的货币”来衡量他的价值，此地“爱”被用作一个广泛的术语，代表各种不同种类的接受。他就像他被喜欢、被需要、被想要或被爱那样的有价值。

此外，他需要与人交往及有同伴，因为他无法片刻独处。他极容易产生失落感，宛若他从生活中被割离了一样。只要他的自我虐待尚保持在限度内，则此种痛苦的感觉还是可忍受的，然而，当自责或自卑一变为急性时，他的失落感就会变成一种无名的恐惧，而且当他对别人的需求变得疯狂时，这种描述就更为准确。

对同伴的需要最为渴切，因为对他而言，孤独意味着不被需要与不被喜欢。因此“需要同伴”也是一种隐秘的耻辱。单独去看电影或度假是耻辱，周末孤独地度过而别人却能参加社交活动，这也是一种耻辱。这说明了他的自信心乃是依赖于某些人以某种方式对他的关心，他也需要别人对他所做的事给予意义与热心。自谦型需要一些他能为之缝纫、烹调或整理花圃的人，需要一位他能为之弹奏钢琴的教师，需要一些依赖他的病人或客户。

然而，除了需要这些情感的扶持之外，他还需要帮助——永不嫌多的帮助。他会认为他所需要的帮助是最合情理的；一部分因为他对帮助的需求大都是不自觉的，另一部分则因为他将帮助集中在某些看上去孤立的与唯一的要求上：替他找工作，替他向老板讲话，陪他或为他购物、借给他钱，等等。此外，任何他意识到的他渴求帮助的愿望，都相当“合理”，因为“愿望”背后隐藏了极其广泛的需求。但是当我们由心理分析而获悉全貌后，就会发现他之需要帮助就等于他期望大家要为他做所有事。别人应该供给他动力、做他的工作、为他负责、给予他生活的意义，或接管他的生活，而使他能借此而过活。在我们认识了这些需求与期望的全貌后，“爱”对于自谦型所具有的吸引力，就会变得一清二楚了。它不只是缓和焦虑的方法；而且如果没有了“爱”，他与他的生活就会失去价值与意义，因此“爱”乃是自谦型解决法的固有部分。就此种类型的感觉而言，“爱”之于他就如氧气之于呼吸一样不可或缺。

无疑地，他将这些期望带入心理分析的关系中。与大部分自夸的类型不同，他一点也不会为求帮助而羞耻。相反，他会将他的需要与无助戏剧化以乞求帮助。当然帮助必须是以他希望的方式出现。基本上，他期望经由“爱”的治疗法来救治自己，他会很乐意地尽力于分析工作，但就像后来所判明的，他被他急切的期望所鼓动着，他所期望的援助与补救，必须而且只能来自外界(此处乃来自分析师)——经由“被容受”而来。他期望分析师借着“爱”而移去他的罪恶感，此种“爱”，若分析师是个异性的话，则可意指性爱。更常见的，在更为普遍的方式中，它是友情、特殊的关心或照顾之符号。

就像神经症中常发生的，需求会转变为“要求”，亦即他觉得有权拥有一切他所必须拥有的东西；对爱情、喜欢、谅解、同情或帮助之需求转变为：“我有权享受爱情、喜欢、谅解与同情。我有权让别人为我做事。我不用亲自追求幸福，但却有权享受幸福。”不消说，这些要求——作为要求——比在夸张的类型中，更不为本人所知。

与这方面有关的重要问题：自谦型究竟是将他的“要求”建立在什么基础上？他如何维护他的“要求”？最有意识的，而且最实际的基础，乃是他竭力使自己变得令人愉悦、有用。随着他的气质、他的神经症结构、他的情势而有所不同，他可能是迷人的、顺从的、体贴的、易于感受他人的愿望、有用的、有所助益的、牺牲的、谅解人的。自然地，他会高估他为别人的所作所为。他忘了别人也许毫不喜欢这种关心与慷慨；他不知道他的施舍附有条件；他在思考时会忽略所有自己令人厌恶的特性，因此他觉得他的作为纯粹是友善的，亦即他可以合理地要求回报。

他的“要求”之另一基础，对他自己更为有害，而对别人则更具强制性。他认为因为他害怕孤独，所以别人应该留在家里；因为他无法忍受喧嚣，所以每个人在他房子周围都应用趾尖走路。于是一种不适当的鼓励鼓动了神经症的需求与痛苦；痛苦无意识地被他用以维护他的要求，这不只将“欲压制痛苦之动机”制止了，而且也会导致他将痛苦做不适当的夸张。这并非意味着他的痛苦只是为了表现给人看才做的“伪装”，它以更深的方式影响了他，因为在基本上他必须先向他自己证明，让他自己满意，证明他有权让他的需要被满足，他必须觉得他的痛苦是特别而过度的，因此他有权需要接受帮助。换言之，这种过程使一个人感到他的痛苦比实际上他所遭遇到的还更剧烈，只因它具有无意识的战略价值。

第三种基础，更加无意识的，而且更具破坏性，就是他觉得自己被虐待，以及他有权要别人补偿他所受的伤害。在梦中，他梦见自己被破坏得无法修理，因此他有权要求他的一切需要都该被满足。为了了解这些报复性的元素，我们必须先详究他用以说明觉得被虐待的因素。

就典型的自谦型而言，觉得被虐待几乎是他整个生活态度中一种持久的隐伏情绪。如果我们想言简意赅地用三言两语来描述他的特征，那我们可以说，他是一个渴求爱而却常常感到被虐待的人。首先，就如我已提过的，别人时常会利用他之不能自卫，以及他之过度热心帮助他人或牺牲自己来从中牟利。因为他觉得自己没价值，以及无法为自己辩护，所以有时他并不会意识到此种亏待。同时也由于他的畏缩以及此种过程所惹起的一切，虽然别人对他并无恶意，但他却常常吃亏。纵使事实上他在某些方面比他人更加幸运，他的“禁忌”心理也不允许他认识他的优势，他必须告诉自己（而他也因此这么感觉到）：他的情况比别人要坏得多。

此外，当他的许多要求无法被满足时，他就更觉得自己被虐待了——譬如，当别人对他为取悦他们、帮助他们、为他们牺牲所尽的劳力不表感激时。比起他对“要求”受挫的反应，当他觉得不公平地被对待时所生的自怜会表现得更充满义愤。

他经由自贬、自责、自卑以及自我折磨，而加诸自己的虐待，或许要比以上这些来源更为痛切，虽然所有这些都被他外移了。他的自弃愈剧烈，则外在的良好条件愈不能战胜它。他时常会述说他的凄惨故事，以期引起别人给予他更多的付出与同情，但很快别人就会发现他依旧面临着从前的困难。实际上他可能未曾像他所说的那么凄惨；但无论如何，隐藏在此种感觉背后的，必是他自我虐待的真实性。突发的自责与接踵而来的被虐待感之间的关系，并不难于被观察到。譬如，在心理分析中，当他了解他自己的困难并开始自责时，他的思想会让他立即回忆起生活中的事件或一段他被虐待的时光——不管是发生于孩提时代，以前的医疗过程或以往的职场之中。他会将别人对他犯的错予以戏剧化，而且老记于心上，一若他以前已如此做过好多次一样。相同的形式也会发生于他与其他人的人际关系中，譬如，如果他懵懂地了解自己可能并不体恤他人，他可能会以闪电般的速度体验到被虐待的感觉。总而言之，他犯错的恐惧，迫使他觉得自己是个牺牲者，虽然事实上是他辜负了别人，或对别人强加了隐秘的需求。因为“觉得受害”成了抵抗自恨的一种自卫，所以它处于一种战略的地位，也严密地被防卫着。自责愈邪恶，他就愈会狂乱地证明并夸张人家对他所犯的错误(冤屈他)，而且对于此种“错误”的感受也愈“深刻”。此种需要有时如此地令人信服，以至于别人无法在那个时间点上帮到他。因为接受或承认帮助的存在，必会使他那种完全是个牺牲者的防御地位迅速崩溃。相反地，找寻罪恶感增加之可能性，对任何被虐待感之陡增乃是有利的；在心理分析中我们常可观察到，只要他知道他也参与了该事，而且能以正确的方式去观察它，亦即不再自责时，则他所受的冤屈就会缩小至合理的比例，或真的已不再是冤屈。

自恨之消极地被外移后所产生的感觉，可能会超越“被虐待”，他也可能去挑衅他人，以让他们恶劣地对待他。这样他就把内在的景象投射到了外部，而且他得以成为一个高贵的牺牲者，因为这个卑鄙而残忍的世界而受苦。

所有这些结合在一起，让他有了被虐待的感受。但更密切的观察显示出，他不只觉得因某些理由被虐待，而且在他自身即存有乐意接受此种感觉的某些事项，且确切地渴望强取此种感觉。这指出了一项事实：觉得被虐待也必定具有某些作用，此种作用使他被压抑的夸张驱力找到了发泄口——唯一一种他可以忍受的夸张驱力，而同时又将这些驱力隐藏起来。它使他可偷偷自觉优于他人（受难者的王冠），使他自认为对别人的敌对攻击乃是正当的；最后它允许他将他敌意的攻击伪装起来，因为诚如我们将发觉到的，大部分的敌意被压抑，且表现于痛苦中。因此，觉得被虐待乃是他发觉或感受内在冲突的绊脚石，此种冲突他一直借自谦而试图解决，不过，对每一个因素的分析，都可帮助减低被虐待感的固执性，直到他能面对内心冲突时，此种感觉方会消失。

只要此种被虐待感永久存在——通常它不会停顿下来而是会与日俱增，则它会导向增加对别人报复性的愤恨。这种大量的报复性敌意依旧是潜意识的，它必须深深地被压抑住，因为它会使他生活所凭借的一切主观价值陷入险境，它会损毁他绝对良善与高尚的理想化影像；它使他感到自己不可爱，而且它也与所有他对别人的期望相抵触；它违反了使他成为最谅解与最宽恕的人的“内心指使”。因此，当他愤恨时，他不但会攻击别人，而且会攻击自己，因此这种愤恨乃是此种类型中最首要的破坏性因素。

虽然此种愤恨会广泛地受到压抑，但“谴责”偶尔会以缓和的形式表现出来。只当他感到被驱往绝望之渊时，深锁的水闸方会敞开，而剧烈责备的洪流也因之冲击而出。虽然这些可能精确地表现出他深刻的悲伤(不愉快)，但他常能够摒除它们，声称因为他过于生气而没有道出他真正的意思。他用以表达报复的愤恨此一最具特征性方法，也是经由痛苦。愤怒可借着增加对各种心身症状或沮丧感与忧郁感的痛苦感受而表现出来。如果在心理分析中，病人的这种报复心再度兴起时，则他虽不会表现明显的愤怒，但他的状况必会恶化。他会抱怨不休，而且会表示心理分析似乎并没有治愈他，反而使他更形恶化了。分析师会知道在上次会谈中究竟是什么击中了他，并尝试让病人晓得这一点，但病人对于了解可以减除他痛苦的这一关联并不感兴趣。他一味地重复他的抱怨，一若必须确定分析师在何种程度上知道他的忧郁的恶化。他并不自知自己正极欲使分析师（因为让他痛苦）感到有罪。于是痛苦便需实现另一功能：转化他的愤怒与使别人觉得有罪，这也是他唯一用来向别人“讨回公道”的有效方法。

所有这些因素，给他待人的态度增添了两种奇异的矛盾情感：表面上他表现出纯真而乐观的信任，但在潜伏的情绪内，却具有不分青红皂白的猜疑与愤怒。

由于报复心增加而产生的内在紧张可以变得相当巨大，问题不在于他具有这种或那种情感的烦恼，而在于他得维持正当的心理平衡。是否能做到或能维持多久，一部分乃是依靠内心的紧张强度而定，一部分则依靠周遭的环境而定。由于他的无助与对别人的依赖性，后者对他远比对其他的神经症类型还更为重要。一种对他而言乃是顺利的环境，不会加给他过重负荷，使他即使有着神经症的问题也能正常工作与生活，而且在他的心理结构所允许的范围内提供给他满足自己的手段。假若他的神经症并不太严重，则他可以过着为别人奉献，或为“主义”牺牲的生活以获取满足；也可借过着有益于他人且帮助他人的生活以忘却自我，在此他觉得被需要、被依靠、被喜爱因而得以满足。然而，即使在最好的内在与外在条件下，他的生活仍是建立在危险不安的基础上的；他所照顾的病人去世了或不再需要他，他卖力奉行的“主义”失败了或对他而言已失去意义。此种丧失，正常人是可以安度的，但却可能使他临于“崩溃”的边缘，且使他的焦虑与无用感浮出水面。另一危险的逼迫，基本上来自内部，在他所不承认的他攻击自己或别人的敌意中存有太多的因素，随时会膨胀到带来他所不堪忍受的内在紧张。或者，换言之，他感到被虐待的概率过大，而无法使他有一安全的容身之处。

另一方面，常见的环境（条件）也许并不包含一丁点儿我刚才所描述的顺利的元素。如果内心过于紧张，而环境又艰难，则他不只会变得极为凄惨，他的（心理）平衡亦将会濒于崩溃。不管症状是什么——惊慌、失眠、食欲不振——它发生了，而且以他的敌意冲毁堤防，淹没整个系统为其特征。所有他对别人积聚的、难堪的谴责于是引起别人的注意；他的“要求”变得具有公然报复性与无理的特性；他的自恨变成可意识的而且达于不可克服的程度。他的情况是全然的绝望。他也许会具有严重的恐慌与自杀的危险性，这种情景与那个过于懦弱而十分渴望取悦他人的情景大不相同。其中初期与末期仍是同一种神经症的发展过程的部分。如果以为在末期所出现的大量破坏性因素始终都在遏止之下，这乃是个错误的结论。的确，在好听的理由的外表下，存有比我们所能看到的还多的紧张。但是只有挫折与敌意的骤增才会带来末期的爆发。

因为其他关于自谦解决法的事项将于病态的依赖性中讨论，所以我愿意用一些关于神经症的痛苦的评论，将此种结构的一般轮廓做一个结论。每一种神经症都会惹起比一般人所能察觉的还多的真实痛苦；自谦的类型苦于阻碍他伸展的桎梏，以及自我虐待，苦于他待人的双重矛盾情感。所有这些都是真实的痛苦；它并非为了某些秘密的目的而存在；它并非为了伪饰以加深别人的印象。此外，他的痛苦还接收了某些作用。我提议将因此种过程而带来的痛苦命名为神经症式的或功能性的痛苦，这些作用我已提过一部分了，痛苦变为他“要求”的基础，它不只在于乞求关心、照顾与同情，而且让他觉得自己有权得到这一切。它用于维持他的解决法，因此具有统合作用。

痛苦也是他用以表示报复的特别方法。的确有好多常见的例子，譬如夫妻中一方将自己的心理问题，作为攻击另一方的致命武器，或借此灌输给小孩以罪恶感(当他们为了要独立)而抑制了小孩的正常发展。

他怎么可能向自己坦白他那极其悲惨的与别人之间的冲突——像他这么渴望不伤害任何人情感的人！他或许多少知道他已成为他周围人的累赘，但他并未坦白地面对它，因为他自己的痛苦让他免受责罚。简言之：他的痛苦控告了别人而原谅了自己！在他的心目中，它赦免了一切——他的需求、他的暴躁、他心情的沮丧。痛苦不只平息了他的自责[1]，而且也避免了别人可能的谴责。此外，他为求原谅之需要，转变为“要求”，他的痛苦让他有权得到别人的“谅解”。如果别人仍是一味地吹毛求疵，则他便是残酷无情的。不管他做什么，都应

① 亚历山大将这种现象描述为“受惩罚的需要”(need for punishment)，而且举了许多令人信服的实例，这乃是了解心灵内的过程之一大进展。然而我的观念与亚历山大略有不同。我认为借痛苦以免除神经症的罪恶感，并非所有的神经症患者都是这样的，而只是自谦型的人才会特别如此。同时，他付出的痛苦的代价似乎仍无法使他从此解脱，而是会让他再度“犯罪”。他“内在暴君”的指使是何其多，何其具强制性，以致他不得不再违犯它们。请参考 Franz Alexander，*Psychoanalysis of the Total Personality*，Nervous and Mental Disease Publishing Co.，New York，Washington，1930。

引起别人同情与协助的愿望。

痛苦也以另一方式而让自谦的人免受责罚；它提供他不能真正地过好生活以及无法完成宏大目标之所有借口；如同我们所见，虽然他焦虑地规避野心与胜利，但为求成就与胜利的需要依旧会运作。他的痛苦让他在心目中——无意识或意识地——维持着他达成超凡成就的可能性以保全面子，如果不是他遭受到神秘的疾病之困扰的话。

最后，神经症的痛苦也会惹起瓦解自己的想法或潜意识里将这么做的决定来玩弄自己。如此作为的吸引力，无疑在悲痛的时期来得较大，而且会是自觉的。更常见的，在这种时候只有反应性恐惧会达于意识，譬如对精神的、身体的或道德的衰颓之恐惧，或一无所成的恐惧，或恐怕太老了而不能成就某事。这些恐惧表示：一个人较健康的那一部分希冀能过上完整的生活，且对另一专意瓦解的部分报以恐惧的反应。此种倾向也可无意识地作用着。个人甚至不曾了解到他的整个健康状况已遭受损伤——譬如，他较不能做事，较怕人们，意气较消沉——直到有一天，当他突然觉察到自己日渐衰颓与使他如此衰颓的原因时，他才能醒悟过来。

在悲痛的时期中，“被毁灭”对他可能具有强大的吸引力，它成为逃避一切困难的方法：放弃对爱的无望奋斗与为满足互相矛盾的“应该”之激昂企图，而借着接受失败以期使自己从自责中解放出来。它也是吸引他经由消极态度（不抵抗）以求解决的方法。它不像自杀倾向那么积极，此种自杀倾向极少会发生于这个时期。他只是全然地停止奋斗而听任自毁的力量自然发展。

最后，在残酷世人的攻击下，“瓦解自己”对他而言似乎是个终极的胜利，它可能采取“死在进犯者的门阶上”此一形式。然而更常见的，它并非是意欲羞辱他人，且借此提出“要求”的示威性痛苦。它陷得更深，因此更为危险。基本上，它只是病人心目中的胜利，且即使如此它也可能是潜意识的。当我们在心理分析中将它揭露时，我们可发现被那种混乱的部分真实性所掩护着的一个事项，即柔弱与痛苦的荣誉化。痛苦本身变为高尚的证明，生活在卑鄙的世界中，一个敏感的人除了瓦解外又能做些什么？难道他应该奋斗与维护他自己吗？那岂不是将自己变得与这世界一样粗俗卑鄙？他只能宽恕他人并头戴殉道者的冠冕离开人世。

所有“神经症的痛苦”的这些作用，说明了它的固着性与深度，它们都是因整个结构的极度需要而产生的，而且只有指向此种背景时方能了解它们；换成治疗上的说法：他的整个性格结构若无根本的改变，则他绝对不可缺乏它们。

要了解自谦的解决法，不可不考虑其全貌：整个人格发展史以及整个他在任何特定时期内进展的过程。当我们简短地对有关此一主题的理论做一研究后，我们可以知道理论的不当主要是因为它们片面地将焦点集中在某些方面；譬如，片面地重视心灵内或人际间的因素。然而，仅从这些方面的任何一面观察，我们都无法了解其动力变化，除非我们完全了解了人际间的冲突导致某一特定的心灵内变化之过程，而心灵内的结构不但以人际关系的旧有方式为依托，而且可改变人际关系的方式，它使他们变得更具强迫性与破坏性。

此外，像弗洛伊德与卡尔·门宁格的某些理论[①]，都过度着重于明显的病态现象，如变态地沉溺于罪恶感或自我的痛苦的被虐狂。他们忽略了那些近乎正常人的倾向；的确，战胜别人、亲近别人、生活于平静中等需要，由于皆由柔弱与恐惧而决定，因此是难分彼此的，但它们也包含了正常人态度的根源。譬如这种类型的谦逊与他们控制自己的能力（姑且承认他那虚伪的基础），似乎比攻击报复型之炫耀自大还更接近正常

① 参考弗洛伊德所著《超乎快乐原则》（*Beyond the Pleasure Principle*）（International Psychoanalytic Library，London，1921）；卡尔·门宁格《反抗自我的人》（*Man Against Himself*）（Harcourt，Brace，New York，1938）。

者。这些特质仿佛使得自谦的人较其他神经症患者更具“人性”，此处我并非在为他们说话；正像刚刚提到的倾向，启动了他与自我的脱离，而引发更进一步的病理发展。我只想说明，如果不了解它们乃是整个解决法的固有部分，则必定会导致整个过程的错误解析。

最后，有些学理过度偏重于神经症的痛苦上——这真的是核心问题，但却将痛苦与其整体背景割裂了。这必定会导致对其战略意义的不当强调，因此，阿德勒①视痛苦为引人注意、逃避责任与获取不正当优势之工具。西奥多·赖克②将示威性的痛苦强调为取得爱与表现报复的手段；弗朗茨·亚历山大，强调痛苦具有移除罪恶感的作用。所有这些理论都是植根于实际的观察，不过，因为未曾深入整个人格结构中，所以才会得到像一般为大家所相信的但却仍是值得商榷的看法，如以为自谦的类型纯粹在于想要受苦，或者只在悲惨时才会觉得快乐。

能了解整个病况过程，不只对于理论的理解十分重要，而且对于分析师对待此种病人的态度也是重要的。由于他们隐伏

① 参考阿德勒所著《了解人性》（*Understanding Human Nature*）（Greenberg，1927）。

② 参考西奥多·赖克（Theodore Reik）所著《现代人的被虐狂》（*Masochism in Modern Man*）（Farrar and Rinehart，1941）。

的“要求”，以及他们那种标志性的“神经症式欺诈心理”，他们极易引发他人的愤恨，但事实上他们可能比其他人更需要同情的谅解。

第十章　病态的依赖性

解决自负系统的内在冲突的三种主要解决法中，“自谦”似乎是最不令人满意的一种，它除了像其他解决法一样具有缺点外，还会导致那种比别人更不幸福的主观感觉。自谦型的真正痛苦可能并不比其他的神经症来得大，但他却会更常主观地觉得自己比别人还凄惨，因为痛苦为他承担了许多作用。

此外，他对别人的期望与需求，也形成了对他们的巨大依赖性，而且，虽然各种强迫性的依赖性都是痛苦的，但这一种却特别地不幸，因为他与别人的关系不可以割断。不过，爱（仍旧就其广义而言）仍是唯一能给他生活以积极内容的东西。而与性有关的这一特殊的爱在他的生活中扮演了相当特殊且颇具意义的角色，因此有关它的陈述应专章予以讨论，虽然这样无可避免地会导致某些重复，但它也给了我们较好的机会，以更清楚地了解整个神经症构造的某些显著因素。

性爱被此种类型的人视为是一种至高无上的成就。爱必须是而且是通往天国之钥，那儿毫无悲痛；不再寂寞；不再感到失落、罪恶与无用；不再为自己负责；不再与残酷的世人力争那些他自感无望之物。于是爱似乎预示了保护、支持、喜爱、鼓励、同情、谅解等意义；它让他觉得自己有价值，给予他生活上的意义，它是一种援助或拯救。因此不足为奇地，他常会将人们划分成“有”的与“无”的，并非就经济与社会地位而分，而是就有无结婚或具有与此相类似的关系而言。

爱的意义基本上大大地寄寓于他期望因被爱而能带来的一切事物上，因为那些描写过依赖者之爱的精神医学作者已特别偏重强调这一方面，他们称此为寄生的、依赖性的或口欲的，的确，这方面的确是居于较引人注意的地位。但就典型自谦的人(具有明显自谦倾向的人)而言，对于爱的吸引力与被爱的吸引力是相等的。对他而言，爱意味着失去，意味着将自己浸渍于狂喜的情感中，与另一个人合并而成为同心同体，且在兼并者身上找到他本身所没有的统一性。故对爱之渴求乃被深而有力的来源所滋养着：渴望投降与渴望统一。如果我们不考虑这些来源，则我们将无法了解他情感所及的深度；追求统一性乃是存在于人类中最强的激发力之一，而它对于“内在分裂”的神经症患者更为重要。渴望将自己屈服（奉献）于某种比我们还伟大的事物上，似乎是大部分宗教形式的主要元素。虽然自谦之“投降”（舍弃）是一种对正常渴求之扭曲，但它也具有与后者相同的力量，它不只呈现于爱的渴求中，而且也出现于其他许多方面[①]。它是他癖性中的一个元素，极力要将自己融化在各种情感之中：在“泪海”中；在对于大自然的狂喜情感中；在罪恶感中；在极度兴奋（性高潮）的渴望中，或在睡眠时的微弱万象中；而且时常将自己遗失在终极的自我毁灭——即死亡——之渴求中。

更深一层的透视：爱对他的吸引力，不只存在于他为求满足、和平与统一性的希望中，而且爱乃是他实现“理想化自我”的唯一途径。在爱中，他能发展成他“理想自我”所具的可爱特质；在被爱中，它可获得“理想自我”的最高证明。

因为爱对他具有如此独特的价值，所以“可爱”在他用以决定自我评价之所有因素中便排在第一位。我已提过，在这种

① 参考卡伦·霍尼所著《我们时代的神经症人格》中的“被虐狂的问题”（The Problem of Masochism）。在那本书中，我认为“自灭”（Self-extinction）的渴求，乃是我后来所指称的那种被虐狂现象之基本解释原理。现在我认为此种渴求乃是起源于特殊的自谦构造背景。

类型中，“可爱”特质之培养始于他早期对爱的需要，它对于他精神的安宁越是必要，他人就越重要；他愈被其包围，则夸张的行为愈被压抑。“可爱”的特质是唯一被“低调的自负”所笼罩的一种特质，后者表现为在这方面他对任何指责或质询的过敏上。如果他的慷慨或他对别人之需要所表示的关怀，不被赏识甚至反而引起反感时，他会感到深受伤害；因为这些可爱的特质乃是他唯一用以评价自己的因素，所以他将它们之受拒绝，视为他自己之全然被拒绝。于是他对遭受拒绝之恐惧便极为深刻，拒绝对他而言，不只意味着丧失了他依赖他人的一切希望，而且带给他一种彻底的无价值感。

在精神分析中，我们可以更密切地看到“可爱”的特性如何经由严厉的“应该”系统而被执行。他**应该**不单只具有同情心而已，也**应**绝对谅解人。他**应该**永不会感到被人伤害，因为所有这些都**应**因此种谅解而一扫净尽。感到被伤害，除了痛苦外，势必会引起对自己之小气或自私的自我谴责，尤其他**不应**轻易地受嫉妒的苦痛所伤害——对一个易于因被拒绝或被舍弃而发生恐惧的人而言，这种“指令”是不可能完成的。充其量他所能尽力而为的，乃是坚持“宽宏大量”的伪装。任何冲突的发生，都是他的错，他**应该**是更安详的、更体贴的、更慈悲的。他所认为属于他的“应该”之范围各种各样，通常有一些会被“外移”于伙伴关系中的另一方。他所意识到的乃是他焦虑地要符合他的伙伴的期望。有关这方面，存在着两种最重要的“应该”，这就是：他**应**能将任何爱的关系发展至绝对和谐（和睦）的状态以及他**应**能使他的伙伴爱他。当他陷于一种难以维持的关系，且已知道早日结束这一关系对他只有好处时，他的自负也会视此种解决法为一种耻辱的失败，而且要求他**应该**把这种关系弄好。另一方面，正因为这些“可爱”的特质——不管它们是如何的虚伪——被一种隐秘的自负笼罩，所以它们也变成他隐伏的“要求”之基础。它们让他有权得到独有的挚爱，以及满足前一章我们所讨论过的许多需要。他觉得他有权被爱，不只是为了他的体贴（此种体贴可能是真实的），而且是为了他的柔弱与无助，为了他的痛苦与自我牺牲。

一旦在“应该”和“要求”二者之间产生冲突的趋向，则他可能必因无法摆脱而深陷进去。有一天当他无故被辱骂时，他可能会责骂他的伙伴，但事后他会对自己的勇气感到害怕，因为他竟如此自私自利而且指责他人。同时他也对“失控的可能”感到恐惧，因此事情的变化遂达于另一个极端，他的“应该”与自责占了上风；他**不应该**愤恨任何事，他**应该**是平静的，他**应该**是更钟情的且更体谅的——不管怎样，一切错误都在于他。同样地，他对伙伴的评价也摇摆不定，他的伙伴有时强大、可敬，有时却残忍到难以置信、毫无人性的地步。因此一切都如坠入了五里雾中，他无法做出任何决定。

他带着这样的内在的状态，进入爱的关系中。虽然这些状态总是危险不安的，但它们未必一定会导致不幸的灾祸。假若他不过于具破坏性(消极)以及假设他找到一位伙伴，这位伙伴相当地正常，或因为他自己的神经症理由，而相当珍爱该病人的柔弱与依赖性，则该病人便可以因之获得某种程度的幸福。虽然这样，他的伙伴有时也会觉得他的依赖态度是一种牵累或负担，但作为保护者，它却可使他感到强壮与安全——它带来如此诚挚的献身精神。在这种情况下，神经症式的解决法堪称成功的解决法。被珍爱与被庇护的感觉，正能显示出自谦者的那种最佳特质。然而，此种情势同时必也会阻止他去革除他的那些心理困难。

此种情况发生的概率如何并非分析师所能裁决的。分析师所注意的乃是较“不顺利”的关系，在这种关系中，伙伴间会彼此互相折磨，而依赖者则正处于慢慢地、痛苦地毁灭他自己的危险中，在这些情况里，我们已谈到一种病态的依赖性。它的发生并不囿限于性关系上，它的许多特征也可发生于与性无关的方面。譬如，父母与小孩间、师生间、医生与病人间、指挥者与随从者之间。但他们在爱情关系中表现得最为显著，因此只要我们在这一点上了解了它们，则在其他的关系中我们就会更易于有所了解，不管它们是否被忠诚或责任等“合理化”借口所掩蔽。

病态的依赖关系乃因配偶选择之不当而引起的，更精确地说，我们不应谈及选择。事实上自谦的人并没有选择，而是直接被某些类型“迷住”，无疑地，他被能给予他更强壮及更优越印象的同性或异性所吸引。他看不上正常的对象，而是更易于爱上一个超然的人，如果后者是因财富、地位、名誉或特殊的禀赋而具有某些魅力的话；或爱上外向的自恋类型，因这种人跟他一样，具有“轻快”的自信；或爱上自大报复的类型，因这种人敢提出公然的要求而不在乎自己的骄傲与无礼。许多理由结合起来，而使他易迷恋于具有这些性格的人。他喜欢高估他们，因为他们具备的东西，他不但只是不拥有，而且他一直为这种缺乏而鄙视自己。这些现象的产生可能都与对独立、自足、优越感的保证的欲求、对“傲慢自大”的勇气的需要或是对攻击性的渴望等心理有关。只有这些——他所认为的——强壮而优越的人，才能满足他的需要而接管他。引用一位女病人的幻想：只有具有强壮手臂的男人方能将她从失火的屋子中、失事的船只中或可怕的夜贼手中拯救出来。

他之被蛊惑或被迷住的真实原因——亦即用以说明此种迷恋的强迫性元素——乃是因为他将“夸张的驱力”压抑了。正如我们所知道的，他必定尽一切所能以否定它们。无论他所具有的征服性驱力与隐伏的自负为何，对他而言都是陌生的，而他却将他的自负系统中那被征服的无助部分感受为自己的本质。另一方面，因为他受制于“畏缩过程”的结果之下，所以能攻击性地且自大地征服生活，对他而言变成了是最理想的生活。无意识地甚至于意识地(要是他觉得他自由到足以表达它)，他以为只有他能像十六世纪征服墨西哥和秘鲁之西班牙人那样的傲慢与残酷，则他才能“自由不拘”，因世人从此都需仰赖其鼻息。但因为他无法获得此种特质，所以他被别人的这种特质所迷住了，他将自己的夸张驱力“外移”，而去崇拜别人的夸张驱力，在此能确实地感动他的乃是他们的自负与自大。不晓得唯有自己才能解决自己的冲突，他企图借“爱”去解决。爱一个自负的人、与他合并、通过他替代性地生活着，以使自己也能参与征服生活，而不必自己具有征服生活的能力。如果在这种关系的进行中，他竟发现了他的“神像”的脚乃是泥土做的时，有时他便会对对方失去兴趣，因为他无法再将他的自负转移到这个人身上。

另一方面，具有自谦倾向的女人并不会吸引他、使他产生要选她作为性对象的兴趣。他可能像朋友般地喜欢她，因为在她身上比在别人身上可发掘到更多的同情、体谅或挚爱。但一经密切交往之后，他甚至于会厌恶她；她就像一面镜子，他从她身上发现了自己的柔弱，因此变得轻视她，或至少会对她表现出激怒。他也害怕这种对象有如依附的蔓藤，只因为他必须是个更强壮的一方。这种意念惊吓了他：这些负向的情感反应使他无法评价此种对象所拥有的优点。

在具有明显自负的人们中，那些自大报复的类型虽然对于依赖者常具有最大的吸引力，但就依赖者真正的私利而言，他有强有力的理由去畏惧他们。吸引力的起因部分在于他们具有最显著的自负，但更重要的因素是，他们从根本上击倒了他的自负。关系的开始通常是自大者这一方有一些粗野的攻击性，毛姆在《人生的枷锁》一书中，有关菲利普与米尔德丽德首次邂逅时的描述已说明过这种现象，斯蒂芬 · 茨威格[①]在他的《马来狂人》一书中也有同样的描写。在这两个例子中，依赖者首先都报以愤怒以及向攻击者(这两例子都为女性)讨回公道的冲动反应；但又都几乎同时地被迷住了，因此无望与情深地被她

① Stefan Zweig，1881～1942，奥地利小说家。著有特色的心理分析传记：《巴尔扎克传》、《三作家》等。——译者

所“诱惑”，此后他就只具有一种富有推进力的兴趣：赢得她的爱。为此他毁了(或近乎毁掉)他自己。侮辱的行为常会突然引起依赖的关系，而不必像《人生的枷锁》或《马来狂人》二书中所描述的那样戏剧性，它可能更精巧或更隐伏，但如果在此种关系中完全不存在侮辱的行为，反而会令我大感惊讶。它也许只意指缺乏对人的关心、自大的冷漠、待人不够殷勤、带有玩笑性质的讽刺，或不被对象那迷人的优点——如名声、职业、知识等——所动。这些都是“侮辱”，因为他被觉得是“被拒绝”，我已提过，“被拒绝”对于那些拥有“需使人人喜爱他”的自负的人而言，乃是一种侮辱。这种现象发生的频率，可使我们明白那些超然孤立的人对他所具有的吸引力有多大，他们的冷漠与不可利用构成了侮辱性的拒绝。

这些事件，似乎加深了“自谦者一味渴求痛苦且热切地抓住因被侮辱所引起的痛苦事项”的概念，但其实再没有其他的错误观念会比这一概念更能阻碍对病态依赖性的真正理解，它特别容易误导人，因为它确实包含了一小点的真实性。我们知道痛苦对他而言具有多种神经症的价值，而且侮辱的行为真像有磁力般地吸引住了他。其错误在于，人们在这两种事实间建立了过于精简的因果关系——认为此种磁铁般的吸引力乃因得到痛苦的预期而决定。而真正的理由就是我们所分别提过的那两个其他的因素：别人的自大与攻击性对他所产生的诱惑力以及他自己所具有的“投降”（或屈服）需要。现在我们了解这两种因素比以前我们所知道的具有更密切的相互关系，他渴求舍弃自己的躯体与灵魂，但只有他的自尊居于下方或被破坏，他才能这么做。换言之，起初的攻击之所以吸引人，与其说是因为它伤害了他，倒不如说它燃起了他“自我摆脱”与“自屈”的可能性；套一句病人所说的话：“动摇我自负的人，将我从我的自大与自负中解放出来”；或者：“要是他能侮辱我，那正表示着我是一个凡人”；而且，可能还会说“只有这样，我才能爱”，此地我们也想到比才的《卡门》中的故事，其热情只当他不被爱时方会被激发。

无疑的，把放弃自尊作为屈服于爱的硬性条件乃是病态的，（正如我们即将了解的）特别是因为明显的自谦类型，只有当他感到（或真的是）被贬低时方能去爱。但如果我们记得，就正常人而言，爱与真正的谦卑也可能会共存时，则前述现象将不再稀奇或神秘。它也不同于我们最初所相信的——夸张类型将与之存在着更大的差异。夸张型的人对爱产生恐惧，主要因他无意识里了解，为了爱他必须放弃很多神经症的自负。简言之：神经症的自负乃是爱的劲敌。夸张类型与自谦类型之差异，在于前者并不需要爱，相反的却对此规避且视之为危险；但对于后者而言，屈服于爱乃是解决一切之道，而且为生命所必需。夸张类型只要他的自负遭受破坏，他也会屈服，但却会演变成情感的奴隶。司汤达在《红与黑》一书，在有关玛堤达对于连的情爱中，已描述过此种自负的过程。它显示了自大者对爱之恐惧有着稳固根基——对他而言，他过于警惕而无法让自己陷入情爱中。

虽然我们在任何关系中都能研究病态依赖性的特征，但这些特征在自谦类型与自大类型二者间的性关系中最为显著；此种关系所产生的冲突较为强烈，而且发展得也较为完全，因为这两种对象(夫妻)间的关系通常较为长久。自恋的或超然孤立的人较易对对方那种暗藏着的需求感到厌倦，而且较易放弃①，然而虐待狂的一方却较易将自己和他的牺牲者捆绑在一起。如此一来，依赖者更难于从自己与自大报复型之间的关系中解脱出来。他对于此种困难之一无所备，就如一艘只能在静水中行驶的小船之欲横渡狂风巨浪的海洋一样。他之不够坚强以及他

① 参考法国小说家福楼拜(Flaubert，1821～1880)的《包法利夫人》，她的两个情人都因变得厌倦她而逃跑了。同时参考卡伦·霍尼《自我分析》一书有关克莱尔(Claire)的自我分析。

人格结构中的每一个弱点，都将会被感觉出来，且意味着被破坏或毁灭。同样，自谦者可能生活得很好，但是当他置身于此种关系的冲突中时，每一隐藏在他身上的神经症因素都会开始发生作用。我基本地将从依赖者的立场来描述这种过程；为了简化叙述，我假设自谦的一方是女人，而具攻击性的一方则是男人。事实上，在我们文化背景中，此种关系也较为常见。但有许多例子显示出自谦与女性特质并无关系，而且攻击性的自大也与男性特质无关，二者都是剧烈的神经症现象。

最引人注目的第一特征，就是这种女人在关系中之“全神贯注”；其对象变为她生存的唯一中心，一切事物均绕他而旋转，她的情绪乃依他待她的态度是积极或消极而定，她不敢有任何计划，唯恐错过他的邀请或与他共度良宵的机会。她的思想集中在如何了解或帮助他之上，她的努力在于满足她认为他所怀抱的期望，她只有一种恐惧——恐怕自己会拂逆或失去他。同时，她的其他兴趣都消沉下来。她的工作，除非是与他有关，否则都会相对地变得无意义，这种现象甚至于对她所心爱的专业性工作或她已有成就的事业亦同样会发生。无疑地，这当中又以后者受害最大。

其他的人际关系也会被忽略；譬如她会忽略或离开她的小孩、她的家园。友谊逐渐地成为工具，用以消磨他不在的时间；当他一出现，则一切她曾专注之事瞬即消逝。其他关系的损伤可被其对象所助长，因为他会慢慢地使她愈来愈依赖他。她会经由他的眼睛而看她的亲戚或朋友，他轻蔑她对人们的诚信，而将他自己的猜疑渐渐灌输给她，使她失去了根源而渐趋孤立。此外，她的个人利益总是居于低潮之中，且逐渐沉没。她可能会陷于债务中，而冒着名誉、健康与尊严受损之险。如果她在做心理分析或惯于分析自己，则她对了解他的动机与帮助他之关心会取代她对自我认识之兴趣。

困难一开始就会发生，但有时事情暂时看来仍会很幸运，在某些神经症方面，两个人似乎彼此正相吻合。他需要成为胜利者，而她需要被降服。他公然地要求，而她会顺从。她只当她的自负破损时方会降服，而他基于很多他自己的理由，他也不能不这么做。但是在这两种全然对立的气质之间——或更精确地说，在两种神经症的结构间——迟早必定会发生冲突，主要的冲突乃是有关于情感问题方面——“爱”。她强调爱情与亲密。而他则极度害怕积极的情感，此种情感展示对他而言是可耻的。她对爱情的信念，对他而言宛若是纯粹的伪装——的确，诚如我们所知，它并非对他个人的爱，而只是被一种欲摆脱她自己而与他合而为一的需求所驱使。他无法不去攻击她的情感，所以必定会攻击她本人，于是她会因此而觉得自己被忽视或被虐待了，随即引起焦虑，并加强了她依赖的态度。这里又产生了另一冲突：他所做的每件事虽然都使她变得更依赖他，但她依附他之态度却惊吓了他而且使他感到不愉快。他害怕并轻视他自己身上的任何柔弱，同时也轻视她身上的柔弱。对她而言，这意味着另一种“拒绝”，于是又引起了更多的焦虑与依赖性。她的“隐性的需求”被觉得是一种“强制”，而他必须打垮它以保持他那种具有胜利性或征服性的情感。她之强迫性地认为自己对他是“有所帮助的”，对他那“自足”的自负乃是一种打击；她之强调“体谅”他同样地也伤害了他的自负。事实上，即使她费尽毕生真诚的努力，也无法真正地体谅或理解——她几乎是无法这样做的。此外，在她的“体谅”中，存有太多需要她原谅或宽恕的东西了，因为她觉得她的一切态度都是善良而且正常的。于是他意识到她自觉具有优越的德性，因此变得激怒而欲撕毁她的伪装。将这种关系说得十分完善是极不容易的，因为在基本上二者都是自以为是的。因此她开始认为他是个残忍者，而他也觉得她是德之贼。撕毁她的伪装可以是明显有益的，只要它以建设性的方式来进行；但因为它大半是以讽刺与毁谤的方式进行的，所以它只是伤害了她且使她感到更无保障、更具依赖性。

考虑这些冲突可能对他们彼此有益乃是一种懒惰的臆测。

的确，有时他能忍受某些“软化”，而她有时也能忍受某些“倔强”。但大部分时间，他们两人都深深地被禁锢于个人神经症的好恶之中，双方身上都有一个能带来最差结果的恶性循环长期作用着，只能造成相互折磨。

她所面对的挫折与缺陷，彼此间差异并不大，最多不过是文明些、粗俗些或强度上的差异。他们总是像玩猫抓老鼠的游戏一样，吸引与反感彼此消长，捆缚与撤退。美满的性关系，可能随后就是无礼的攻击；愉悦的夜晚之后却忘了再次的约会；被她培养起的自信可能接着反被用以对抗她。她可能也企图玩相同的游戏，但因为过于被抑制所以玩得不够好。但她本身永远是玩弄的好工具，因为他的攻击可以使她沮丧，而他貌似真实的积极情感却又使她陷于虚假的希望中，以为自今而后，一切都会好转。对于很多事情他总觉得毋庸置疑地他有权这么做，他的要求可能是有关经济的支持或给他自己、他朋友或他亲戚的一些礼物；为他做的一些工作，如家务或打字；拓宽他的职业生涯；他的需求之绝对优先。后者可以是有关时间的安排，他专心的事情不可被打断或被批评，陪伴他（或不陪伴他），或者当他抑悒不乐、烦躁不安时保持安静，等等。

不管他的需求为何，这都是他认为理所当然该得之物，他不会因此感激她，而当他的愿望未被满足时，就会引起挑剔性的暴怒。他觉得且以毫不犹豫的言词宣称他毫无需求，而是她过于吝啬、粗心、不体恤、没感恩心——他一直在忍受各种虐待。另一方面，他很机敏地觉察出她的“要求”，他发现这些“要求”完全是神经症的。她对爱、时间或陪伴之需要乃是一种占有欲，她之渴求性或美食乃是过度的放纵。因此当他之挫折她的需要时，是他根据自己的理由不得不做的。因此他觉得一点也没挫折她。不理会她的需要是个较好的方式，因为她应该耻于拥有它们。事实上他挫折她之技巧是相当高明的，包括了借郁悒不乐而消除愉悦的气氛，让她感到不受欢迎，不被需要，身体上或精神上的躲避。而其中最有害且是她最无法知晓的，乃是他那种忽视与轻蔑的态度底色。尽管他十分赏识她的能力与特质，但极少会表现出来。另外，如同我已说过的，他轻视她的柔弱，她的小心，她的不直接。此外，因为他需要将他的自恨主动外移，所以他对她吹毛求疵且居高临下。如果她胆敢批评他，则他必会以专横的态度否认她所说的一切，或证明她只是为了报复才这么做。

我们发现在性问题上这一关系具有多样性；性关系可以很明显是唯一令人满意的接触，如果他禁止自己做爱，则他也可以在这方面挫折她，这会被她觉得是最强烈的刺痛，因为由于他不够温柔，所以性对她而言乃是爱的唯一保证。或者，性乃是他贬低或羞辱她的方法。他也许明白表示对他而言，她只不过是一个性对象而已，他会炫耀与其他女人的性关系，而且附带地毁谤她说她比起其他女人来，显得不迷人或较为冷感。性交可能是种贬低，因为其中缺乏任何柔情蜜意，或因为他使用了性虐待狂的手段。

她对这种虐待之态度充满了矛盾；正如我们即将知道的，它并非是静止的反应，而是一种变动的过程，她会因此陷入更多的冲突中。开始，她只是“无助”，因为她一向所面对的都是具攻击性的人，她无法维护自己的立场以抵抗他们，也无法有效地反击。顺从就她而言总是较为简单的做法，于是她变得极易产生犯罪感，她相当同意他的许多谴责，特别是因为那些谴责包含了些许的真实。

于是她的“顺从”态度便担当了更重要的角色，而且在特质上亦有所改变。它依旧是她需要取悦或怀柔他人的一种表现，但现在却被她之渴求全盘的降服所决定了。正如我们已知道的，这只在她的自负之大部分遭破坏时，她才能这么做。因此她的一部分秘密地在欢迎他的行为，而且非常积极地与之合作，他明显地——虽然是在无意识中——在击垮她的自负；她隐伏地具有一种恭维而不可抗拒的冲动，欲牺牲她的骄傲。在性行为中，这种冲动可以变得一清二楚；为放纵的色欲驱使，她会使自己自居于屈辱的地位，被殴打、被咬、被侮辱等。有时唯有这样，她才会获得完全的满足，这种为求全盘降服的冲动（借着自我堕落为手段），似乎比其他被虐之解释更能完全地说明个中原因。

色欲之坦然表现为屈辱她自己，证实了此种驱力所具有的巨大威力。它也可表现于幻想中——通常与手淫有关——幻想堕落的滥交，幻想公开地暴露身体，被强奸、被捆绑、被殴打。最后这种驱力也会表现于梦中，梦见赤裸裸地躺在阴沟中，被她的伴侣救起来，或梦见他像对妓女般地对待她，或梦见自己向他卑躬以求。

这种自我贬低的驱力，可能会因过分的伪装而无法让人了解，但有经验的观察者会发现它还出现在其他很多方式中，譬如她之焦急地——或相当急迫地——欲洗清（或掩饰）他并将他的不轨行为视为自己的错；或欲卑屈地服侍或顺从他。她并不知道这些，因为在她的心目中，这种顺从代表了谦逊与爱，或爱中的谦逊，因为这种使她自己屈辱的冲动——性关系除外——通常大都被深深地压抑着。但由于此种冲动依然存在，所以会强行形成一种妥协，此一妥协让“屈辱”不知不觉地发生，这解释了她为什么可能长期不曾注意到他的攻击行为，尽管此种行为在别人看来乃是罪恶昭彰。或者，即使她认出它，但在情感上也一无感觉，因此她不会确切地去介意它。有时候，朋友可能会唤起她注意到它，即使她会因此而确信它的真实性与朋友对她幸福的关怀，但这也只会激怒她罢了。事实上，它必会如此，因为它过于密切地论及了她在这一方面的冲突。当她试图挣脱此种情势时事情就更戏剧化了，尽管她尽极大努力，她一再忆起他一切侮辱与羞辱的态度，她希望这能帮助她站稳立场以抵抗他。只在经过这种长期而无益的努力后，她才会惊讶地发现，这些努力全是徒劳的。

她之需要全盘的降服，导致必须将对象理想化；因为她只在她自负所托付的人身上，方能找到她的“统合性”，所以他应该是个骄傲者，而她则是个卑屈者或降服者。我前面提过他的傲慢态度会迷住她。虽然此种有意识的魅惑也许会消失，但她之将他“荣誉化”此一幻想却会以更精巧的方式长久地存在。以后她可能会在许多方面更详细地了解他，但直到她找出个中破绽之前，她都不会对他获得一全盘冷静而适度的了解与判断——但即便找到破绽时对他的“荣誉化”可能仍旧历久长存。譬如，她极愿如此思考，他虽遭遇困难，但总体上他仍是对的，而且知道得比别人更多。将他理想化之需要与全盘降服之需要，于此相辅相成；她将她个人的“自我”消灭到经由“他的”眼睛来看他、看别人或看她自己的程度——这是她难以突破的另一因素。

这些就是两人间的戏码，但当她所下的赌注无法实现时，则会有转折点出现，或者说存在一个长期转折的过程。她的“自我堕落”毕竟主要地（虽非完全地）被当作是用以达成目标的方法：经由自我降服而与对象合而为一，以找到内在的统合性。她为了获得这种成果，则其对象必须接受她之“降服于爱”，且以爱报偿她。但事实上就此一决定性的论点而言，他却令她失败——诚如我们所知，他必定会借他的神经症而如此做。因此，虽然她不介意——或相当隐秘地欢迎——他的自大，但她却不堪忍受那些“拒绝”及爱情上明确的或隐含的挫折，她感到恐惧与愤恨，这包括了她对“救世主”的焦切渴求，以及她的自负——她**应该**能使他爱她，而且能达成此种关系。此外，像大多数人一样，她无法轻易放弃她所极力投入过的目标，因此对于他的亏待，她的反应是变得焦虑、沮丧或失望，唯一能让她迅速重获希望的，即执着地相信（摒弃所有反证）终有一天他必定会爱她的。

就此而言，冲突开始发生了，首先是短期的，但很快地就被克服，其后渐渐地深化且变得永久。一方面，她绝望地试图改善此种关系，对于她而言，努力改善似乎是一个好方法；但对他而言却是增加了依赖性。双方某种程度上都是正确的，但也都忽视了本质，亦即她觉得她在为最完美事物而战。她比以往更小心翼翼地取悦他，符合他的期望，任何事都归咎于自己，忽视任何粗鲁的举动而不表示愤恨，更体谅、更会掩饰。她不了解这一切的努力会助长了根本错误的目标，却反将这些努力误认为“改善”。同样的，她具典型性地固守着虚伪的信念，即坚信他也“改善”了。

另一方面，她开始憎恨他，原来这是完全被压抑着的，因为它必会毁灭她的希望。后来它可在隐约之中被察觉出来的，她开始愤恨他待其无礼，虽然她依旧不愿承认自己的恨，但报复的倾向跃居引人注意的地位。之后真正的愤恨爆发了，但她仍旧不晓得它是否真实。她变得更会挑剔，而不愿让自己被剥削。很显然地，她的报复大部分表现在间接方面，表现在诉苦、痛苦、受难，或在日渐增加的依赖性上。报复性的元素也潜入了她的目标，它们过去是以潜伏的形式存在着，但现在却像癌细胞一般增殖。虽然她仍旧渴望着他会爱她，但此种渴望却大部分转变为报复性胜利的问题。

就各方面而言，这对她都是不幸的。虽然它仍旧是无意识的，但如此重要的问题之被尖锐地分割却导致了真正的不幸。

正因为它是属于无意识的，并且此种“报复”也因其能供给她另一种强烈的动机朝向“完美结局”努力，所以她与他绑得更近、更紧。甚至于当她成功了，他终究爱上了她时（他可能爱上她，只要他不过于固执，而她不过于具自毁性的话），她也无法从中获得任何益处。她对于胜利的需求被满足也被缩减了，她的自负得其报偿，但她却不再感兴趣。她也许会感激他给她的爱，但却会觉得如今为时已晚。事实上，当自负被满足后，她是无法再爱的。

然而，如果她加倍地努力，在本质上却没改变此种情况时，则她会更激烈地攻击自己，进入了前后夹击的范畴内。因为“投降（舍弃）”的概念渐渐失去价值，同时她知道了自己已因此而忍受了太多的亏待，所以此时她觉得被剥削了，她为此而憎恨自己。最后她也开始了解她的“爱”，事实上乃是一种病态的依赖性（不管她应用什么术语）。这是一种健康的认知，但她却会立刻报之以自卑的反应。接着，她责备她自己的报复倾向，她因为具有这些倾向而憎恨自己，最后她因无法引发他的爱而残忍地摧毁自己。这种自恨，有时多少会被她觉察出一些，但是它通常都以被动的方式而被“外移”，而表现出自谦类型的特性。这意味着现在她具有一种大量且广泛存在的被他虐待了的感觉，这使她在对待他的态度上产生了新的裂痕。觉得被虐待而导致的愤恨几乎将她逼疯。但自恨是如此的可怕，因此她变得更需要情爱的保证，或出于全然自毁的出发点，加强了使自己忍受虐待的能力。于是她的对象(或丈夫)转换成她的自毁的执行者，她被驱策、被折磨、被侮辱，因为她憎恨且蔑视她自己。

有两位病人的自我观察(他们都希望自己能从依赖的关系中解脱出来)，可用以阐明在此一时期内自恨所担任的角色。第一位病人是男性，他为了查出他对自己所依赖的那个女人的真正情感究竟是什么，而决定单独去度一次短假。这种企图，虽然是可理解的，但大多数都被证明是无效的——部分因为强迫性的因素使问题难于被了解，部分因为个人通常并不真正关注他自己的问题，以及这些问题与情势的关系，而只是凭空地想要“查出”他是否还爱另一半而已。

在这个例子里，他之决定追究根源也会产生结果，尽管他必然无法找出问题的答案。情感的确出现了；事实上，他陷入了情感的暴风中。最先他陷入了“这女人是如此之残酷不仁，以至于找不到一项对她而言是足够剧烈的惩罚”之感觉中，很快地，他又强烈地觉得为了她的点滴友善改变，他要施舍一切。这些极端的情感多次交替互换，而且每一种在感觉上都是如此真实，以致他暂时会忘却另一种对立的感觉。只在他经历此种过程几次后，他才会了解他的情感乃是矛盾且相对立的，也只有这样，他才会明白所有这些极端情感都非代表他的真实情感，唯有如此，他才会清楚地发觉这两种情感都是具有强迫性的。此种认知解救了他。他不再无助地由一种情感而被卷至另一对立的情感中，他现在已开始能将二者视为应被了解的问题。后来的片断分析，可让人惊讶地了解到这两种情感，在根本上，其与对象的相关度远不及与他自己内在过程之相关度。

有两个问题可以借来以弄清楚情感的激变：他为何要将她的攻击或冒犯，夸张成好像她是头无人性的魔鬼呢？为什么他要那么久才能认清他心境律动中的明显矛盾呢？第一个问题可以引导我们发觉下述序列关系：一些理由导致自恨增加，被女性虐待的感觉增加，他外移了的自恨变为对她的报复性憎恨。了解了这三种过程后，则第二个问题就简单了。他的情感只当其被用以表现对这个女人的爱与恨时，才会变得矛盾而对立。事实上，他被那种“找不到足够激烈的惩罚”的意念中的报复性所震惊，他为了安抚自己，企图借着渴求那位女士以缓和此种焦虑。

另一个例子，是一位女病人，她徘徊于一种相当独立的感觉，与一种冲动地想打电话给她丈夫(或对象)的感觉之间；每一次当她将拿起电话时——她完全知道再次的接触，只是使事情变得更糟而已——她就会想：但愿有人将我绑在柱子上，就像尤利西斯（荷马史诗《奥德赛》中之主角，传说为特洛伊战争中智勇双全之英雄）……像尤利西斯？但他是为了要抵抗喀耳刻（喀耳刻为《奥德赛》中之女巫）[①]的诱惑才绑住自己的，因为喀耳刻具有将人变成猪的法力。于是她发现，原来她现在正被一股欲使自己堕落且被她先生侮辱的强烈冲动所驱策着。这是千真万确的事，咒语的魔力也因此而遭破坏了。此时她已能分析她自己了，她遂自问一个有关的问题：刚才这种冲动为何会变得这么强烈呢？接着，她感受到好多她以前所未曾发觉到的自恨与自卑，于是往昔的事件一一出现，这些事件过去曾使她转攻她自己。其后，她觉得心情轻松了不少，而且情绪也较为稳定了，因为这时她已想离开他，而且经由自我分析，她已了解了她为何还与他绑在一块儿的原因。在下一次分析会谈时，她一开始就说道："我们必须更详细研究我的自恨。"

"内在的混乱"将会有所增加，由于上述所提过的一切因

---

① 我们所谈的这病人，将塞壬（希腊神话中的海上女妖，以美妙歌声蛊惑过路的航海者，而使之灭亡）的事件与塞茜的事件搞混了。不过这当然不会影响她的发现的确实性。

素：降低对成就的希望，加倍的努力，憎恨与报复心的抬头（同时也带来了反抗自我的不良影响，以及对自我的伤害）。内在的情势渐渐变得更难于防守，她真的正处于成败的紧要关头。在这种情况下，可能会有两种不同的做法，而取舍则完全依据两者间何者战胜而定。就如我们以前所讨论过的，其中之一是破灭（或被毁灭），这乃是此种类型为解决一切冲突所使用的最后方法。她也许会考虑自杀、用自杀恐吓、尝试自杀或真的自杀了。也许会生病，而且病死；她的行为会变得草率，譬如陷于无意义的绯闻中。也会报复性地攻击她的丈夫，但伤害自己的程度通常要比伤害她丈夫更严重。或者，她可能只是不自觉地失去了生活的兴趣，而变得怠惰、不修边幅、不愿工作，而且愈吃愈胖。

另一做法是循着健康的途径，以努力逃避此种情势；有时她会了解她果真已处于即将瓦解（或神经错乱）的险境中，而这正带给她以必要的勇气。有时上述两种做法会交错地进行。欲挣脱出来的过程是相当痛苦的，挣脱的动机与力量可以是来自健康的或神经症的来源。譬如，可能是由于渐渐觉醒的建设性的自我关心；或由于她对丈夫愈来愈表愤恨，这不只因为她实际上被亏待了，而且是因为他使她感到被“欺骗”所致，“比赛输了”使她的自负受到了伤害。另一方面，她面临一场可怕的混乱：她已避免与太多的事或人打交道，但由于她自己的分裂，她十分恐惧于孤立无援。这种逃避的做法就等于是宣告她自己被打败一样；但同时另一种自负却又会对此加以反抗。二者通常都是彼此上下起伏不定——譬如，有时她认为她能够离开她丈夫，但有时却又觉得宁愿忍受任何侮辱而不愿有所逃避。这仿佛是某一种自负与另一种自负间的挣扎，而她自己则心惊胆战地处于二者之间，结果如何？这要依赖好多因素而定。这些因素大多数存在于她本身之内，但也有很多可来自她的整个生活情势中，譬如朋友或分析师的协助也可以是相当重要的。

假设她确切地计划挣脱她的苦境，那么她的行动价值将视下列这些问题而定：她是不是借着各种方法挣脱了一种依赖性，但迟早又掉入了另一种依赖性中？对她的情感过于谨慎，而有将它们封住或减弱的倾向（于是她可能看来像是“正常”的一般，但实际上却是恐惧生活的）。或者，她已较彻底地改变过来了，且真的变得更为坚强？任何这些都是可能实现的。无疑地，心理分析可为她提供挣脱“神经症的困难”（这些困难使她陷于悲痛与危险）的最好机会。但是，假如她在奋斗或挣扎的期间能够动员充分的建设力，并在真正的痛苦体验中臻于成熟，则她可变得诚实待己以及自立自强，且获得内在的自由。

病态的依赖性，是我们所必须处理的最复杂现象之一。只要我们否定人类心理性质的复杂性，而坚持欲以一简单的公式来完全解释此种依赖性，那我们绝对无法了解它；我们不能将其全貌解释是“性被虐狂”的多种分枝。如果它显得如此，那么它只是其他许多因素的结果，而不是原因。它也不是柔弱的无望者所表现的那种全然倒置的虐待狂；也不是说只要我们将重点置于寄生的或共生的方面，或使自己消融的神经症驱力上，就能了解它的本质；它也不是只凭自毁以及将痛苦强加于己的冲动便能单独解释的原理；最后，我们亦不能将整个情况视为只是自负与自恨的外移作用；如果我们将其中一种或另一种因素，当作是整个现象的唯一根本原因，则我们势必只能获得片面的结论而无法包括所有蕴涵的特性。尤其是所有这类的解释都是造成静态描述之原因；其实，病态的依赖性并非静态的情况，而是一种过程，在此一过程中，几乎所有的这些因素都参与了演出——从后台走上前台，按重要性的次第，一项因素会决定或加强另一因素，或与之相冲突。

最后，以上所提到的这些因素，虽然都与依赖性的全貌有关，但仿佛仍是过于消极，而无法说明这一过程中出现的热情。热情(或强烈的情感)，不管是蓬勃发展的还是压抑于心的，如果没有有关重要满足的期望，也就无所谓热情，这个期望是否因神经症的前提而发生都无所谓。这个因素是无法单独被把握的，而只能在整个自谦的人格构造的架构中方能对此有所了解，那就是全盘投降而渴望与对象合并以找寻“统一性”之驱力。

第十一章　退却——渴求自由

解决内心冲突的第三种解决法，主要在于从内心的战场中撤退出来，而宣告他自己与这一切毫无利害关系。如果他能振作而维持一种“事不关己”的态度，则他较不会觉得被内心的冲突所困扰，且获得看似内心安宁的外貌。因为，他只有借着从积极的生活中退却出来才能达到这种结果，所以“退却”（resignation）一词似乎是这种解决法的最好名称。在某些方面，它可能是一切解决法中最彻底的一种，可能因为这个理由，所以它的运作常常是相当顺利的。也因为我们对于何谓正常情况的判断一般都很迟钝，所以退却的人常常会被认为是“正常”的。

退却可具有一建设性的意义。我们可以想到很多上了年纪的人，他们都已了解野心与成就二者并非首要之事，他们借减少期望与需求而变得老练，借舍弃不需要之事物而变得更聪慧。在许多的宗教或人生观中，舍弃不需要的事物，被认为是追求伟大的灵性发展以及获得满足的方法：诸如，放弃个人意志的表现与性欲；为了更接近神而抛弃对尘世财产之渴求；为求永生而舍弃对短暂事物之热望；为求获得潜存于人类心灵的内在力量，而放弃个人的努力与欲求满足。

然而，就此处我们所讨论的神经症式解决法而言，“退却”隐含着欲建立一种**只要**不含冲突的安宁之意。在宗教的体验中，追求安宁并不包含放弃奋斗与努力，而是要将这些奋斗与努力导向更高的目标。然而就神经症患者而言，它却意味着放弃奋斗与努力，变得较缺乏建设性。因此他的退却是一种退缩的过程、限制的过程，而且是缩减生活与成长的过程。

我们以后就会发现，正常的退却与神经症式的退却二者之区别，并不像我刚才所陈述的那样简洁，尽管后者也包含了积极的价值；但我们所目击到的，都是因这种过程所导致的消极特质。如果我们回顾另外两种主要的解决法，这情形会变得更为清楚，在那两种方法中，我们可发现较为狂烈的景象，亦即外求某物、追求某物，变得急切地从事于某些事业——不管这是关系到征服还是爱；其中，我们可发现到那种希望、愤怒、失望。甚至于是自大报复的类型，虽然他最后因熄灭了他的情感而变得冷酷，但却依旧激烈地希冀——或被驱策向希冀——成就、权力与胜利。相反的，当退却长久地维持着一致的形象时，他的生活表现必永远落在低潮之中——一种虽没痛苦、没冲突，但也没热望的生活。

于是不足为奇的，神经症式的退却之基本特性可借限制的气氛，或某些被规避的、不想要或不愿做的事物而加以辨识。每一种神经症患者都带有一些退却的性格。此地我将讨论的，乃是对以“退却”为主要解决法的那些人所做的横切面。

神经症患者已让他自己由内心的战场中撤退出来，其最直接的表现为：他是他自己以及他生活中的旁观者。我已将这种态度描述为解除内在紧张的一般方法。因为超然（不过问他人事物）是他普遍存在且突出的态度，所以他也是别人的旁观者。他生活着，仿若他坐于剧院的座位上，在观看舞台上所扮演的戏剧一般，而且像是看一幕不会令他感到兴奋的戏剧。虽然他未必是位好的观察家，但他可能是最敏锐的。在第一次心理会诊中，借助于某些适切的问题，他会给人一种印象——他有着丰富而坦白的观察经验，但他通常会附加说明道：所有这些认识于事并无补。当然会这样，因为他的发现没有一项是他**亲身的**体验。做他自己的旁观者正意味着：不去主动积极地参与生活，无意识里他也拒绝如此做。在心理分析中，他试图维持同样的态度，他也许对此极表关心，但他所关心的也只是片刻地停留在令人兴奋的娱乐层面上——而一切都不会改变。

然而，他甚至会用智力，以避免冒着那种发觉他的任何内在冲突之危险；如果他因奇袭而被攻陷，则他将陷于严重的惊慌中。但大多数的时候他都过于谨慎，使事事都无法触动他，只要他一接近冲突，则他对整个主题的关心也就随即消逝。或者他会说服自己去否定它，而证明这冲突并非真是冲突。但当分析师察觉到他这种“回避”的战术后，会告诉他：“看，这就是你面临险境的生活。”然而病人并不十分了解分析师所说的话。对他而言，这并不是他的生活，而只是他所观察到的生活罢了，在此种生活中，他并非其中的一员。

与“不参与”有密切关联的第二种特征，就是缺乏为求成就的任何奋斗以及不愿努力。我将这两种态度并列而谈，因为它们的结合正是“退却者”之典型表现。许多神经症患者会热衷于追求某些事情，但又烦恼于被自我抑制阻止他去获得它，但退却者却恰与此相反。他毫不自觉地拒绝成就与努力，他缩减或全然地否定他的优点，且不加争取；即使是指出反证，也无法使他有所改变，只是徒增他的烦躁罢了。分析师是不是想要使他重获某些野心？他希望他成为美国总统吗？如果最后他不得不了解原来他也具有某些天赋时，则他必会大感惊惧。

此外，在他的想象中，他会作出美丽的乐曲、画作、文学作品。这正是放弃热望与努力的代替法。他可能真的对某一主题具有优越而创始的高见，但文章的著述需要进取的精神，以及将这些意见融会贯通，且将之组织起来的努力，因此他对撰文著述之事仍旧会一无所成。或者在想象中他可能具有一种模糊的欲望，想写小说或戏剧，但他却一直要坐待灵感的到来，彼时情节必会变得清晰而且运笔如飞吧。

他也最擅长于找寻不做事的理由；一本必须呕尽心血才能写出的书，到底会有多好呢？ 不管怎样，平常所见到的平凡的书不是已经很多了吗？专注于某一种追求，不就要减缩另一种兴趣，且会因此而囿限了我的兴趣或思想范畴吗？参与政治或卷入竞争的场合，不就要损毁自己的个性吗？

他这样的憎恶努力，且会将之扩展到一切活动上。这会造成完全的惰性，于是他对于写信、读书或购物这些琐事，都会变得过于拖延，或者他会违反内在的阻抗，缓慢地、倦怠地且无效地去进行这些事。对于无可逃避的那些更大的活动，如推动或处理他职业上堆积已久的工作，在他尚未动手之前，他便已感到厌倦了。

随之而来的，他会缺乏对有关的大小问题的标的与计划；

事实上，他究竟想用他的一生来希冀些什么呢？他并未曾思及此一问题，而且也轻易摒弃这个问题，一若它与他全然无关似的。在这方面，正与自大报复的类型成为一强烈的对比，后者则具有长久而精心的计划。

在心理分析中，我们会发觉到他的目标是有限的，而且是消极的、被动的。他觉得心理分析应该会驱除他的一切障碍症状，譬如，面对生人的忸怩，大庭广众前的失却勇气与羞赧。或者，心理分析应该会除去他的某些惰性，譬如，他之不耐久于读书。他也许也对目标具有更广博的见识，如果用他特有的不明确的说法，他可能会称此为“平静”，然而对他而言，这意味着毫无困扰、激怒或烦恼。而且，毋庸置疑的，无论他想要什么，都以为应易于获得，而不用忍受任何苦痛或历尽任何辛劳，这是分析师该为他做的。毕竟他不是个专家吗？请求分析应该就像是去找牙医，或打针的医师一样，他倒愿意耐心地等候分析师陈述解决一切问题的好方法。最好是病人可以不用谈得太多，分析师也应具有某种X射线，以揭示病人的思想，或者，也可以利用催眠更快地将事情揭露出来——亦即病人可以不需浪费任何的劳力。每当一新问题又再度形成时，他会首先对又必须做这么多的工作报以愤怒的反应，像从前所提过的，他并不介意要观察他自己的更多事情，但他介意那些改变的努力。

更深一步地，我们可了解退却的本质：**愿望的限制**。我们已在其他的类型中看过对愿望的抑制，然而这种抑制只针对着某些种类的愿望，诸如冀望与人密切交往，冀望胜利。我们也熟悉了愿望之不确定性，主要因为个人的愿望乃依他所**应该**希望的而定，所有这些倾向，也会在此发生。此地自发的愿望，也会因“内在的指使”而变得更模糊不清，但有过之而无不及的，是这些具有退却倾向的人会意识地或无意识地相信，不希望或不期待将会更好些。有时这会使他在意识中对于生活的展望感到悲观，而认为无论如何努力都是徒劳无益的，以及没有一件事值得他去卖力。更常见的，在随便一提的时候，许多事情都可能会让他觉得是值得且需要的，但仍无法使他激起具体而活跃的愿望，即使某种愿望或兴趣可能足够强烈，穿透他那种“事不关己”的态度，但必定很快地又会消逝，而重建起“凡事无所谓”或“凡事都应无关紧要”的防线。此种“毫无愿望”的态度可能会表现在职业生活或个人生活中，譬如，求取不同的职业或升迁的愿望，以及对婚姻、房子、汽车或其他财富的愿望。要达成这些愿望，对他而言简直是一大负担似的，而事实上如果这么做，也必定会破坏他所真正具有的另一种愿望——他希望不被困扰。愿望的缩减与以前所提过的三种基本特性有着密切的关联。只当他不具任何强烈的愿望时，他才能成为他生活中的旁观者；如果他不具有愿望的发动力，那他根本就不可能具有任何热望或有目的的目标，最后，没有一项愿望强烈到足以让他花劳力去追求。因此产生了两种明显的“神经症的要求”：生活**应该**是闲逸的、不痛苦的而且不费劳力的，以及他**不应**遭受困扰。

他会特别当心千万别依附任何事物，别依附到非需要它不可的程度。没有一件事物重要得使他不能不拥有它，当然他可以喜欢女人、喜欢乡村中的某地，或喜欢各种饮料，但不应变得对这一切有所依赖。只要他一发觉某个地方、某个人或某一团体对他具有很大的意义，且如果丧失了他们他将会大感痛苦时，那么他会很快地收回他的情感。任何人都不应该认为他们是他所绝对必需的，或者将这种关系认为是理所当然的。如果他怀疑某人具有这两种态度时，那他很快地就会退缩。

“不参与”的原则，如同在他欲变为生活的旁观者，以及欲收回愿望中的表现一般，同样也可在人际关系上发生作用。其主要特征为“脱离关系”，亦即拉远与别人的情感距离。他能享受略有距离或短暂的人际关系，但不应付出他的真情感。他不应变得过于依附于某人，而以致需要他的陪伴、他的帮助，或需要与他发生性关系。脱离关系乃是维持此种条件的最简易方法。与其他的神经症类型相反的，他并不期望从别人那儿得到什么，不论是好的或坏的。即使在紧急的情况下，他亦想不到寻求帮助。此外，只要事情不涉及到他的情感，他也会相当乐意地去帮助别人，但他并不希求，甚至于也不期望别人的感激[①]。

“性”所扮演的角色对这一类型的人而言差异很大；有时“性”乃是他与别人交往的唯一桥梁。于是他可能经验过很多短暂的性关系，但迟早都会从中撤出；一如往常地，他认为性关系不应该转变为爱。他可能完全知道那种他不受任何人牵累的需要，或者他可能会以满足了好奇心，作为结束某种关系的理由。于是他会指出，为满足某种新体验之好奇心，驱策他与某些女人有所接触；当然，当他经历过此种新体验后，她就变得不再吸引他了。在这些情况下，他对女人的反应，就如同对一处新的风景，或一群新的志同道合的朋友的反应一样。既然他已知道他们不再引起他的好奇心，于是他需要转向别的事物上，这已不只是他对“脱离关系”所做的合理化说辞而已。他

---

① 可参看卡伦·霍尼所著《我们内心的冲突》，第5章“逃避人群”，其中对于“脱离关系”有更详细的叙述。

比别人更自觉且更彻底地达成他那种旁观生活的态度，有时这会变成“积极生活”的虚伪幌子。

在某些情况下，他可能会将整个“性”的领域排斥于他的生活之外——甚至于到了熄灭所有这方面愿望的地步。于是他不具性爱的幻想，或者他的性生活可能只包含着一些毫无结果的幻想。因此，他与别人的实际接触便停留在淡薄的友善关心上。

当他与某人维持某种持续的关系时，他当然也会在这种关系中保持他的距离(疏远)，这种现象正与自谦型的人相反，后者需要与他的对象或伴侣合并。他用以保持疏远的方法很多，他在永久的关系中排除“性”，以免过于亲密，却通过陌生人满足他的性需求。有的则相反的，他多少会将彼此间的关系局限于性接触上，而不与他的伴侣共享其他的体验[1]。在婚姻中，他也许会对太太十分殷勤，但却从不衷心地谈论他自己。他可能会坚持他应有很多属于他自己的时间，或坚持要单独旅行，他也许会将关系局限于度周末或旅行时间之内。

---

① 弗洛伊德已观察出此种特殊现象；他认为这是爱情生活的一种特性，且只发生于男性身上。而且他还试图用男性对于其生母的态度来解释它。见 S. 弗洛伊德 “Contributions to the Psychology of Love”，*Collected Papers*，IV。

此处我想加一评论，其意义以后我们自会了解。害怕情绪受到他人的牵累，与缺乏积极情感不同。相反地，如果他能普遍地遏制柔弱的情感，则他不必如此警惕。他具有他自己的深刻情感，但这只是停滞在他的内心深处而已，那是他的私事，而非别人的事。在这方面，他与自大报复的类型不同，后者虽然也与人脱离关系，但潜意识里却训练自己不具任何积极情感。除此之外，他不想被别人卷入冲突与愤怒中，但自大类型却易于动怒，而且在与别人的激战中逞其个性。

退却者的另一特征，就是对于各种势力、压力、逼迫或束缚之过敏，这也是他"脱离关系"的要素。甚至于在他欲与别人相处，或参与某种团体活动之前，他马上就会害怕将受到长久的束缚，"他该如何才能自救"这个问题，始终在他的脑海里盘旋。婚前此种恐惧可能会演变成惊慌的心理。

他所愤恨而认为是强制(或逼迫)之事，其范围甚广，它可以是任何契约，譬如签订租约，或签订任何长期合约；它也可以是任何身体上的压力，甚至于是纽扣、腰带或鞋子；它可以是敌对的见解，他会愤恨别人所期望他或"可能"期望给予任何事物，譬如圣诞礼物、信件，或希望他在特定的时间内付账；它可以扩及风俗惯例、交通规则、条约以及政府的干涉，等等。他并不参与这些战斗，因为他不是个斗士；但他内心却反叛着，且意识地或潜意识地借着无所反应或遗忘等，以消极的方式来挫败他人。

他对“强制”的敏感与他的惰性以及愿望的退缩有关。因为他不想移动，所以他觉得人家之期望他做事乃是一种强制，尽管此种期望对他是明显有利的。与愿望退缩的关系则更为复杂：他有理由害怕任何具有较强烈愿望的人，因为那种人会借着自己那较大的决意而利用他，要他去做某事。这里面也有“外移”在发生作用。未曾经历过他自己的愿望或爱好，则当他实际上追求爱好时，他将易感受到自己在屈服于别人的愿望。举一日常生活中的例子来说：有一个人被邀参加舞会，但举行舞会的夜晚，他正与女友有个约会，因此他觉得不该去参加舞会。后来他果真往赴女友的约会，却觉得他妥协于她的愿望，也愤恨她所运用的“强制”手段。一位很聪明的病人用下面这些话而将整个过程点化出来：“自然界是憎恶真空的；当你自己的愿望沉默时，别人的愿望就会冲进来。”其实我们还可以附加上：不只是他们既存的愿望，而且连他们所宣称的愿望，或者他已外移到别人身上的那些愿望都会闯入。

对强制的敏感会在心理分析中造成实际的困难，这一困难愈大，则病人不只会愈消极，而且会愈具反抗的态度。他可能会对此心存长久的怀疑，以为分析师想要影响他，而将他塑造成预定的形式。这种猜疑愈大，则病人的惰性便愈会阻止他去体会任何暗示，虽然他屡次地被要求这么做。因为分析师所施与的影响不当，所以他对于隐含地或明确地攻击到他的神经症的论点的任何问题、陈述或解析都会加以驳斥。进行这方面的分析是困难重重的，主要是因他之不喜欢冲突，所以长期地不表现出他的猜疑。他可能纯然地觉得这些都只是分析师的偏见或嗜好而已，因此他不需介意它们，而弃之为无关紧要之事。譬如，当分析师暗示病人与他人的那种关系是值得检点的时候，病人马上就会警觉到，而私下认为分析师乃是想要使他变得“更合群”。

最后，伴随着退却，他憎恶改变并对任何新事物感到憎恶，这在强度与形式上也各有差异。惰性愈显著，则他愈不敢冒险或努力以求任何改变。他不愿改变，情愿忍耐现状，不管是对于目前的职业、住所、员工或配偶。他不会想到也许能够改善目前的情况，譬如，他也许可以重新布置他的家具，争取更多的休闲时间，帮助他太太解决困难。如果跟他暗示这些只会遭到漠视而已。除了他的惰性外，还有两种因素促成了这种态度，因为他少有期望，所以无论怎样，他改变的机会简直是微乎其微的。而且他还倾向于认为事情是不可改变的。人们都是这样的——这就是他们的性格；生活本是如此——它是命运。虽然他并不抱怨那种大多数人所无法忍受的情势，他对于事情的忍耐精神，看来像是自谦者的殉难精神一样。但其相似处仅止于表面：它们仍起自不同的来源。

迄今，我们提到有关“憎恶改变”的例子，都是关于外在方面的，然而这并非我将之列为“退却的基本特性”的理由。对于改变周遭事物所表现的犹疑态度，在某些人身上是相当明显的。但是在其他一些退却者中，相反的，主要的表现却是坐立不安。就所有的病例而言，每个病人同样都是明显地憎恶内在的改变，几乎所有的神经症患者都会具有这种特性①，但憎恶通常是为了解决或改变特定的因素而发生的，譬如，当分析师欲移除患者某种特定的主要解决法中的因素时，这种憎恶的态度就会表现出来。对于退却型的病人而言，这同样是真确的。但由于不变的“自我”观念深深地根植于他的解决法之性质中，因此他反对改变本身，此种解决法之特质乃是从积极的生活中、从积极的愿望、奋斗与计划中以及从努力与行动中撤退

① 请参阅卡伦·霍尼所著《自我分析》（W. W. Norton，1942）一书第 10 章“阻抗作用的处理”。

出来。他认为一切人都是不可改变的，这正反映出他对自己的看法，不论他对“成长”谈论了多少——或甚至于他明智地赞赏有关成长的见解。在他心目中，心理分析应该是一次性的启示，能一劳永逸地解决他的事情。他一开始就不了解心理分析乃是一种过程，在这过程中我们可由常新的角度来处理问题，我们也可以了解常新的关系，发觉常新的意义，而直到我们找到它的根源，而能让改变从内部生发为止。

整个退却的态度也许是有意识的；在这种情况下，病人会将此种态度视为高超的智慧。但更常见的，就我的经验而言，病人大都未察觉出这种态度的存在，而只对某些我们提过的特征略知一二而已；因为他以不同的角度去看它们，所以他可能会用不同的说法去表述它们。最常见的，他只察觉出他的“脱离关系”的态度以及他对强制（逼迫）的敏感。但由于“神经症的需要”始终是关键问题，当他对挫折有所反应之时，当他因此变得冷漠、倦怠、激怒、惊慌或愤恨时，我们便可借观察而认识退却者所具有的个人的需要。

就分析师而言，认识病人的基本特性，有助于迅速地衡量整个病情，当其中一种特性引起我们的注意时，我们就须找寻其余的特性；我们可以概率极高地找到它们。像我一直小心翼翼地指出的，它们并非一系列互不相关的特点，而是一个彼此密切交织的组织结构。至少就其基本成分而言，它们乃是一幅极具持续性与统一性的图像，看来就像是被漆过了同一种颜色一样。

现在让我们试着了解这幅图像的动力变化、它的意义以及它的历史。至今我们所指出的一切，主要在于说明“退却”乃是一种借着从心灵内冲突中撤退出来，以解决冲突的主要方法。乍见之下，我们可得到一个概念，退却者根本地放弃了他的雄心壮志，这就是他自己所常强调的，可以将之视为整个发展的一个端倪。就他在野心方面的明显改变而言，他的病历有时似乎也证实了此种概念。在青少年时代，他常做出一些成绩，展示了他的能量与才智，比方他人缘好，克服了经济障碍而为自己谋得了地位。他在学校也许雄心勃勃，在班上独占鳌头，在辩论或某些进步的政治活动中表现得引人注目。至少有一段时期，他比较活跃，而且对许多事情感兴趣，在那段时期中，他反抗他生活于其中的传统，他想到将来要成就丰功伟绩。

接着，他常会面临一段困厄的时期：焦虑、忧郁，或因反叛的性格导致的不幸生活与失败而陷入失望之中。经过这段时期后，他生活的曲线似乎变平了，人们说他已变得能够“适应社会”且变得安定下来了，人们评论他青春时飞向太阳而现在又回至地面；他们说这是“正常的”过程。但细加思索的人，却会为他担忧，因为他似乎已丧失对生活之热望和对许多事情的兴趣，而且所处的状态也并非充分利用他的天赋和机会。究竟他身上发生了什么变化？的确，人的翅膀可因为经历一连串的灾祸与剥夺而被剪短，但我们要记住在这种情况下，环境并不是极其艰难困顿，以至于足以将一切归咎于它的，因此某些精神的压力(悲痛)必为其中的决定因素。然而这一答案也不够令人满意，因为我们可以想起有好多人，他们虽然同样经历了内在的困扰，但却能从中逃脱出来。事实上，此种改变既非冲突存在的结果，也非冲突大小的结果，而是他已与他自己谈和的结果。发生的事乃是因他已尝到内在冲突的滋味，且借自其中撤退出来以解决它们。他为什么要企图以这种方式来解决呢？他为什么只能这么做呢？这是他过去的历史问题(较近的历史)。关于这一点，我们必须先更清楚地了解“撤退”的性质。

首先，我们先注意夸张的驱力与自谦的驱力间的内在冲突，在前三章中讨论这两种类型时，其中必有一种驱力较为显著，而另一种则被压抑着。但如果“退却”居于优势地位，则有关此种冲突的典型形象就大不相同了，夸张的倾向与自谦的倾向似乎都不被压抑，假使我们熟悉它们的表现与含义的话，我们便不难观察到它并让当事人对它们有所察觉。事实上，如果我们坚持要将所有的神经症分类为要么夸张的，要么自谦的话，则我们将无法决定退却的类型究竟该归于哪一类。我们只能说，不管就较为意识所知觉还是较强烈的意义而言，通常这两种倾向只有一种会占优势。在整个神经症人群中，个体差异部分地乃依其普遍倾向而定，然而，有时二者看来却相当平衡。

夸张的倾向会表现于他极其崇高的幻想中——关于他所能胜任的大事，或关于他的综合素质。此外，他常有意识地觉得他凌驾于别人之上，而借着夸张的尊严将之表现于行为之中。在他这种对自己的情感中，他易于变为他自傲的自我，但他引以为傲之品性在退却类型中助长了退却（这与夸张的类型形成鲜明对比）。他自负于他的超俗孤立（与别人脱离关系）、他的“禁欲”、他的自足、他的独立、他对强制之憎厌、他之超乎竞争等之上。他也可能相当了解他的“要求”，而能有效地维护它们，然而它们的内容都各自不同，因为它们乃是因他需要保护他的象牙塔而产生的。他觉得有权不叫别人刺探他的隐私，让别人不期望他的任何事物或打扰他，且可以用不着谋生或负责。最后，夸张的倾向也可表现于某些因“基本退却”所演化而来的继发发展之中，譬如他之力求威望，或他之公然反叛等都是。

但这些夸张的倾向已不再构成向上的力量，因为他已放弃他的野心，亦即舍弃了任何对有野心目标的事业或针对此种目标之奋斗。他决心不去想它们，甚至于不想去获得它们。纵使他能做某些有价值的工作，即使当他着手进行，也是怀着极大的鄙视，或是表现得态度不端以违抗周遭之人所希冀的或所赏识的。这就是反叛类型的特征，他也不会为了报仇或报复的胜利而想做任何积极进取的事；他已抛弃为求真正征服他人的驱力；的确，与他之脱俗(远离别人)的观念相一致，他对于成为领导者、影响或操纵他人等这些念头真是厌恶之至。

另一方面，如果自谦的倾向占了上风，退却者就会有低估自己的倾向。他们胆怯而且觉得自己并不怎么样，要不是我们对于发展完备的自谦解决法了如指掌，那他们所表现的某些态度，我们可能无法认出其表现出的自谦型的态度。他们经常对其他人的需要表现得甚为敏感，而花费他们的大部分精力去帮助别人，或为众人的目的而效力。他们对于欺诈或攻击不加防御，宁愿谴责自己而不愿指责别人。他们会过于要求自己别去伤害了他人的情感，他们也有顺从的倾向。然而，后者这种倾向却不像自谦的类型之因需要爱而定，而是由需要避免冲突而定的。此外，他们还具有“恐惧”的潜伏情绪，这种“恐惧”乃是因惧怕自谦倾向的潜在力量而产生的。譬如，他们会表达一种高度警戒的信念；要不是他们与别人保持疏远与冷漠，则别人势必会践踏他们。

与我们对于夸张的倾向所了解的相同，自谦的倾向与其说是积极有力的驱力，毋宁说是一些态度而已。爱之渴求，可赋予这些驱力以热情的特性，但因为退却类型的人决心不希冀或期望别人的任何事物，以及在情绪上不愿为他人所牵累，所以他缺乏此种渴求。

现在我们已了解从夸张的驱力与自谦的驱力间的冲突撤退出来的意义。当这两种驱力的活跃元素被剔除后，它们就不再是相对立的势力了；因此它们不再构成冲突。比较目前已提过的这三种主要的解决法，我们就会发现，前两种方法都是在于希望借排除其中的一种力量，以达到人格的统合；而在退却的解决法中，他企图让这两种冲突力停息，而且他也能如此做，因为他已放弃对荣誉的积极追求。虽然他仍旧必须是他“理想化的自我”（这意味着自负系统及其“应该”仍在继续作用着），但他已经放弃实现“理想自我”之积极驱力，亦即不会在行动上真的去实现它。

关于他的真我，亦会产生此种“停息”倾向，他依旧希冀成为他自己，但他除了遏制了动机、努力、活生生的愿望与奋斗外，也对朝向“自我实现”之自然驱力加以遏制。不论对于他“理想化的自我”还是“真我”而言，他都强调“存在”，而不重视如何去获得和成长。但他之仍旧希冀成为他自己，使他得以保留某些情感生活上的自发性，就此而论，他没有其他的神经症类型那么远离他自己。他对宗教、艺术或自然(即非人格的事物)仍可具有强烈的个人情感，而且虽然他不许他的情感与别人有所牵连，但在情绪上仍能感受到别人及别人的特别需要。当我们将他与自谦类型的人相比时，这种被保留的能力会变得更形显著；同样地，后者非但未曾抑止积极而真实的情感，相反地，却会助长了它们，但在此它们已变得戏剧化且被扭曲，因为它们全都是为了“爱”——亦即将自己让与或降服于他人；他希冀遗失自己的情感，最后再从与他人的合并中寻求统一感。但退却类型的人却想要严密地将他的情感藏于内心之中，他厌恶那种与人合并的意念。他希望做“他自己”，尽管他对此中真意，只是具有一模糊的概念而已，且事实上，他不知道自己并不了解它。

此种“停息”的过程给予退却以消极或静止的特性。但此地我们必须提出一项重要的问题，对于这种以消极为特征的静止状况之概念，必会被新的观察所证实。然而，它适用于整个现象吗？毕竟没有人能单凭否定一切活下去，是不是我们对退却的意义之了解有所遗漏呢？退却者是否也会外求某些积极的事物呢？他会不惜任何代价以求取安宁吗？事实上正是如此，但那仍具有消极的特性。在其余两种解决方法中，除了为求统合性外，还具有一种激发力——一种对积极事物强而有力的渴求，此种渴求赋予生活以意义：一种是对征服的渴求，另一种则是对爱的渴求。而在退却的解决方法中，是否也可能同样具有对某些积极目标的渴求呢？

当这类问题在心理分析进行中产生时，专心聆听病人自己所不得不谈到的事项，将是有所助益的。通常他会告诉我们一些我们并不十分重视的事，现在我们要更密切地注意这种类型的人是如何看待他自己的。我们已了解，就像别人一样，他也会将他的需要合理化且加以修饰，因此这些需要会完全表现为一种具优越感的态度，但是在这方面，我们必须做一个区别。有时很明显地，他会为其需要而寻找借口，譬如，他说他超乎竞争之上，所以才会缺乏奋斗力；或以他之轻视卖力实干的工作来解释他的惰性。当分析继续进行时，常不用对这些“荣誉化”做更多的说明，它们就会自然地告消逝。但另外有一些，则因为对他具有明显而真实的意义，所以不像这些那么简单地被舍弃。所有这些都是有关他对独立或“自由”的谈论。事实上，退却之大部分基本特性，若从自由的观点来看都属合理。任何更强烈的“依附性”都会缩减他的自由，任何需求同样亦会减少他的自由，他会依赖上这些需要，而这些需要也易于使他再依赖其他事物。如果他专力于某一事业，则他必定无法自由地去做他所感兴趣的其他事。尤其他对“强制”之敏感，以一个新面貌出现；他希冀“自由”，因此他无法忍受压力。

于是，在心理分析中讨论到此一主题时，病人便会立刻采取顽固的防御。希冀自由不是人类的天性吗？当每个人因受压力才行事时，不是都会变得无精打采或漠不关心吗？他的一个阿姨或朋友，不正是因永远要做那些别人所期望他们做的事而感到人生无味吗？分析师是想要驯服他，压迫他进入一种模式，而使他变成像是一排无法分辨的房子之中的一栋吗？他憎恨“统治”，他绝不逛动物园，因为他无法坐视那些被关在笼内的动物，他只想做那些他所愿意做的事，在他高兴做的时候。

让我们先来讨论他的某一些论据，而另一些则留至以后再谈。从其论据中，我们了解到“自由”对他而言乃是意味着

“为其所欲为”。分析师由此而观察出一个纰漏，因为病人常会尽力地去冻结他的愿望，所以他完全不知道自己所希冀的事物，而至一无所为或一事无成。然而，这并没有动摇他，因为在基本上他仍认为自由乃只是不受他人的干涉——不论是人还是法规。且不论何种因素使得此种态度变得如此重要，他一定会防护此种态度，直至最后防线。姑认他对自由的概念乃是消极的——只是为求“逃避”之自由，而非为求“建设”之自由，但它对他而言，具有一种其他解决法中所没有的吸引力。白谦者相当畏惧自由，因为他需要依附与依赖别人。夸张型的人因为渴求各种征服或胜利，而有轻视此种自由概念的倾向。

我们如何能说明自由的这种吸引力呢？它是因何种内在的需要而产生的呢？它的意义何在？为了了解这些问题，我们必须回顾那些后来选择了“退却”以解决问题的人的早期经历，在这些人的经历中，我们可以发觉到，他们孩提时代常碰到过一些过于强大或无形的妨碍性势力，使得他们无法公然地加以反叛；它可以是家庭气氛过于紧张，情感上的过于关切使得他没有空间发展其个性，且威吓着要压扁他。另一方面，他也可能得到一些爱，但只使他厌恶而没有温暖他，譬如他父母中的一个人过于注重自我，而无法了解孩子的需要，反而苛求孩子去了解他或给予他情感上的支持；或者，他们可能有位情绪不定的父母，有时感情横溢，有时却会无缘无故地大发脾气，责备他们、鞭打他们。总之，必有一种环境要他们去满足某些明确的或隐含的要求，此种环境不顾他们的个人尊严而吞噬了他们，且从不曾对他们的人格发展有所激励。

因此这种小孩，会长期或短期之内处于两种情境之间，他感到忧戚不宁，徒劳地企图获取爱与关心，同时愤恨周遭的束缚。于是他借着从他人中撤退出来，以解决此一早期的冲突；借着拉远他自己与别人间的感情距离，以免使冲突发生作用[①]。他不再希冀别人的爱，也不想与他们战斗。于是他不再被与他们对立的情感所烦恼，而能与之和平共存。此外，他借着撤退到自己的世界里，在全然被阻碍且被吞噬的情势中，拯救了他的个性。因此他早期的与人脱离关系（离群）不只赋予他统合性，而且具有最为重大的积极意义：保持他内在生活的完整。免于奴役之自由带给他内在独立的可能性，但他必须更加地遏制他亲近别人或反抗别人之情感；他也必须撤回他之需要依靠他人来完成的一切愿望与需要：他之需要理解，需要分享经验，需要爱、同情与保护。然而，这具有更深远的含义，它意味着他必须自己保留他的喜悦、他的苦痛、他的悲伤；譬如，

① 参考卡伦·霍尼《我们内心的冲突》，第 5 章“逃避人群”。

他常悲惨且绝望地试图征服他的恐惧——例如对黑暗、对狗，而不让任何人知道他的这番艰辛。他（不自觉地）训练自己不仅不能表现出痛苦，而且还要真正地不感觉到痛苦。他不希冀同情或帮忙，不只因为他怀疑它们的真实性，而且因为即使他可暂时获得它们，它们却已成了可怕的束缚之紧急信号。他格外抑制这些需要，他觉得有必要不让别人晓得任何有关于他的事，以免他的愿望受到挫折，或那些需要一变而成为控制他的工具，他觉得只有这么做才有安全感。他开始收回一切的愿望，退却过程的特征也于是乎开始发生。开始他仍旧知道他很喜爱某件外套、小猫或某些玩具，虽然他不能这么说。然而由于他的恐惧，渐渐地他感到，如果自己一无希求便会较为安全，他真正拥有的愿望愈少，他置身于退却中就会更为安全，而任何人也就更难于支配他了。

到目前为止，我们所谈的这种景象，仍不是退却本身，但它却包含了退却之所由生的胚芽。即使情况仍旧一无所变，它也为将来的成长埋下了重大的危机，我们在不与人们亲近或摩擦的真空中，是无法成长的；同时情况也无法保留于停滞状态，除非是适宜的环境使它转好，否则这种过程将依其自己的动力而发展，且呈现出恶性循环，就如我们在其他的神经症发展中所发现的一样。为了维持“脱离关系”的情势，他必须抑制他的愿望与奋斗，然而愿望的撤回具备双重作用；它会让他变得更不依赖别人，但同时也使他变得更为柔弱；它会削减他的活力，而且损毁他的方向感。他较不必反抗别人对他的愿望或期望，他必须加倍地对任何影响力或干扰予以戒备，引用沙利文的佳句：他必须“精心制作用来远离别人的机器”。

早期发展的主要加强因素都来自心灵内的过程。驱使人追求荣誉之需要，在此亦发生作用，如果他能将早期的“脱离关系”的态度贯彻始终，则此种脱离会除去他与别人的冲突，然而他的解决方法之可靠性，须视他愿望之是否真的撤回而定，在他年幼时此种过程是变动不居的；它尚未发展成为决定性的态度。那时追求心思的宁静对他而言还不是首要的，他仍旧想从生活中得到更多的东西，譬如，当他受到强烈的引诱时，他又会陷入亲密的关系中，如此他的冲突便很容易被勾起，同时他会需要更多的统合感。早期的发展不但使他被分割，而且使他远离自我、失去自信，因而感到对实际生活手足无措。他只在与别人维持安全的感情距离时，方能与人相处；如果他陷于密切的交往中，则除了会因畏缩战斗而遭遇困难外，还会受到抑制。因此，他也被驱使去找寻这些需要的答案，通过“自我理想化”。他也许会真的企图去实现野心，可是由于自身的许多理由，当他面对困难时，却易于放弃。他理想化的影像主要是将既成的“需要”荣誉化，它是自足、独立、沉默寡言的平静、免于欲望与感情的自由、禁欲以及公平之混合物。“公平”对他而言，乃是“不许诺”与“不侵犯”任何人权利的理想；不同于那些富攻击性的类型，是报复心的荣誉化。

与此种影像相伴而生的“应该”将他带入了新的险境之中。他原本就为保护他内在的自我而抵抗外在的世界，但现在他又必须抵抗这种极其可怕的内在暴政。结果如何，端视他所保卫住的内在活力的程度而定；如果它够强烈，而且他的潜意识（一如既往地）决心保卫它，则他依旧能维持某些内在的生命力，虽然只能靠加强我们一开始所讨论的那些限制为代价——即只能从积极的生活中退却出来，或抑制他那趋向实现自我的驱力。

并无临床证据可以指出，这种“内心的指使”比其他类型的神经症来得更严厉或更迫切，其差异乃在于因为他急于需要自由，所以在“内心的指使”下，他会更感苦闷。他会试图借着将“内心的指使”外移以应付它们，但因为他对攻击有所禁忌，所以他只能以消极的方法这么做，这意味着他人的期望或他以为的他人之期望会具有命令性质在内，即需绝对地被遵从。而且，他确信如果他无法应允人们的期望，则他们将会冷酷地攻击他。本质上，这意味着他不只已经将他的“应该”外移，而且也将他的自恨外移了。别人就像他无法满足他自己的“应该”时攻击自己那样尖刻地攻击他，而且，因为这种对敌意的预测是“外移作用”的表现，所以它无法用相反的经验来补救。譬如，即使他一直能感受到分析师的那种耐性与体谅，但却仍置身于一种强迫之下，觉得如果他公然反对分析师的话，则分析师必会随时置他于不顾。

因此他对外在压力原有的敏感性便会大大地增强了，现在我们可以了解，为何外在的环境所施予的压力是如此微乎其微，而他仍会持续受到外在的逼迫。此外，他将他的“应该”外移后，虽然减除了内心的紧张，但却给生活带来了新的冲突。他**应该**允诺别人的期望；他**不应该**伤害他们的情感；他必须平息所预想的他们的敌意，但他也**应该**维持他自己的独立。这种冲突可在他待人的那种矛盾情感中显示出来，在许多案例中，它是一种顺从与违抗的奇妙混合物；譬如，他很礼貌地允诺一项要求，但却会忘记了它或者拖拖拉拉地实现它。此种遗忘可能会造成相当的障碍，因此他只能借着记事簿记下他的约会或所该做的事，才能使生活有条不紊。或者，他表面上可能会付诸行动，以顺从他人的愿望，但心里却会故意地要破坏这些行动且毫不自知。譬如，在心理分析中他遵守明显的规则，如准时或说出自己的心意，但对于所讨论的事项却毫不加以吸收或了解，心理分析遂变得徒劳无功了。

这些冲突在他与别人的交往中，势必会形成一种压力，有时他会觉得这种压力极其严重。然而，不管他是否察觉到此种压力的存在，它必定会迫使他产生从人群中撤退出来的倾向。

他对别人的期望所表现的消极反抗，在那些未被外移的“应该”中也会产生；单单他觉得他**应该**做某些事这一念头，通常就足以使他变得无精打采。这种潜意识的罢工态度，如果仅限于他根本就不喜欢的活动上，如参加社交聚会、写信或付账，则无关紧要。但是他愈极力地削减个人的愿望，则他所做的事不管好坏，必会愈表现为某些他“应该”做的事：刷牙、阅报、散步、工作、用餐或房事。事事都会受到消极的抵抗，而造成广泛的惰性。因此，活动只限于一小部分，要不然就是在压力下进行。于是他变得不精进、无成就、容易倦怠或苦于长期的疲劳。

在心理分析中，当这种内在的过程变得清晰时，我们会发现那两个维持此种过程的因素，只要病人不求助于他的“自发能量”，则虽然他可能完全了解此种生活方式是一种浪费，而且是令人不满意的，但他却不了解改变的可能性；因为他所感觉到的乃是要不是他努力驱策自己，他简直无法做任何事。另一因素存在于他的惰性所扮演的重要角色中。他精神的麻痹，在他心目中已转变成一种无可改变的痛苦，他利用它以避免自责与自卑。

怠惰亦因其他的动力而被鼓励。正如他用“停息”冲突以解决冲突的方法一样，他也尝试使他的“应该”停止作用。于是他试图规避“应该”所带给他的苦恼的情势，这乃是他避免与别人交往，以及他不追求任何事业的另一个理由。他遵行他潜意识里的座右铭：只要他不做任何事情，他就不会违犯任何“应该”或禁忌。有时他会认为任何追求都必会侵犯到他人的权利，因而借此将这些逃避予以合理化。

在这许多方面，心灵内的过程仍不断加强这种“脱离关系”的原初解决法，因而逐渐制造了种种纠葛，这又构成了退却的症状。如果不是有着存在于自由的吸引力中那些积极的元素，则此种情况是不易治疗的，因为他们少有改变的动机。此种积极元素较占优势的病人、通常会比其他人更快了解内心指使的害处。如果情况顺利的话，由于他们实际所受的奴役，他们会很快地认出“内心的指使”，而且毫不含糊地打击它们[①]。

① 参考“真我的发现”，《美国精神分析杂志》，Vol. IX，1949，*A Letter* 中卡伦·霍尼所序的“一封信”。

的确，此种有意识的态度本身并无法驱散它们，但就逐渐克服它们这一点而言，它是极有助益的。

现在若就保存统合性的视角回顾退却者的整个人格结构，则某些症状的原因将都水落石出且具有了意义。首先，真正与人脱离关系的人，其人格的统合性总会引起敏锐的观察者之注意。虽然我个人一直对它保持警觉，但以前我仍不了解它乃是此种结构中固有的以及核心的部分。他们对于有力的影响以及密切的交往总是加以反抗而且小心翼翼，然而这些“脱俗”的、退却的人们虽可能会不务实际、怠惰、不能干或难以交往，但他们的核心思想与情感多少还具有基本的真诚与率直，这是无法被权力、成就、谄媚或“爱”的诱饵所贿赂或腐蚀的。

此外，在维持内在统一性的需要中，我们可认出这一基本特征的另一决定因素。首先我们已发现逃避与限制被用以求取统合性，接着我们又发现它们也被为求自由的需要所决定，但那时我们仍尚不知其意义何在。现在我们知道，他们需要具有免于麻烦、他人之影响和压力的自由，需要免于野心与竞争的自由，以保护他们的内在生活，使它免于肮脏与污秽。

我们也许会感到困惑，病人并不会谈及此一重要的问题。事实上，他在许多间接的方式中，已表明过他希冀保留“他自己”；他恐怕经由心理分析会“丧失他的个性”；心理分析会使他变得像别人一样；分析师会根据他自己的模式而塑造他。分析师时常会不完全了解病人以上所吐露的这些话语之含义。这些含义间接地表明了病人想要保留他“神经症的自我”或理想化的崇高自我，而且病人也确实表示出他要维护他的现状。然而他之强调做他自己，同时也表示了他急切地要保存他“真我”的统合性，尽管他仍无法清楚地描述它。只有经由心理分析，他才能理解这一古老的真理：为了找寻他自己（他的真我），他必须丧失他自己（他神经症中的荣誉自我）。

由这种基本过程产生了三种迥然不同的生活方式。第一种，始终如一地保持永久的退却（含退却以及一切退却所引起的情况）；第二种，自由的吸引力将消极的反抗转变为更积极的反叛：他们成为反叛的一群；第三种，恶化的过程会较占优势，而导致肤浅的生活。

第一种形式的个体差异，与夸张的倾向和自谦的倾向何者占优势有关，也与由活动中退却出来的程度有关。不管有些人与别人之间所筑成的情感距离有多远，他们仍旧能为自己的家人、朋友或为那些在工作中与他们打交道的人做事。而且，或许因为他们的无私，所以他们时常能给人较有效的帮助；与夸张的类型及自谦的类型相比，他们并不期待太多的报偿；与后者相反的，如果别人将他们之乐意帮忙误认为是出于个人的感情，而且除了得到的帮助外，还想要更多时，则将会大大地触怒他。

尽管活力遭到了限制，但很多这一类型的人都能做他们的日常工作，虽然违抗内心的强烈惰性做事而常觉得有一种压力。一当工作已累积不少，需要主动或需要为支持什么或反抗什么而战时，这种惰性就会变得更形显著。做例行公事的动机通常是混杂的；除了经济需要与传统的“应该”外，通常还存有一种希望自己对别人有益的需求(姑且不论他们的退却)。此外，日常工作也是一种消除他们独处时的那种“无用”感的工具。他们常常不懂得该如何利用空闲，与他人相处对他们而言简直就是一种压力，因此毫无愉悦可言。虽然他们喜爱孤独，但却毫不精进。甚至连读书都可能碰上内在的阻抗作用，因此他们专求不用费力而有益的活动，譬如他们做梦，听音乐，或享受大自然。虽然他们大都不了解他们对于“无用”所具有的潜伏恐惧，但他们自己会不自觉地去安排他们的工作，以减少空闲的时间。

最后，惰性与伴之而来的对于例行工作的厌恶可能会较占优势，如果他们的经济条件有限，则他们可能会随机地谋职，或相反地沉沦下去，过着寄生的生活。若他们经济条件适中，则他们可能会极度限制他们的需要，以便能“为其所欲为”。然而他们所做的事，常具有“嗜好”的性质。或者，他们可能会屈服在完全的惰性之前，这种结果在冈察洛夫令人难忘的作品《奥勃洛摩夫》中刻画得十分到位，这个人甚至连必须穿鞋子都觉愤恨。他的朋友邀他参加环游各国的旅行，且为他准备妥一切，此时奥勃洛摩夫在他的想象中已看见自己正置身于巴黎以及瑞士的山脉中，而我们却仍须怀疑：他去或不去呢？当然他是不会去的。旅行对他而言，只是一场到处奔波的移动以及不断更新的风景，这对他是难以忍受的。

即使不至于变得如此极端，蔓延的惰性也会带来恶化的危险，就像奥勃洛摩夫以及他的仆人晚期的命运所表现的一样（这之后会有朝向第三种类型，即“肤浅生活”的变化）。这种惰性之所以危险，因为它不只反抗做事，而且对于思想与感觉也都表现出阻抗作用；思考与感觉于是变为全然反应性的，某些一连串的思维可借交谈或分析师的评论而被激发出来，但因为它无法补充动力，所以很快地也就会停息下来。有些感觉，不管是积极的还是消极的，可能会因一个拜访或一封信件而引发，但同样很快就会消逝。一封信可能会引起他回信的冲动，但若不马上回信，很快就又会被忘掉。有关思考的惰性在心理分析中明显可见，而且常是分析工作的大障碍。简单的精神操作都因此变得相当困难，在一小时内不管所讨论的是什么，很快地就会被忘掉——并非因为特别的“阻抗作用”所致，而是因为病人将讨论的内容看成是头脑中的异物。有时在心理分析中他会感到无助与混淆，在阅读或讨论某一稍微困难的问题时也会这么觉得，因为他觉得要将前后所读的、所听的事项联系在一起，这种压力实在够大的了。有位病人在梦中表达了这种无目标的混乱，梦中，他发觉自己正置身于全世界的各个不同角落，他不曾想要去那里；他不知自己是如何到那儿去的，也不知道接下去该去哪儿。

惰性愈蔓延，则个人的情感愈会受其影响；他需要更强的刺激以带来反应，公园里一片美丽的树丛不再引发他的任何情感，他需要艳丽的夕阳。此种情感方面的惰性引发了悲剧的元素，诚如我们所知的，退却的类型对他的夸张倾向大加限制，以便保全他情感的真实性。然而，如果行之过于偏激，则此种过程可能就会扼杀了原欲保存的生命力。因此，当他的感情生活变得麻痹后，他会比其他病人更因此种情感的干涸而感痛苦，这也会成为他急欲改变的一件事。随着心理分析之进行，而他能变得更活跃时，这时他就会时不时感受到自己的情感正变得更具活力。即使如此，他依然憎恨去了解他情感的干涸正是他惰性蔓延的一种表现，因此只有降低此种惰性，情感方会有所改变。

如果能够维持某些活力，而且生活相当顺利的话，则此种长久退却的现象可能会保持静止。退却类型的人有许多的特点，可综合而归结为：他抑制斗志与期望，他憎恶改变以及内在的挣扎，他具有忍受事物的能耐。然而，一项扰人的元素存在——自由对他的吸引力——却会影响了这些特性。事实上，退却者乃是个潜在的反叛者。至今，我们已由研究发现此种对付内在与外在压力的消极抵抗所表现的特质。然而，它随时可能转变为积极的反叛，是否会发生转变，乃依夸张的倾向与自谦的倾向之胜负，以及个人偷偷挽救的生命力的程度高低而决定。夸张的倾向愈强，则他愈活跃，便也愈容易不满于生活的限制。如果对外在情势的不满占优势，基本上这种不满表现为“为了反抗而反叛”，或者，如果针对他自己的不满占优势时，则此种不满乃是“为了争取而反叛”。

周遭的情势——家庭、工作——会变得令他不满，因此，最后他再也无法忍受，并会以某些方式公然地反叛。他可能离家、辞职，而且会攻击与他有关联的每一个人，以及反抗风俗习惯与法律规章。他的态度无异于：“你期望我什么或怎么想我，都与我没一毛钱关系！”他可能表现得温文尔雅或鲁莽无礼。就社会的观点而言，这是一种非常值得关注的发展，如果此种反叛主要是针对外界而起的，则它在本质上并非是建设性的举动，且可能因而驱使他更远离他自己，尽管它使他的能量得以抒发。

然而，这种反叛更可能会是一种向内的过程，基本上则在于反抗内在的暴政，于是它在某种限度内，便具有解放的效用，在这种情况下，它常是渐渐发展而成的，而不是一种暴乱型的反叛；与其说它是一种革命，毋宁说是一种演化来得较为恰当。于是他会更加苦于他的桎梏，他了解他多么地被束缚、他多么不喜欢他的生活方式，他虽然很循规蹈矩、事实上却极其不喜欢周遭的人们，不喜欢他们的生活准绳以及道德标准。他格外倾心于“成为他自己”，如同先前所说的，这乃是抗议、自夸与真实元素的奇妙混合物。能量获得释放，则他所具之天赋必会有所成就，在《月亮与六便士》一书中，毛姆已借画家斯特里克兰的性格而描述出此种过程。斯特里克兰所效法的画家高更与其他的艺术家似乎也都经历过此种演化的过程。无疑地，其创造物的价值乃依其既有的天赋与技艺而定。不用说，这并非是变得有所成就的唯一途径；而只是使先前被禁锢的创造力，终得以自由发挥的一种方式罢了。

在这些情况中，“释放作用”依旧是有限的；已获解放的人们仍旧会带有退却的特色，他们仍须小心保卫欲“与别人脱离关系”的这种心理，他们对待世人的态度依旧是出于防卫的、战斗的。除了有关创造性的事件外，他们对于他们个人的生活仍是漠不关心的，因此这种创造力或生产力便具有一种仓促性。这正表示他们并未解决他们的冲突，而只是发现到一种可行的妥协办法而已。

此种过程在心理分析中亦可发生。因为它最后产生了真正的解放，所以有些分析师[1]将它视为是一个良好的结果。然而，我们不可忘记它只是部分的解决法。而彻底分析退却的整个人格结构，不只能使创造力得以抒发，而且还能使人建立与自己以及与别人之间的更好的关系。

理论上，积极反叛的结果显示出，自由的吸引力在退却的人格结构中所具有的重要意义，而且与被保存下来的自主的内在生活有着密切关联。相反的，我们即将发现，一个人愈脱离他自己，则自由会变得愈无意义。如果从内在的冲突、积极的

① 参阅丹尼尔・施奈德(Daniel Schneider)在1943年纽约医学会所发表的论文《神经症类型的动向，及创造性的胜利与性欲力之扭曲》(The Motion of the Neurotic Pattern; Its Distortion of Creative Mastery and Sexual Power)。

生活与自我成长的积极关怀中撤退出来，个人将会陷于远离真实情感的危险中。“徒劳感”（在“永久的退却”中已是一个问题）带来了一种对虚无的恐惧，此种恐惧需要他随时做各种消遣来驱散；对于奋斗以及迈向目标的活动施加的遏制，导致了方向的迷失，结果是随波逐流；强调生活该是安逸的、无苦的、无冲突的，可以造成“腐化”的因素，特别是当他沉沦于金钱、成功与声名的诱惑之中时。“永久的退却”意指一种有所限制的生活，但并非绝望的，人们仍旧具有赖以维生的事物。但当他们看不到他们自己生活的深度与自主性时，退却的消极性就会长久保留，而其积极价值却反而消逝了。只有这时，退却才会成为绝望。于是他们会沦落至生活的边缘，因而形成了最后一种类型的特征——肤浅的生活。

像这样以离心方式而远离他自己的人，将会丧失他情感的深度与强度，于是他待人的态度变得不分皂白，任何人都可以是“知己”“好人”或是个“漂亮的女孩”，但是“人走茶凉”，离久则情疏。他甚至于会不查明真相，就因为极其细微的小事，即会丧失对对方的兴趣。于是“脱离关系”的态度恶化为“与人无关”的心理。

同样的，他的享受或乐趣遂变得极其肤浅，于是房事、吃喝玩乐、说人闲话或政论形成他生活里的主要部分。他丧失对

"本质"的敏感性，而将兴趣囿限于表面上。他不再自己下判断或具有自己的信念，而一味随波逐流。他常被"大家"的思想所慑服，因此，他对自己、对别人以及对任何价值都失却信心，他变得愤世嫉俗。

有三种形式的肤浅生活我们可以加以区分，每种只是因为所强调事项之不同而有所差异。其中一种，强调"乐趣"，重视愉悦的享受；与退却的基本特性——无所冀求——相比，表面上看来，这像是对生活的一种强烈兴味，然而，其发动力并非外求欢乐，而是他必须借着分散注意力而消除那种折磨人的"徒劳感"。在《哈珀月刊》[①]中有一首题名为《棕榈泉》的小诗，便描写出了有闲阶级此种追寻乐趣的特性：

喔！给我一个家
百万富豪在那儿闲荡
可爱的少女在那儿玩耍
那儿听不到珠玑妙语
而我们成天捕捉钱财

① 摘自克里夫兰·阿莫里(Cleveland Amory)作品中的小诗"Palm Springs：Wind, Sand and Stars"。

然而，它绝非只限于有闲阶级而已，它也包括了收入微薄的那一个社会阶层。它毕竟只是金钱的问题；至于乐趣，从豪华的夜总会、鸡尾酒会或歌剧院中可以求取，但聚集于家中喝酒、打牌或闲聊亦可求之。更小众的，其乐趣可能经由集邮、看电影或品评美食而获得，所有这些事项若不变成生活中唯一的真正内容，则这些都是正常的。它不一定是社交性的，它可能包含了阅读推理故事、听收音机、看电视或做白日梦在内。如果乐趣是社交性的，则有两件事绝对要加以避免：独处与严肃的谈话。后者被认为是相当坏的一种态度。“忍耐”或“宽宏大量”的背后，他的愤世嫉俗若隐若现。

第二类，特别强调威望或投机的成就。退却的特征——对奋斗与努力的遏止，在此并未消灭。其动机是错综混杂的，一方面是一种愿望，求取一种可因有钱而过得更舒适的生活；另一方面则是一种需要，在于抬高自我之评价，因为在这类肤浅的生活中，原来几无自我评价可言。然而，由于失去内在的自主性，这便只能借着在别人眼中抬高自己而达到目的。一个人著书，因为它可能会成为一本畅销书；结婚是为了钱；参加政党，是为了可能图取的利益。在社交生活中，他较不强调享受乐趣，而是较注重可从属于特定社会阶层的声誉或去到特定地方。这其中，唯一的道德律就是坏事做得足够聪明而不被抓获。英国作家乔治·艾略特[1]在《罗摩拉》一书中，借蒂托而生动地描绘出此种投机者的形象。在他身上我们可以发现到他逃避冲突、强调舒适的生活、闲散不拘以及道德日渐堕落。最后一点并非出于偶然之故，这种人的品格原就是注定要变得日渐衰微的。

第三种形式，是“善于盲从”的机械人。这种人丧失了真正的思想与感觉，因此他的人格普遍地被压平了，美国小说家马昆德曾多次描述过这种人的性格。这种人易适应别人，而遵行别人的规则与习惯。他思考、感觉、实行以及相信那些他周遭所期望的或认为是正当的事。这种人其情感的枯竭程度并不比其他的两类型更为严重，但却较为显著。

弗洛姆曾详细描述过这种“过度适应”的现象[2]，而且发觉了它的社会意义。如果我们也与其他两种形式的肤浅生活相比较，则会发现此一类型意义最大，因为此种生活方式最常见。弗洛姆正确地发觉到此一现象与一般的神经症不同，这种人并不像神经症患者那样明显被驱策着，且并不明显地被冲突所困

---

① George Eliot，1819～1880，英国小说家。——译者

② 参考埃里希·弗洛姆，“The Individual and social origin of Neurosis”，*American Sociological Review*，1949。

扰。他们常没有焦虑与忧郁的特别症状。总而言之，他们并未苦于任何困扰或障碍，但却缺乏了某些东西。弗洛姆的结论是这些情况并非是神经症而是一种缺陷。他并不认为这些缺陷是本有的，而是因为在早期的生活中受到权威的压服所致。他之称其为缺陷，与我所谓的肤浅的生活，似乎是命名上有所不同而已；但是命名的差异常常由于某种对现象解释上的重要差别所导致。事实上，弗洛姆的论点提出了两个有趣的问题：肤浅的生活究竟是一种与神经症毫不相干的情况，还是像我在此地所陈述的，是神经症过程的结果？其二是：沉溺于肤浅生活的人真的缺乏深度、道德情操与自主性吗?

这两个问题是相互关联的，让我们来看看分析观察的结果如何。因为这类病人常会要求心理分析，所以对此做一番观察是可能的。如果肤浅生活的过程发展得很完全，当然也就不会产生治疗的动机；但如果进行得还不够彻底，则他们会希望对自己做一番分析，因为他们会遭受到身心上的障碍以及工作上的反复失败与抑制之困扰，而且自觉“空虚感”与日俱增。他们也许会意识到自己每况愈下的情形，且因此而深感烦扰。在心理分析中，他们给我们的第一个印象，我已依一般好奇心的观点做了描述，他们停留于表面，似乎缺乏对心理上的好奇心，且他们会对此备好油腔滑调的解释，他们只对金钱及威望有关的外在问题才感兴趣。所有这些，都令我们想起他们要比看上去的这些经历复杂得多。就像以前对趋向退却的一般步骤所做的描述，在他的青春期或是青春期之后，反正总是一定会有一段较早的时期，他曾经有过积极的奋斗，且曾经历过某些情感上的痛苦。这不只表示这种情况的病发初期要比弗洛姆所主张的要晚一些，甚至有时很明显地指出此种情况乃是神经症的结果。

当分析继续进行时，就会显现出：在他们的梦境与清醒的生活之间存有一妨碍性的矛盾。他们的梦明白地表达了情感的深度与狂热。这些梦常常会揭露出那种深深被埋藏的悲哀、自恨、对别人的憎恨、自怜、失望和焦虑。换句话说，在他平静的外表下，存有许多的冲突与深刻的情感。然而当我们试图唤起他们对这些梦的兴趣时，他们却会有舍弃它们的倾向。他们似乎生活在两个完全相脱离的世界上。我们会愈来愈了解，虽然并无所谓习惯性的肤浅存在，只是他们很渴望永远停留在那种逃离自己深度情感的情况中。他们对于外界以及自己的感触只是匆匆一瞥，然后随即紧闭双眼，一若没发生过任何事情一样。一段时间之后，情感会由被舍弃的海底涌现于清醒的生活中：某些记忆会使得他们哭泣，某些乡愁或宗教情操也许会蓦然呈现出来——随即又消逝了。后期的分析结果会进一步证明这些观察，并与“缺陷”这种观念更相矛盾，而且指出他们是决意要逃离自己内在人格生活的。

将肤浅的生活看作是神经症过程的不幸结果，无论是对预防还是对治疗而言都是较不乐观的展望。肤浅生活正频繁出现的当下，如能将之视为一种障碍并防止它的继续发展，会是相当理想的。它的预防大体上与一般神经症的预防方法相符，有关这方面的工作，已经做了很多，还有更多的工作需要人去做，特别是在学校里。

治疗退却型的病人，首先必须将这种情况认为是神经症的障碍，而不可将其视为是习俗或文化特性而加以忽略。因后者的观念表示了此种情况乃是无法转变的，或者它并非属于精神科医师所该解决的问题。而它比其他的神经症问题更不被人了解，更不会引起人们兴趣的理由主要有二：在此种过程中所产生的许多障碍，虽会压制个人的生活，但却表现得相当不明显，因此个人较不急于要求治疗；另一理由，则是由此背景而生的总体障碍，未能使人联想到与此基本过程有关，其中，精神科医师真正熟悉的唯一因素，就是他们“与人脱离关系”的心理；但退却乃是一种包含更广的过程，在治疗上会表现为特定的问题与特定的困难，只有完全了解它的意义以及整个过程的动态变化，才能成功地解决这些问题与困难。

第十二章　人际关系上的神经症障碍

迄今为止，本书虽然一直在强调心灵内的过程，但在我们的叙述中，却不能将这些过程与人际间的过程隔开。我们不能这样做，因为这两种过程事实上必会彼此相互影响。甚至在一开始，当我们介绍“荣誉之探求”时，我们就了解了许多元素，诸如需要比他人优越以及需要战胜他人等，都是直接有关于人际间关系的。因内在的需要所产生的“神经症要求”，主要乃是针对着他人的，我们不能只讨论神经症的自负，而不考虑到它的易受攻击性对于人际关系所带来的影响。我们已晓得每一个单一的心灵内因都可被“外移”，而且也知道这个过程是如何根本地修改了我们待人的态度。最后我们也讨论过，每种内在冲突的主要解决法，在人际关系上所表现的那种较特殊的形式。在本章中，我想从那些特殊的方面回到较普遍性的方面，而对自负系统在原则上是如何影响了我们与别人的关系，做一扼要的系统性研究。

首先，自负系统使神经症患者变得“以自己为中心”，而让他与别人拉开距离。要避免误解：所谓“自我中心”，我并不意指自私或自我，或是指只考虑他自己的利益而言。神经症患者可能是无情而自私的，但也可能极其不自私——在这方面，所有的神经症并无所谓的共同特征可言。但他总是极其以自己为中心的，只全力关怀他自己而已，然而，这在表面上并不见得会明显地表现出来——他既可能是个孤独而贪婪的人，也可能为了他人而生活。不过，无论如何，他必凭依他个人的信仰（他理想化的影像）而生活，必固守他自己的原则（他的“应该”），而将自己关在自负的铁墙内，小心翼翼地防护自己，以抵抗外来的或内在的危险。结果，他不只变得情感孤立，而且更难于将别人视为是与己不同，且自有其权利的个体。他们必须屈从于他的首要（利害）关系：他自己。

因此，别人的形象变得模糊了，但尚未被扭曲。然而，自负系统中尚有另外一些因素，更激烈地阻止他依别人的实际现状来衡量别人，且积极地将他们的形象扭曲了。我们不能轻松地说，我们对自己的看法已经模糊，当然对别人的看法也会如此。虽然大略上这是对的，但是它易于导致误解，因为它提出了对别人看法的那种扭曲，与对我们自己的看法间之简单比较。如果我们注意自负系统中所产生这些扭曲的因素，则我们可以获得对于扭曲更准确且更普遍的观点。

现实的扭曲之形成，部分地因为神经症患者在自负系统中，借着自己所酿成的“需要”来看他人。这些需要也许直接针对别人，或是间接地影响他对他们的态度。因他之需要赞赏，遂使他将他们转变为是赞赏他的观众；因他之需要神力的帮助，遂赋予了他们神奇的魔力；因他之需要自己是正确的，遂把他们变为是易于犯错或是有缺点的；因他之需要胜利，而将他们看成乃是自己的门徒或大敌；因他之需要伤害他们而不为此受惩罚，遂使他们变为“神经症的”；因他之需要贬低自己，使他将他们转变成巨人。

最后，他就“外移作用”的眼光来看人，他不经历“自我的理想化”，而却将别人“理想化”了。他未感受到自己的暴行，却将别人变为暴君。最重要的外移作用乃是自恨的外移，如果自恨占住了优势，且变为具有积极倾向的话，则他会将别人看成可鄙且该受非难的。只要什么事弄糟了，就是他们的过错，他们应该是完美无缺的，他们不可信赖，他们应该被改变或加以重造。因为他们是德行不佳、不断犯错的凡夫，所以他必须为他们负起神一般的责任。如果“消极”的外移作用占了优势，则别人将会审判他，随时挑剔他、责备他。他们使他感到卑下、他们虐待他、强制与胁迫他。他们不喜欢他；他们不想要他。他必须取悦他们以及满足他们的期望。

这些扭曲了神经症患者对别人之看法的许多因素中，就影响力而言，“外移作用”可能位居首要，也是最难于辨认的。因为，依他自己的感受，他人正是以他的外移作用的眼光所观察到的那个样子，而且他只是对他们本来的样子做出反应。他并不觉得他是在向自己给别人添加的东西做出反应。

外移作用之所以较难辨认，主要是因为它们常与他那些因“需要”本身或“需要”受到挫折时所表现的反应相混淆。譬如，如果说所有对他人的暴躁行为，都是我们“对自己的愤怒”的外移作用所致，这乃是一种难获支持的泛化概论。只有对特别情势详加分析后，我们才能认出一个人是在对自己生气，还是比方因他的“要求”遭受挫折而在生别人的气，以及这愤怒的强度又如何。当然，归结到底，他的暴躁也可能来自以上这两种因素。当我们分析自己或别人时，我们必须永远同样地注意到这两种可能性——亦即我们不可过分偏于某一解释，而摒弃了另一种的可能性。只有这样，我们才能逐渐明了“外移作用”在我们待人关系上所影响的方式与程度。

然而，即使我们了解，自己在与别人相处的关系中已掺入了一些莫须有的看法，这也无法阻止“外移作用”的发生，只当我们能将那些莫须有的或扭曲的看法“带回”自己这里，且能够在我们自身内感受到此种“外移作用”发生的过程时，我们方能舍弃“外移作用”。

别人的形象被“外移作用”所扭曲，此一情形我们可将之约略地归纳成三种方式。扭曲作用可能由于赋予别人他们所没有(或仅有一点点而已)之特性所致。神经症患者可将他们看成是完全理想的人，且具有神一般的完美与权力；但也可能将他们视为是可鄙与罪恶的；他既可将他们转变成巨人也可将之视为矮子。

外移作用也能使人忽略了别人既有的优点或缺点。他会将自己对于剥削与撒谎之禁忌，转移到他们身上，因此无法发觉他们那些剥削与撒谎的恶意。或者，因为遏制了自己的积极情感，而无法辨认别人的友善与热诚。于是他很容易地就将他们视为伪君子，且小心翼翼地以防被此种“诡计”所欺骗了。

最后，他的外移作用也可能使他敏于察觉别人所真正具有的某些品性。因此，一个自认为具有基督之美德，但却不知道自己具有明显掠夺倾向的病人，会很快地认出别人伪善的态度——特别是善良与爱的虚伪。另一位病人，具有隐秘的“背叛或不忠”的明显习性，但他却可以很灵敏地察觉到别人的这些倾向。这些例子，似乎与我对外移作用的扭曲力之主张互相矛盾。还是说“外移作用可以使人变得特别不易察觉，或特别敏于察觉别人的某些倾向”会来得较为正确？但我并不以为然。他辨认某些品行的敏锐性，已被这些品行对他而言的个人重要性所损毁了。这使得这些品行无限夸大以至于具有这些品行的人几乎不像是一个个个体，而变成是一种特定外移作用倾向的象征。因此，因为对于整个人格的看法或解析过于偏激，所以他人人格决定性地被扭曲。无疑的，以上这些外移作用，是最难于辨认的，因为病人本身可以长久地躲避在这项“事实”之中——他所观察到的一切，毕竟是正确的。

上述所提的这些因素——神经症的需要，他待人的表现以及他的外移作用——都使别人很难与他交往，至少很难密切地与他交往。而神经症患者本身并不作如此想。即使他对此自知的话，在他的眼中，他也会认为他的需要，或因需要而生的“要求”都是合法的；因为他待人的表现都是有根据的；因为他的外移作用只是对别人既有的态度的反应，所以他常认为自己并无这些困难存在，反而确切地觉得他很容易相处。虽然这是可理解的，不过却是一种错觉。

他的家人只要在情况容许下，常会尽力尝试去与他（家里最神经质的人）和睦相处，然而他的“外移作用”仍是此种努力的最大障碍。因为外移作用的性质与别人的实际行为几无关系，所以他们对此毫无办法。譬如，他们试图与好斗的自以为是者妥协，而不违犯或指责他，按照他的希望而供应他衣食，等等。然而，他们的努力却引起了他的自责，于是为了消除他自己的罪恶感，他开始憎恨他人。正如《送冰人来了》（The Iceman Cometh）一剧中的人物希克斯先生（Hicks）。

由于这些扭曲作用所致，神经症患者会更加觉得别人“不可靠”。虽然在他的心目中，会确信他是敏于观察别人的，他了解他们，他对别人的评价永远是正确的；但是充其量，这些看法也只具有部分的真实性而已。对于那些真正了解自己是自己、别人是别人，而且不因各种强迫性的需要来改变自己对别人的评价的人们而言，“观察”与“批评的才智”并不能夺走他们对别人的基本安全感。神经症患者即使泛化地觉得别人的“不可靠”，只要经过睿智的观察训练，他也可能会相当正确地描绘出别人的行为，甚至于一些神经症的反应机制；但如果他信从一切扭曲作用所引起的“不可靠”感觉时，那“怀疑”的态度势必要表现在他待人处世的行为上。他好不容易借观察与总结得来的对别人的评价似乎不具有持久力。有太多主观的因素参与了此中的作用，且很快地它们就改变了他的态度。他会轻易地转攻他所景仰的人，或对他们变得不再关心，并突然抬高了对另外一些人的评价。

在此种内心的怀疑感所表现的许多方式中，有两项相当常见而与个别的神经症结构无关的表现，即个人不知道他自己是以何种态度对待别人的，以及别人待他的态度是如何的。他或许会称他人为“朋友”，但这一词语已失去它原有的深刻意义。在这位“朋友”所说、所做或所忽略的任何事上产生了争论、谣言或误解，都不只会引起他暂时性的猜疑，而且会使得彼此间的关系都发生动摇。

对别人所产生的第二种更为普遍的不确定感，乃是对信心或信赖的怀疑。这不只表现在过度信赖或过于不信赖的程度方面，而且表现在无法真正了解别人在哪些方面值得信赖，以及信赖的限度在哪里。如果这种不确定感变得更为强烈的话，则他对于别人是否能做出某些得体或卑劣之事，将会毫无感觉。尽管他们曾长久地相处在一起亦然。

在他对人的根本不确定感中，他必会潜意识或意识地做最坏的打算，因为自负系统会增加他对人们的恐惧。他的不确定感与他的恐惧密切相关，因为即使他真受到了别人较大的威胁，如果这不是他对别人形象进行扭曲的方式，他的恐惧也不会相应激增。一般而论，我们对人们的恐惧程度，乃依他们对我们的伤害能力，以及我们本身的无助程度而定。而这两项因素都可被自负系统大大地加强，不论表面上他是多么的夸张与自信，但这个内在系统的确会令人变得柔弱无助。它主要借着脱离自我、自卑与因之而起的内在冲突（这些冲突可以使他被分割并攻击他自己）而削弱自己。亦即主要理由在于他的易受攻击性与日俱增。而且有许多理由，使他变得更为脆弱，几乎不用花什么代价就可以伤害到他的自负、引发他的罪恶感或自卑；他的"要求"具有注定要遭受到挫折的性质。他的心理平衡动摇不定，轻易就被打翻。由于外移作用，以及其他许多因素所引起的对人之敌意，使得别人看上去比原本的样子更令人畏惧。所有这些恐惧可用来解释他待人的态度何以都是防御性的，不管他采取的方式是较富攻击性还是较为谄媚的。

在详究迄今所提过的这些因素后，我们会明显地注意到，它们与基本焦虑的组成要素具有共同性。再重复一遍，基本焦虑乃是对充满强烈敌意的世界所产生的孤立与无助之感。事实上，这主要也是自负系统对于人际关系的影响：**它加强了基本焦虑**。在成年的神经症患者中，我们认为是基本焦虑的，就其原来的形式而言，并非原样的基本焦虑，而是长年经由心灵内的过程获取增值物变化而来的。它已变成一种待人的混合态度，它由比最初更复杂的一些因素所决定。就如说，孩子因为存有基本焦虑，所以必须找寻对付别人的方法，成年的神经症患者则已找到了这种方法。他所找到的方法就是我们所描述过的“主要解决法”。虽然这些与亲近、反抗或远离人们之早期解决法有相似之处，但事实上，自谦、夸张或退却等这些新的解决法，在结构上与以前的解决法是有不同的。虽然它们亦决定了人际关系的形式，但它们主要是为了解决心灵内的冲突。

将这些现象综合起来得到完整的图像，即：自负系统加强了基本焦虑，同时由于它所引发的需要赋予了别人“过度的重要性”；在下列方式中，对于神经症患者而言，别人变得极度重要或者的确是不可或缺的：他需要别人，以直接证明他所自夸的虚构价值(崇拜、嘉许或爱)。他神经症式的罪恶感与他的自卑，使他产生辩护的需要。但引起这些需要的“自恨”，却使他认为在自己身上不可能找到这种辩护，他只能经由别人而找寻得到。他必须向他们证明他是具有独特价值的，这一点变得极为重要，他必须向他们表示他多好、多么幸运、多么成功、多么有才能、多么聪慧、多么有权力，以及他所能为他们效劳或助益之事。

此外，不管他所需要或所做的，是为了积极追求荣誉还是为求辩解，他都可由他人身上获得许多活动的激发力。这在自谦的类型中表现得最为明显，他几乎无法自己做事或考虑自己的利益。要不是有争取别人的好印象、攻击他人或打败他人的这种动机存在，较具攻击性的人会变得那么积极、那么奋发吗？甚至于背叛的类型，为了要发泄自己的精力，也需要有一些人作为自己反叛的对象存在。

最后但并非最不重要的一项，神经症患者需要别人的保护，以抵抗他自己的自恨。事实上，他从别人身上证实了自己理想化的影像，以及他为自己辩解之可能性都有助他对自恨的抵抗。此外，在许多明显与细微的方式中，他需要别人，以缓和因自恨与自卑的冲击所引起的焦虑。最重要的，要不是别人，他就无法有效地施展他最有力的自卫手段：他的外移。

于是自负系统使他在人际关系上产生了根本不调和的现象：他觉得自己与别人疏远得很，变得最怀疑他们、最惧怕他们、最仇视他们，但在许多重要方面，他仍旧极其需要他们。

所有阻碍人际关系的因素，一般而言，势必也会在爱情的关系上发生作用，只要它不是一场短暂的交集。此种说法就我们的观点而言是不证自明的，但仍需提出来说明一下，因为很多人都具有一种错误的观念，以为只要夫妻间能获得性满足，则任何爱情都将会是美好的。实际上，如果关系主要是建基于神经症，则性关系即使会暂时缓和紧张的程度，或有助于维持彼此间的长久交往，也无法使人际关系变得更为健康。因此，讨论婚姻或类似的关系中所引起的“神经症的困难”，对于目前我们所陈述的原理，并无任何增益之处。但心灵内的过程的确会特别地影响了爱与性对于神经症患者所具有的意义与作用。因此，我想借着此种影响的特性之一般观点，将本章的陈述做一个结论。

爱情对于神经症患者所具有的意旨与意义，随着个人解决方法的种类而大不相同，因此无法对此做一个通论。但有一项阻碍因素常是普遍存在的：他根深蒂固地觉得自己不可爱。此地我并不认为这是因为他不觉得他被某些人喜爱，而是由于他的信念所致；这些信念加起来等于他在无意识中受到判决，确信没有人爱他或爱过他。哦，他可能相信别人喜爱他乃是为了他的容貌、他的声音，为了他的帮助，为了他所能给予他们的性满足。而不是真正为了他本身而爱他，因为他根本是不可爱的。如果事实表现与此种想法相抵触的话，则他会找不同的理由而忽略此一事实；或许那个人太孤独了，需要依赖别人，或是具有慈善倾向，等等。

即使他知道了这个问题，他也不会去解决它，却会以两种含糊的方式去应付它，他并未注意到这两种方式是互相矛盾的。一方面，虽然他并不特别在意爱情，他却会紧抱着一种幻想：在某时某地，他必会碰见那个“道道地地”爱他的人。另一方面，他表现出与他对自信所怀抱的相同态度：他认为“值得爱”乃是一种与既有的可爱特质迥然无关之特性。而且，因为他将“可爱”与人格特质分离开了，所以他觉得它不可能因他未来的发展而会有所改变。因此，他遂表现出了一种“宿命论”的态度，而将他的“不可爱”视为是一种神秘而无可改变的事实。

自谦的类型最易了解他在怀疑自己之是否可爱这一点，而且，我们已知道这种人是最努力地在培养他自己的可爱特质的，至少关于容貌是如此的。然而尽管他对爱情极表兴趣，他却不(自发地)了解下面这一问题的根源何在：究竟是什么因素使他确信他的不可爱?

其主要因素有三。第一，神经症患者爱的能力已受损伤。此种能力必定会损失的，因为在本章中我们已讨论过好多因素：他过于关注他自己、过于脆弱(对别人的批评或攻击过于敏感)、过于惧怕人，等等。“觉得可爱”与“我们自己真能爱”间的关系，虽然常可辨认出来，但只是对于我们之中的极少数人而言，才具有深刻而重要的意义。事实上，如果爱的能力获得了健全的发展，则我们便不会为自己是否可爱的问题而烦恼了，我们是否真的被别人所喜爱也就毋庸挂齿了。

神经症患者感到自己“不可爱”的第二个因素，乃是他的自恨及自恨的外移。只要他对自己不称心——真的憎恨或藐视——则他便可能因之无法相信别人会喜爱他。

这两种因素在神经症中既强烈又普遍，这也说明了“不可爱”的感觉在心理治疗中是不易被除去的。我们可在病人身上发觉到它的存在，也可以检验出它对爱情生活的影响。但它也只能减低这些因素至没有那么剧烈而已。

第三种因素较不直接，但据于其他理由之故，仍值得一提。此即因为神经症患者对于爱情的期望(“完美无瑕的爱”)远胜过爱情本身所能给予的，以及期待一些与爱情所能给予的不相干的事物(譬如，爱情并无法治愈他的自恨)。因为他所得到的爱并无法满足他的期望，所以他很容易觉得自己并不“真的”被喜爱。

对爱的期望，其种类十分繁多。大体而言，它乃是许多神经症需要的满足，这些需要往往其自身也是互相对立的，譬如，就自谦的类型而言，这种期望就是一切神经症需要的满足。将“爱”用以满足神经症的需要，使“爱”不只变为是被渴望的，而且是被急需的。因此在爱情生活中，我们同样可以发觉存在于人际关系中的那种不协调现象：需要的愈多，则得到的能力愈低。

将爱与性区分得过于清楚，可能就如同将性与爱看得过于密切(弗洛伊德的看法正是如此)一样地不十分准确。然而，因为在神经症中，性兴奋或性欲常会与爱的感觉脱离，所以我想对“性”在神经症中所扮演的角色做一些特别的说明。性在神经症中仍保有其作用，无疑地，它乃是满足肉欲以及与异性密切接触的工具。此外，性的良好运作，在许多方面还能增加自信感。在神经症中，所有这些作用都变得更明显，且担当了不同凡响的角色。性行为变得不只能缓解性紧张，而且也可以除去多种非性的精神紧张；因此在“被虐狂”的行为中，他们成了遣除自卑之工具，或者在“施虐狂”的行为中，他们会借着贬低或折磨他人作为达成自虐的手段；于是它们遂变成缓和焦虑的最常见方法之一。他们并不了解此种关系，甚至于不知道自己正置身于此特殊的紧张之下，或正处于焦虑中，而只感到性冲动与性欲正在不断激增。然而，在心理分析中我们可以很明确地观察到这种关系。譬如，有一个病人，当他一感受到他的自恨时，他就会突然兴起欲与女人同床的幻想或意念。或者，当他诉说着自己深感自卑的某些弱点时，同时会具有折磨或凌驾比他更弱者的虐待幻想。

此外，性的自然作用——建立密切的人际接触往往会占有较大的比例。这就是一个众所周知的事实，对于孤僻者（与人脱离关系者）而言，性乃是他与别人沟通的唯一桥梁。但性并不一定代表人类的亲密行为。它也可以十分草率，人们匆忙地冲陷于性关系里，而不给自己机会以找出彼此间的共同点，或给自己机会去建立喜爱与体贴的情感。当然情感上的关系后来也可能会由此演化而生，但可能性仍是不大。因为最初的冲陷（迫切的需要），往往是表示他们过分地被抑制了，以致无法发展正常的人际关系。

最后，性能力与自信间的正常关系，转移到性能力与自负的关系上。性的作用（迷人的或悦人的）、对象的选择、性经验的量或其种类——都成了“自负”的问题，而与愿望及享乐无关。在爱的关系中个人的因素愈减低，纯粹的性因素就会愈增高，则无意识里对于“可爱”的关心就愈会变为意识里对于“魅力”之关心①。

在神经症中，“性能力”所具有的作用渐增，并不一定会导致比正常人更频繁的性活动。他们或许会那样，但他们同时

---

① 参阅本书第5章中自卑的讨论。

也可能承受更多的压抑。无论如何，与正常人做一个比较乃是困难的，因为个体差异太大，尽管还在“正常”的范围之内，其性兴奋、性欲的强度或次数，或性的表达方式却会有很大的差异。然而，他们之间也有一项非常明显的不同，在某方面正与我们所讨论的有关想象[①]的问题相似，性能力被用以满足神经症的需要。为此，一些与性无干的东西也被加诸其上，使它的重要性大增。此外，出于同样的理由，性的功用可以轻易地被阻碍；譬如，带来恐惧、许许多多的禁忌、同性恋的错综问题，以及性变态等。最后，因为性活动（包括手淫与性幻想）及其方式系由神经症的需要和禁忌所决定（至少一部分是由此所决定的），所以它们常具强迫性。所有这些因素会使神经症患者发生下列的情形：他之发生性关系，并非为了他想要，而是因为他**应该**取悦他的伴侣；因为他必须拥有被希求或被喜爱的迹象；因为他必须缓和某些焦虑；他必须证明他的胜利与潜能，等等。换言之，性关系非由他的实际愿望及情感所决定，而是被那种为了满足某些强迫性的需要之驱力所决定。即使他并无意贬低其伴侣，但他的伴侣已不再是一个个体，而只是一具性

① 请参阅本书第1章。

的“物体”而已(弗洛伊德语)[①]。

神经症患者处理这些问题的细节颇为繁复，而且形式多样，因此我无法在此描述出各种可能性。对于爱与性方面之特殊障碍，毕竟只是他所有神经症障碍中的一种表现，但附加的变化却是如此的复杂，因为这些变异不只因他个人的神经症性格结构而定，而且也因他过去或现在所拥有的伴侣而异。

这似乎是种多余的定义，因为经由心理分析我们已知道，伴侣的选择常是潜意识的。此一观念的正确性，的确可以反复地被印证。然而，我们已倾向于走上另一极端，而认为每一个伴侣都是出自个人的选择；而此种概念的一般化是错误的。它需要两方面的附加定义；首先我们必须提出谁“选择”的问题，适当地说，“选择”这两个字包含了选择的能力，与知道所选的伴侣如何的能力。这两种能力在神经症患者中都已大大地缩水了，他只有当他对别人的形象，尚未被我们所讨论过的那许多因素所扭曲时，才能有所选择。在此种狭窄的意义下，“选择”二字是有名无实的，至少是不太适用的。“伴侣的选

① 若就性道德的观点而研究此一主题，英国哲人约翰·麦克默里在他的著作《理性与情感》(*Reason and Emotion*, Faber and Faber Ltd., London, 1935)中，就提到真诚的情感乃是性关系的价值标准。

择”这一术语所具有的意义，乃指个人因受明显的神经症需要之吸引而产生的个人感觉：他的自负、他之支配与剥削的需要、他降服的需要等。

即使是在此种限定的意义下，神经症患者也少有机会去“选择”伴侣。他之结婚，乃因为这是必行之事；他与自己是那么疏远，或是那么地远离别人，因此他才会那么恰巧地与他较为熟悉的人结婚，或恰巧与想跟他结婚的人结婚；他对自己的评价，因为自卑的作祟而变得相当低贱，因此他简直无法亲近那些吸引他（即使因神经症的理由）的异性。除了这些心理上的限制外，再加上他本来就认识不多适宜的对象，因此我们自然就可了解在这偶然的环境下他还会有多少“选择”。

我不拟对在此所涉及的这些繁复因素所造成的性爱或性经验的无限变种再做评论，而只要指出神经症患者对于爱与性的态度方面的一般倾向。他或许有从生活中将爱排除的倾向；他缩减或否定它的意义，甚至于它的存在。于是爱对他而言并非是渴望的，而是作为一种自欺的柔弱感，应被逃避、被讥讽。

此种倾向可由一种安静的但却具有决定性的形式，在退却孤立型的人身上发生作用。在这类人中，个人的差异主要是对于性能力（性欲）态度的不同。他可能已从他个人的生活中，将爱与性的实际可能性移除了，因此爱与性对他的生活而言仿佛是不存在的，或者对他个人而言已不具有任何意义。对于别人的性经验，他既不艳羡也不反对，但当他们为此而招致烦恼时，他却能够相当谅解他们。

还有些人可能在年轻时代有过一些性关系，但这些经验并没穿透他们“欲与人脱离关系”的甲胄，不具任何意义，且会很快地消逝不见，不留下任何重复同样行为的憧憬(性欲)。

对于另一种与人脱离关系者而言，性经验可能会是重要而且愉悦的。他可能与许多不同的女人发生过性关系，但在潜意识或意识里却总是小心翼翼的，不发生任何情感上的纠葛。此种暂时的性接触，其性质系由许多因素而定。这与夸张或自谦的倾向的普遍性可能也有关系。他对自己的评价愈低，则此种性接触的对象，愈会局限于比他社会地位或教养还低的人，譬如妓女。

此外，有些人可能在偶然中结了婚，甚至于如果对象同样是有着此种孤僻性格的话，则他们可能会维持一种虽然疏远但却适当的关系。如果这种人的结婚对象与他并无共通之点，则他可以忍受一切，力图固守身为丈夫或父亲之责。只当他的对象过于积极、暴烈或太过虐待狂，而使他暗自退缩时，他才会试图解除二人的关系，不然就得在此种关系下变得神经错乱。

自大报复类型的人以更具战斗性及破坏性的方式排除了

爱。他对爱的一般态度常是试图毁谤或揭穿它。他性生活的主要可能性似乎有两种；他的性生活相当贫瘠——他可能只为了缓解身体或精神上的紧张才偶有性接触——或者如果他能让虐待狂的冲动自由释放，则性关系对他可能是重要的。在这种情况下，他可能热衷于虐待性的性行为(这是最能令他兴奋的，而且能给予他满足)，或者在性关系方面过度矜持或节制，但却会以一般的虐待方式来对待他的伴侣。

关于爱与性的另一普遍倾向，也是趋向于将爱(偶尔也涉及性)由现实生活中排除掉，但却在想象中赋予它突出的地位。于是爱变成一种极其高贵与完美的感觉，任何实际的爱与此相形之下都会显得肤浅与卑鄙。霍夫曼[1]在《霍夫曼故事集》中便精彩地描述了此种现象，而称爱是“追求无限，以使我们上通于上帝。”它不仅是深植于我们灵魂内的一种妄想，“借着人类天生的奸诈的敌人……亦即经由爱，经由肉体的快乐，存于我们心中的本来属于天堂的神圣承诺在人世间就可被实现。”因此，爱只能在幻想中被实现。在他的解释中，唐璜对于女人而言就是个色魔，因为“每一被爱的新娘之不贞，每一个因男友被猛烈打击而遭破坏的快乐……这都象征着崇高地战胜了敌

① E. T. A Hoffmann， 1776～1822，德国作家及作曲家。——译者

对的恶人，而将诱奸者提升且超乎我们狭窄的生活之上，超乎大自然，超乎造物主”。

此地要提的第三种也是最后一种的可能性，乃是过分强调爱与性在现实生活中的地位。于是爱与性构成生活的主要价值，它们也因此而被荣誉化了。此地我们可以约略地区别征服性的以及投降性的爱之不同，后者系由自谦的解决法演化而来，这已经在那一章节中描述过了。前者则发生于自恋的类型中，如果基于某个特定理由，他“征服”的驱力集中于爱的方面，于是他的自负便会贯注于“成为理想的情人”以及“如何变为无可抗拒的人”，易于为他所得到的女人因而不再吸引他，他必须借着征服那些(不管基于任何理由)难以获得的女人才能证明他的胜利。胜利也许会在性行为中实现，他的目标也可能在于情感上的完全被降服。当这些目标完成后，他的兴趣也会因之而骤减。

我不确定这浓缩成几页的阐述，是否已表达出了心灵内的过程对于人际关系影响的所有范围与强度。当我们完全了解了它的震撼力后，有关较良好的人际关系对于神经症——或就广义而言，对于个人的发展——的有利影响，我们必须修正我们常抱持的一些期望。这些期望，包括预期社会环境、婚姻、性行为或参与活动的各种团体(社区的、宗教的或职业团体)的改变，能帮助个人解除神经症的困扰。在分析治疗中，这种期望表现在相信“主要的治愈因素在于病人是否能与分析师建立良好的关系”之上，在这一关系中不存在孩提时代那些有害的因素①。此种说法乃是出自某些分析师所认定的前提，他们认为神经症基本上乃是人际关系的障碍，因此可借良好的人际关系而加以医治。还有一些期望，并非基于如此明确的前提，而是基于了解——此种了解本身是正确的——人际关系在我们生活中乃是一项至关重要的因素。

所有这些期望对于孩子或青少年都是成立的。即使他可能会表现出自大狂的意念，对特权有所要求或易感到被虐待等明确的症候，但他对于适宜的社会环境所表现的反应仍是具有充分弹性的；良好的环境可以减少他的忧虑，缓和他的敌意，增加他的信心，甚至于可以将驱使他深陷于神经症的恶性循环之情况反转过来。当然，我们必须附加说明这乃是“或多或少”

---

① 请参考1943年《精神医学》(*Psychiatry*)上珍妮特·里奥克(Janet M Rioch)所发表的“精神分析疗法中的转移关系”(The Transference Phenomenon in Psychoanalytic Therapy)。该文曾提到分析过程中的所谓治愈，乃是指病人能够发现在他原来的经验中，他必须压抑住某部分的自我。而只有分析师与病人间的融洽关系才能适当地令病人获得此种发现……果能如此，则“事实”将渐渐地“不再被扭曲”，于是从分析师与病人间的关系中，使病人得以“再寻回自我”。

的问题，亦即结果如何需视个人障碍的程度，以及良好的人际关系影响之长短、质量及强度而定。

如果自负系统及其影响不致过于根深蒂固——或者积极地说——假如“实现自我”（无论病人本身用什么词汇表达）的意念仍具有一些意义或活力的话，则前述此种对于个人“内在的成长”的有益效应，也同样会发生在成年人身上。譬如，我们时常可以发觉，当太太接受了心理分析而见好转时，先生往往会恢复了正常的发展。在这种情况下，有许多因素参与了作用，通常被分析者（太太）往往会谈及她所获得的新认识，而他先生可能就会从中选取一些有益自己的材料。当他由自己的眼睛了解到事实乃是“可能改变的”之后，他就会鼓起勇气为自己的利益做点事。同时，当他发觉建立较良好的关系的可能性后，他就会具有克服自己困扰的动机。只要神经症患者能与相当正常的人密切接触或长期交往，则虽没经过心理分析，病人也可能会发生以上的改变（恢复正常）。此外，还有多重的因素会刺激他的成长：价值观的再定向；归属感以及被人接纳的感觉；外移作用的减低以及面对自己的困难的可能性；接受严正与建设性的批评而获裨益的可能性，等等。

然而，这些可能性远比我们平常所认为的还更为有限。如果分析师的经验主要来自他先前的个案，而其中并无此种希望存在过，则按理论来说，我敢贸然断定其机会必将十分渺茫，对它的信仰是盲目的。我们屡次发现某些为求解决个别内在冲突的人，如何带着固执的“要求”与“应该”的系统，以其“永远正确”及脆弱的态度，以其自恨及外移作用，以其对掌控、投降或逃避的需要而与别人建立关系。因此“关系”不再是分享喜悦、共同成长的沟通媒介，而变为仅是用以满足个人神经症需要的工具。此种“关系”之效果对于神经症患者的影响，就根本上而言，乃是要么降低、要么增加了的内在的紧张性，依其需要之被满足或受挫而定。譬如，夸张型的人当他处于指挥的地位，或置身于被歌颂谄媚的环境下，他就会觉得更安适且活得更起劲；自谦型的人当他觉得较不孤立或感到被需要、受欢迎时，他的生机就会变得欣欣向荣。任何了解神经症之痛苦的人，必会发觉出此种改善的主观价值，但是这些改善并不一定就是个人“内在成长”的象征。这种极偶然的情况，它们只是表示适宜的人际关系环境，可以让神经症患者觉得较为舒适而已，尽管他的神经症仍毫无改变。

寄望于较非人格性的方面，譬如习俗、经济条件、政治体制等的改变上也是如此。无疑地，极权政体可以不断地阻碍个人的发展，而且，本质上其目标必在于阻止人格的发展。反之，民主政体则尽可能地给予个人争取实现自我的自由，此种政体乃是值得人们为之奋斗的。然而，外在条件改变到最佳状态并无法带来个人的成长，它们只不过给予了一个可资成长的较好环境而已。

所有这些期望所犯的错误，并非在于高估人际关系的重要性，而是在于低估了“心灵内因”的威力。虽然人际关系作为表征极其重要，但其却无法将根固于个人心中、且泯灭了个人真我之表达的“自负系统”铲除掉。由此吾人可知：自负系统乃是人格发展的敌人。

“实现自我”的目标并非唯一地，或根本地在于发展个人的特殊天赋，其整个过程的中心乃是个人作为人类的潜能的进化；因此，它的核心包含了个人建立良好人际关系之能力的发展。

第十三章　工作上的神经症障碍[①]

在我们工作中所产生的障碍，其原因很多。可能因外在的条件，如经济的或政治的压力，缺少安静的环境、无法独处、没有时间或一些困难——举一个现代较常见的例子——譬如，作家所面对的困难，他须学习如何用新措辞以表达自我。困难也可能来自文化环境，譬如，公众观点可令一个人的谋财能力被扩展到远超过自己的实际需要，现今都市中的商人即其例证；但另一方面，此种情况对墨西哥的印第安人却毫无影响。

本章我将不讨论外在的困难，然而却要讨论表现在工作方面的神经症障碍。于是我们将把主题限定下来：许多神经症的工作障碍都与我们待人的态度有关，包括对上级、下属和同侪。虽然事实上我们无法明确地将这些与工作本身的困难绝对分开，但此地我们将尽可能地将其省略，而将重点集中在"心灵内因”对于工作过程，或个人对工作态度的影响为何上。最后，神经症的障碍在各种事务性工作中较不重要，然而当工作需要个人自动自发、想象、负责、自信及较富智巧时，其障碍就会骤然增加。因此，我的评论将针对那些需要开发我们机智的工作——广义言之，即创造。后面的例证中将涉及艺术工作或科学论文写作，其揭示的道理同样也可应用于教师、家庭主妇及母亲、商人、律师、医生或协会组织者的工作上。

工作方面所表现的神经症障碍，其范围甚广。就如我们即将了解的，并非这些障碍都是意识可知的；有许多是表现在工作能力低或作品缺乏方面。其他则经由与工作有关的各种精神痛苦而表现出来，诸如过度紧张、疲劳、衰竭、忧惧、惊恐、烦躁或处于抑制之下所自觉到的痛苦等。只有一部分普遍且相当明显的因素，是为各种神经症所共同具备的；那就是，除了工作本身原具有的困难之外，必存有着其他的困难，尽管有时此种困难不够明显。

自信心可能是创作中最主要的必备条件，然而，不管神经症

① 本章有一些段落取材自一篇论文，标题为“工作上的限制”（Inhibitions in Work）。该文于 1948 年刊登于《美国精神分析杂志》。

患者的态度看来多么实际与自信，他的自信心往往是飘摇不定的。他很少会对工作上所面临的一切困难做适当的评价，不是高估就是低估。通常对于所完成的工作的价值也鲜有适宜的评价。他对工作所设的条件大都是苛刻的，他们的工作习惯和一般人的工作习惯比起来，种类来得更为特别，程度更为严苛。

神经症患者由于自我中心的作祟，其内心对于工作本身往往并不关心，有关他如何进行或完成工作的问题，往往与工作本身较不相关，而与他自己较有关系。在一般适意的工作中所能发觉的乐趣与满足，通常也有所残缺，因为工作太具强迫性了，充满太多的冲突与恐怖，或在主观上让他觉得是相当无价值的。

只要我们搁下这些共同性不谈，而详细考虑工作的障碍本身是如何表现出来的，我们就会明显地发觉，在不同的神经症中，其表现的差异远多于相似点。我已提过对既存的困难，以及困难导致的痛苦之认识上个人具有较大差异。但他能完成工作（或无法完成工作）的特殊条件亦大有差异；持久的努力、冒险、计划、接受帮助、分派别人工作等能力也各有不同。这些差异主要乃因个人用以解决内心冲突的方法不同所致，我们将分门别类地加以讨论。

夸张型的人，会不顾自己的特殊禀性，而易于高估自己的能力或天赋；同时他们也很容易认为自己所进行的事乃是唯一有意义的事，而高估了它的特质。那些无法赞同他们工作成果的人，都会被他们理解为不能了解他们（他们仿佛是对牛弹琴），或因过于嫉妒他们才无法适宜地表扬他们。任何批评，无论是严正的或是出于良心的批评，根本上都会被认为是恶意的抨击。同时，因为他们需要消除对自己的疑虑，所以他们将无法详究批评的真相，而只会一味地不择手段地摒除掉它。同理，他们的工作需要被夸赞（不管以何种方式）的这种心理总是无止境的。他们倾向于自觉有权享受此种赞誉，因此如果未受到夸赞的话便会大表愤慨。

随之而来的，他们信任人的雅量也是相当有限的，至少对于与他同一领域及同年龄段的人们是如此。他们或许很公开地崇拜柏拉图或贝多芬，但却难于赞赏任何同时代的哲人或作家；那些名家愈优秀，就愈对他们自己那种无与伦比的重要性形成一种威胁。当别人在他们面前表扬他人的成就时，他会显得十分过敏。

最后要提的是，这种人的特征——沉迷于征服一切，将使他盲信凭他的意志力或优越的能力，他必无坚不摧、攻无不克。在美国许多办公厅内常可见到这么一句座右铭——“当机立断不畏难，马到成功必可期”；我推想这个座右铭的创始者一定也是个夸张型的人，或无论如何至少也会是一个肯付诸实行的人。他之需要证实自己的“胜利”，会使他变得更机智，而且带给了他那种尝试别人所畏难的工作之动机。然而，因此也会带给他低估困难的危险。简直没有他所无法迅即达成的交易，没有他一眼之下所不能诊断的疾病；只要稍微提前交代，没有一篇论文或讲演是他所无法交付的；汽车出了任何毛病，他必修理得比任何技师都好。

所有这些因素的综合——高估自己的能力以及工作的水准，低估别人及所面对的困难，将别人的批评置之度外——正说明了他时常会不在乎工作上的障碍。这些障碍又因当事人倾向于自恋、完美主义或自大报复而有所不同。

自恋的类型，最可能被“想象”所左右，他们将以上的标准表露无遗。假定个人的天赋相同，则他可能是夸张型中最能出成果的，但他也可能同时遭受到各种困难。其中有一项，乃是他将兴趣与精力分散到许多方面。譬如，有一个女人，觉得自己必须是个完美的女主人、家庭主妇、母亲；同时也必须是个最时髦的女人，会议中最活跃者，必须参与政治，必须是伟大的作家。或者又如有一个商人，他除了管理许多企业外，又追求许多广泛的政治及社交活动。这种人当他到头来发觉终究一事无成时，他常会将之归咎于自己的天赋过于繁多。他会一边掩饰自己的自大一边表示出他羡慕那些比他“不幸”的人——只具一种天赋的人。事实上，能力的分散或许是真的，但它并非他失败的主因。主要的原因在于他始终坚持不去认识他能力的界限。因此短暂的解决法——限制他的活动，通常并无持久的效用。很快地，他又会重拾旧念，相信别人不能像他那样做那么多事，但他能，而且会做得完美无瑕。限制他的活动对他而言，带有“打败”与“可鄙的软弱”的意味；期望他做个像别人一样具有能力界限的人，乃是一种贬低，因此是他所不堪忍受的。

有些自恋的人可能不是将他们的精力同时分散于许多活动上，而是分散于一连串的“开始”上，然后很快地一个接一个地放弃了那些追求。就资质聪慧的年轻人而言，上面这种现象看起来简直就像是他们需要时间与实验，以找出自己最大的兴趣所在；只有密切检查他们的整个人格，方能晓得此种单纯的解释是否正确。譬如，他也许会表现得对舞台深感兴趣，而努力地去尝试表演，一开始看来他似乎是前途无量的，但不久后他却将其抛至九霄云外了。之后，他们可能会借着写诗或务农而重复同一过程，然后，他们又转习护理或医药，但同样都只是虎头蛇尾罢了；由热诚的初衷至索然无味之间，形成了一条陡峭的变化曲线。

然而，同样的过程亦可能发生在成人身上。他们可能会为一本大书而写纲要，准备成立一个大组织，计划好商业上的大目标，研究一个新发明，但不消多久，当他们还一事无成时，他们的兴趣就销声匿迹了。他们的想象原已编织了一个迅速上马并具伟大成就的美好景象，但只要当他们初遇真正的困难时，他们就撤销了原有的兴致。他们的自负不容许他们承认自己在逃避困难，因此兴趣的丧失是保存面子的良策。

造成自恋类型的特征——兴趣的摇摆不定，有两项因素：他不喜欢留意工作细节与做一贯的努力。前者这种态度甚至会在学龄儿童的神经症患者身上表现明显。譬如，在写作文时他们会具有极富想象的心思，但潜意识里对此却具有阻抗作用，使他无法保持细心或正确拼写。这种草率的态度也发生在成人身上时，同样可以损坏了工作的成果。他们觉得自己具有超凡的意见或计划，但“工作细节”，则应由“常人”去做。因此，如果这想法能够付诸实现时，则他在分派别人工作时将一无所难。同时，假设他的职员或同僚能将他的意见付诸实行，则工作将会进行得十分顺利。但如果工作必须由他们自己动手时——诸如写论文、设计服装、草拟法律章程——则他们在开始真正的工作(思考、核对、检验与组织)之前，就会因已经满足了自己而认为工作已经结束。在心理分析中，病人也会做同样的事情，除了一般的“自大”外，我们还可发觉到另一种决定性因素：他们惧怕具体而详细地审视自己。

他们无法做一贯的努力，理由也与此相同。他们的自负的特别标记乃是“不劳而获的优越感”，这是奇特而不寻常的荣誉。只要日常生活中的琐碎工作被他愤恨地认为是屈辱，则此种荣誉就会充斥于他们的想象中。反之，他们可能表现出短暂的拼搏精神，在紧急状况下能够显得小心翼翼又精力充沛，可举办庞大的舞会，可以将累积数月的书信一口气写完，等等。此种突发性的努力，可以满足他们的自负，但一贯的努力却反而会污辱了它。只要按部就班，日积月累，阿猫阿狗也能开拓一片天！但是如果他们不曾努力时，他们则可自我安慰地想道“如果我真正地卖力了，则必已完成更伟大的事业”。他极隐匿地憎恶那种一贯努力的情形，主要因他迷恋无限权力的错觉。假定有一个人，想栽植一座花园，则不管他是否想要，他必会很快就了解花园乃是无法在一夜间转变为百花怒放的伊甸园的。只有他不断地培植、工作，它才会渐趋茂盛。如果他曾专注地去准备报告或写论文、做公事或教书，他就会得到这种令他醒悟的经验。凡人必有时间与精力上的极限，同时，在这些极限内所能成就之事也必定是有限的。只要自恋型的人仍紧握住他那种无限精力与无限成就的错觉，为了需要，他必定会谨防自己赤裸裸地面对这种会令他警醒的经验。或者，当他真的尝试了此种经验时，他必定会为之恼怒不已，就像是被捆在牛轭之下受屈辱一样，这种憎恶必然会使他精疲力竭。

总之，我们可以说自恋型的人不管他的能力有多高，他所真正表现的工作水平往往是令人失望的，因为由于他的神经症构造，他根本不知如何去工作。然而完美主义的类型所遇到的困难在某些方面却正好相反，他按部就班地工作，而且对于细节方面相当地谨慎与讲究。但是，他却因太受“该做什么以及该如何做”的束缚，以致无余力去发展他的独创力与自发性，因此他会变得慢条斯理、没有效率。因为他太苛求自己了，所以他极易工作过度或变得精疲力竭（尤以完美主义型家庭主妇为最），结果也会令别人因此而受苦。此外，他也像苛求自己一样苛求别人，因此带给了别人束缚性的影响，特别当他身为决策者时这种情况更为严重。

自大报复型的人也具有自己的优点与缺点。在所有的神经症患者中，他是最出色的工人。要不是称一个情感冷漠的人为“狂热”此一说法太不适当的话，我们就可以称他为工作的狂热者。因为他强烈的野心以及在工作以外的生活的空虚，所以花在工作以外的一分一秒都会被他认为是浪费的。这并非意味着他喜爱工作——他多半对任何事都不感兴趣，但工作也不会使他劳累。事实上，他看来就像是一部经过润滑的机器一般不知疲乏。不过，虽然他机智、有效率且有敏锐而具判断力的智慧，他所做的工作却可能是最没结果的。此地我并非在考虑这种类型“恶化”之后的结果——他已变为投机主义者，他只对工作的外在收获(成就、威望、胜利)感兴趣，不管他从事何种行业，制肥皂、刻模型或写论文都是如此。然而除了对他自己的崇高的荣誉外，即使他真对工作本身感兴趣，也常只是停滞在自己的范畴之边缘而已，并无法深入工作或问题的核心。譬如，身为教师或社会工作者，他会主要对教学或社会服务的方法感兴趣，而非喜欢小孩或客户们。他或许可写出对别人的批评性文章，但却不能自己做出任何贡献。他渴望解决所有可能发生的问题，以便他在整个事情中有最终话语权，然而却不能附加上任何属于自己的东西。简言之，他的事似乎只在控制或征服主要的事件，而非充实它。

因为他的自大不允许他信任别人，以及他缺乏生产效率，所以他易于不自觉地盗用了别人的意见。然而，这些意见在他手中亦会变得机械化而缺乏生气。

与大部分的神经症患者相比，他具有细心计划的能力，而且可能对于未来具有清晰的远见(在他的心目中，他的预言永远是正确的)，因此，他可能是个出色的组织者。然而，有许多因素减低了他的能力。他在分派工作方面会遭遇到困难，因为他自大而轻视别人，所以认为只有他才是唯一能够胜任工作的人。同时，他在组织方面，有采用极权手段的趋向：利用胁迫与剥削，而不是鼓励的方式；抹杀动机与喜乐，而非引发它们。

因为他有长久计划，所以他还能暂时忍受一时的挫折。然而，一面临严厉的考验，他就会感到惊慌，一个人一味生活在只有胜与负的世界里，“可能招致的失败”当然会令他感到恐惧。但因为他**应该**是超乎恐惧的，所以他便极愤怒于自己的胆怯。此外，在这种情况下(如考试)，他也会极愤恨那些对他有裁决权的人(考官)。所有的这些情绪通常是被压抑着的，此种内心混乱的结果会以身心上的症状而表现出来，例如头痛、肠绞痛或心悸等。

自谦型的人在工作方面的困难几乎与夸张型的人完全相反。他倾向于将自己的目标定得过低，或低估自己的才能以及低估自己工作的价值与重要性，他常会受到猜疑与自责的折磨，他决不相信自己能做不可能之事，他易被“我不行”的感觉所征服，虽然他的工作本身不见得总是受影响的，但他本身却会永远痛苦。

自谦型的人只要是为别人工作，就会觉得相当安适，而且做得很好。譬如，当家庭主妇或管家、秘书、社会服务者、教师、护士，以及作为名师的学生。在自谦者情况下，以上所常见的两种特点都指出了既存的障碍，在他们单独工作以及他们与人一块儿工作之间存有着偌大的差异。譬如，一位人类学的野外调查工作者，当他与当地居民在一块儿工作时，可能会显得机智过人，但当他需要系统地发表他的发现时却会感到一片迷茫；一位社会服务者面对他的客户时，可能对工作非常胜任，甚至身为督导，但他却会很惊慌地逃避报告或考评；一位学艺术的学生，当他的老师在身旁时便可画得相当好，然而独处时却会将所学的忘得一干二净。另外，这种类型的人，可能会停滞在事实上要比自己的真正能力还低的水平上，而且，事实上他们也绝不可能想象到自己隐藏了任何奇才。

基于各种不同的理由，他们也会着手做自己的事：他们可能晋升到一个需要写作或演讲的地位；他们自己(不公开承认)的野心会推动他们趋向更为独立的活动，最末但并非很少发生的一个情况是，由于一个最正常且最坚定的理由：他们具备的才赋最后可能会驱策他们去做适当的表现。然而正当他们试图跨越他们人格结构中“畏缩过程”所形成的那一狭窄界限时，真正的困难就会由是开始发生。

一方面，他们正像夸张型一样的需求“完美”，后者易沉醉于所得的优越中而沾沾自喜。然而，自谦型的人因具有永无休止的自责倾向，所以总是挑剔自己工作上的缺点。甚至于即使有了良好的作为（也许是举办了一次宴会或讲演），他们依旧会强调一些他们所忽略掉了的琐事，强调他们未能明确说出他计划要说的，强调他们过于低沉或过于无礼，等等。因此，他们遂陷于一种几乎无望的战斗中——在其中，他们一边努力追求完美，但一边却又击垮了自己。此外，还有一特殊的原因也加强了他们追求“优秀”之需求。如果他们追求成就，他们对野心与自负的抑制就会使他们有“罪恶感”，而只有终极的完美成就方能拯救他们的这种罪恶（如果你不是完美的音乐家，那你最好去洗地板）。

另一方面，要是他们触犯了这些禁忌，或至少如果他们知道他们触犯了，那他们将会变得颇具自毁性。它与我所描述过有关竞争比赛的过程相同：当这一类型的人一晓得自己即将取胜时，他就无法再比赛下去。因此，他必定会处于进退维谷的情势中，处于必须上达顶峰而却又必须使自己居于下风的矛盾中。

当夸张驱力与自谦驱力间的冲突近乎表面化时，此种“左右为难”的状况将会更形鲜明。譬如，有一位画家被某一物体的美丽所吸引住了，于是他马上想象出一幅极漂亮的图画。他开始动笔了，他在画布上的第一稿看来美极了，他为此大感兴奋，但紧接着，或者因这第一稿太美了(相较于他的承受范围)，或者因它并不如他最初想象得那么完美，他都马上会转向攻击他自己。他试图提升那些最初所画的形象，结果弄得更糟。这时他会变得狂乱不已，他虽继续修改，但颜色却变得更阴暗、更死气沉沉了，很快这幅画就被破坏了；他只能极度失望地放弃。不久他又开始画另一幅画，但也只是再次经历此种痛苦的过程罢了。

同样的，一个作家可能短期内写得十分顺畅，直到他知道事情进展得的确相当顺利为止。正当此时——当然他不晓得他的这一满足感乃是他危险的红灯——他会变得吹毛求疵，这也许是他对于在某种特殊场合中他的主人格该如何行动，真的无法把握；然而，这种困境也可能只当他之前已被破坏性的自卑所阻碍时，才会显著地出现。无论如何，他变得倦怠无力，好多天无法让自己好好写作，而且会在一怒之下，将以前所写的几页都撕毁。他可能发生梦魇，梦中他被关在一个房间里，有个疯子正逼近且要杀害他——这正是一种对自己的残暴的愤怒的直白表示[①]。

在这两个例子里(当然由此还可举出更多的例证)，我们可以发觉两种不同而明显的动向：急进创作的心境与自毁的心境。现在让我们看看那些夸张的驱力被压抑，而自谦的倾向占优势的人，这种人极缺乏前进的明显动向，自毁的倾向较不剧烈也较不奇特。冲突较为隐伏，工作时正在进行的内心过程也较为慢长且复杂——这使我们难于解决所涉及到的因素。虽然在这些情况下，工作上的障碍可能造成他显著的不适或痛苦，但却难以为人所直接了解。只有在整个人格结构被解开后，这些障碍的性质才会渐趋明朗。

当这种人在做创作性的工作时，他自己所注意到的乃是他的无法专心一致。他易于失却思考的方向或是心意渺茫；他的思想涣散而遍及于各类日常琐事上，他烦乱、暴躁、胡乱涂鸦、玩单人纸牌、打电话以消磨时间、修指甲、捉蚊蝇等。他也会厌恶自己，因此奋发工作，但很快就感到疲惫不堪，因此他不得不放弃了工作。

毫不自觉地，他遭遇到两种长期的障碍：他之贬低自我以

① 当我在关于《工作中的限制》的论文里引用这两个例子时，我只提到对于他们无法获得期待的“杰出”时所表现的反应。

及不能处理主要问题。就如我们所知的，他的自贬乃源自他需要降低自己，以免违犯对于任何“胆大妄为”之事的禁忌。自贬乃是逐渐的损毁、咒骂、怀疑，这些都足以耗竭他的精力，但他却毫不自知。（有一个病人把自己想象成是两个丑恶的矮人，耸肩驼背，喋喋不休，彼此辱骂。）他会忘记他所读、所看、所想的，甚至于他以前关于这个题目所写的东西。所有用以写论文的资料都齐全了，如果他不找它们，它们就会再现，但当他需要它们时，它们就总是不见。同样的，当他被邀请在讨论中发言时，他会因有被钳制的感觉而无言以对；除非慢慢来，他才会有许多值得一提的切题评论。

换言之，他需要压低自己，阻碍自己机智的开发。结果他怀着无能且无意义的抑郁感而工作。夸张型的人必会觉得自己的所作所为乃是最为重要的，尽管有时它的客观重要性不值一提；但自谦型的人，即使所做的事具有较大的客观重要性，他也常会自感抱歉。很鲜明的一个特征是，他只会说他“不得不”工作。在他的立场而言，这并非表示他就像退却型那样对“强制”有所过敏。他只是觉得过于胆大妄为，过于有野心，只要他肯定他欲成就某事就会产生此种感觉。他甚至无法觉得他想做好一份工作——不只因为他事实上正被驱策着苛求完美，而且是因为他自认此种意向对他而言，就像是对命运的一种傲慢而鲁莽的挑战。

他在工作方面的无能，主要是因为他对于一切带有维护、侵略与征服色彩的事情存有禁忌所引起的。通常我们一谈及他对侵略存有禁忌，我们就会想到他之不要求、不操纵、不支配他人的态度，他对于无生命的或精神上的问题也同样表现出此种态度。正像他对于漏了气的轮胎或拉不动的拉链感到无助一样，他对于自己的意见也是如此。他的困难并非是因无成果所致。顶好的想法可能会涌现，但他会被禁止去把握、处理、抓住它们，他无法与之斗争、核对它们、整理与组织它们。通常我们并不晓得这些精神活动具有自我主张和攻击的意思，尽管这在字面上有所表现；所以只当它们被广泛的“攻击抑制”的心理所禁制，我们才能了解这一事实。自谦型的人也许并不会缺乏表达自己意见的勇气，只要他们在第一时间足够深入。然而“禁制”通常抢先一步——使他惮于了解他已获得了结论，或他具有自己的意见。

这些障碍导致了缓慢、浪费、无效的工作或根本一无所成。有关这方面，我们应该还记得爱默生的话——因为我们贬低了自己，所以我们才一事无成。但涉及到的痛苦——就那一问题而论，也是他成就某事的可能性——因他们同时被驱策达到至善至美之境而发生。不只所做工作的成果应该满足他的苛求，而且他的工作方法也该是完美无瑕的。譬如，有一位音乐专业的学生，当她被询问是否有计划地学习时，她变得局促不安，并回答道“我不知道”。因为对她而言，有计划地学习乃是意味着固定坐在钢琴前弹八个小时，专心致志，几乎废寝忘食。因为她无法这么专心与有恒，所以她转而攻击自己，而称自己只是个音乐爱好者而已，对此实在一窍不通，一无成就。事实上，她努力在研究一支曲子，演练乐谱与左右手的运指——换言之，她本应相当满足于自己工作上的认真态度。如果我们一直留心像这些这么过分的“应该”，我们就很容易想象到自谦型的人因工作方法的无效所产生的自卑程度了。末了，让我们完整地叙述此种障碍之全貌：即使他工作顺利，或已完成某些值得骄傲的事情，他亦**不应**知道。仿佛他的左手不可知道他的右手正在做什么一样。

当他开始要做某些创作性的工作时——譬如：开始写论文时，他会显得特别孤立无助。他之憎恶征服一个主题，使他无法进行下一步的构思。因此，他放弃先做纲要或先将脑海中的资料组织起来，就草率地开始了。事实上，这对于别人或许是可行之道。譬如：夸张型的人可以毫不踌躇地这么做，同时他的初稿会深深地震撼了他自己，而无法再多加修饰。但自谦型的人却不然，他们绝不可能带着这些瑕疵交出初稿，不管是思想、文体或组织结构方面他都会大加挑剔。他极易察觉自己的任何笨拙处、缺乏清晰或连贯性，等等。他的挑剔也可能是极其中肯的，但潜意识里所产生的自卑却过于具障碍性，而使他无法再继续写下去。他也许会告诉自己“看在上帝的面上，马上写下来吧；你以后总可以完成的”。但这并不管用。他可能轰轰烈烈地开始写一两句，或记下一些有关文题的思想。但也在花费了大量的工作与时间后，最后他才会自问：“那么你现在想写些什么呢？”唯有如此，他才可能大略做些纲要，然后是第二、第三、第四个纲要。因冲突而产生的被抑制之焦虑，也会一次比一次减低，但当他的论文即将完成，准备加以发表或打印时，焦虑又会再度骤增，因为现在它应该是毫无纰漏的。

在此种痛苦的过程中，急性的焦虑可能会由于两种相反的理由而引起：当事情变得困难时，他会变得烦恼；但事情进展得相当顺利，他仍然会感到烦恼。当他遭遇到难题时，他可能会休克、昏厥，以及感到恶心或者四肢瘫痪无力；然而，当他知道工作进行得很顺利时，他又会开始比平常更剧烈地损毁他的工作。让我举个例子，有一个病人，他的“禁忌”已开始减弱了，但他的反应仍很具自毁性。当他快完成论文时，他注意到在他对刚写完的几段有熟悉的感觉，他突然想到他必定早已写过这些了。查遍书桌，他确实找到那几段的草稿，写得很好，而且是前几天才写的。可是他这时已花了两个钟头时间在构思上，完全没有想到这些是早已构思好了的。这种“遗忘”很令他惊讶，当他思索为何会“遗忘”时，他想起他当时写这几页时太顺利了，且将它当作是克服抑制的有望征兆，并且以为它正代表了他是能很快就完成这篇论文的。虽然这些想法实际上具有其事实的基础，但因他无法完全接受这一切，因此他又表现出“自毁”的行为。

当我们了解这种类型的人在工作上所遇到的可怕问题后，他与工作间的关系中有许多特点就会变得更为明朗了。其一，乃是当他开始进行对他而言有困难的工作之前，他会感觉到焦虑或恐慌。由于所涉及的内心冲突，这种工作带给他“无法实现”的感觉。譬如：有一位病人每当他必须演讲或开会前，他就会感冒；另一种人在初次登台表演前感到恶心；还有一位，当他欲上街买圣诞礼物前会感到精疲力竭。

我们可以进一步了解他为何只能分批地工作。他工作时太紧张了，而且这种紧张很容易突然增加，因此他无法长期忍受此种压力。不只精神或心智上的工作如此，他所做的其他任何一项工作也都会这样。他可能会先整理好一个抽屉，而将另外一个延后整理；他可能在园子里除草、翻土，但不久就又中断了下来。他可能已写了半小时或一小时，但却又必须停下来不可。然而，同是这个人，当他是为别人工作或与别人合作时，却又能有始有终地做完。

最后，我们了解了他为何在工作时这么易于分心。他常责备自己对工作没有真正的兴趣，这是甚易理解的，因为他做事时常表现得很激愤，就像是被逼迫去做事的小学生一样。事实上，他的兴趣可能完全是真实而虔诚的，但工作的过程却比他所了解的还更令他激愤。除了我已提过的轻微分心情形（比如打电话或写信），由于他们需要取悦别人或博得别人的爱怜，因此他极易满足他家人或朋友所提的要求。这个中的理由虽与自恋型的人全然不同，但结果仍会使他将精力过度地分散于过多的方面上。特别是年轻时期，爱与性对他具有强迫性的吸引力，虽然爱的关系并不常带给他快乐，但它代表了满足他一切需求的希望。于是，不足为奇的，当他工作上的困难变得不堪忍受时，他常会陷在桃色事件里。有时他会经历周而复始的诡异循环：他工作片刻，完成某些事业后，接着很快地沉迷于爱恋关系中了，有时这乃是以依赖的形式表现出来；然后当事业退步或变为不可能时，他又挣脱出爱的关系，而再开始工作——如此反复循环。

总之：自谦型的人如果独立做创作性的工作，往往会遭到失败。他们不只是处在几乎永久的障碍下，而且——几乎总是——在焦虑的压力下工作。由此种创作过程所引起的痛苦，其程度当然彼此不同。然而，痛苦与痛苦间的间隔是何其的短暂！当他刚开始确信一项计划时，他这时或许会很开心，思索着计划所涉及的所有意见，在他尚未置身于矛盾的"内心指使"之支配下时。另外，当特定的工作即将完成时，他也可能表现出短暂的兴奋与满足；但很快，他不只失去了他完成工作时所获得的满足，甚至于也失去了他作为工作者的感觉，不管外在的成就与赞誉如何。考虑或正视工作的成就与赞美，对他而言乃是可耻的，由于他无法因自己虽背负着内心的困难仍完成工作而肯定自己。记得这些困难的存在，对他而言纯粹是一种屈辱。

无疑的，这些恼人的困难导致"一事无成"的危险性是很大的。他可能根本不敢独自行事，在工作过程中他可能会半途而废。工作本身的成就可能会因工作中所发生的障碍大打折扣。但成功的机会也存在着，凭他的天赋与毅力，他可能做得好某些事情，因为虽然他间或表现得效率不佳，但他仍已做了许多连续性的工作了。

对退却型的人而言，妨碍他工作的桎梏，性质上与那些夸张型的以及自谦型的人有着明显的差异。属于这一类型的人，也常与自谦的类型一样，无法完全发挥自己实际上的才能。但后者之所以会这样，是因为他觉得在有人可资依赖的情况下工作较为安全，也觉得这样会较被喜爱及被需要。此外，固守对自负与攻击性的禁忌亦是其主因。而退却型的人会如此，则主要是因为这种做法乃是他逃避积极生活的主要部分。他工作如何才能有成果的条件，也与那些自谦的类型完全相反。因为他的孤僻，所以他能够单独做好工作，同时，他对强制性的敏感使他难于为老板工作，或难以生活在具有特定法规与规则的组织下。然而，他会使自己“适应”这种情况。由于他抑制了愿望与希望，也由于他之厌恶“改变”，他可能忍受那些不适合他的情势。而且，因为他缺乏斗志且渴望免于冲突，所以虽然他在情感上严密地使自己与别人隔离开来，但却仍能与大多数人融洽相处。即便如此，他是既不快乐，也毫无成果可言。

就偏好而言，如果他必须工作，那他情愿是个自由职业者；虽然他觉得太易于被别人的期望所强制。譬如，自谦型的人并不介意出版或设计的交稿截止日，或演讲的规定日期，因为这种外在的压力可以缓和他内心的压力。若无截止日的话，他会感到被迫无限期地去改进他的作品了。截止日可以降低他对作品的苛求标准，也使他可能完成一件像样的东西，或搞定一件事，这些都建立在为他人之期望而工作的基础上。然而就退却型的人而言，截止日却是他们绝对愤恨的一种“强制”表示，它会引起许多潜意识的反对，而使他变得倦怠无力、懒惰迟钝等。

他的这种态度只是他对“强制”敏感的一个例子而已。这也可适用于任何他收到的建议上，所有被期望的、被需要的，或被要求的事上，或所有他要面对的任何必然性上——诸如，如果他想完成某事，他就必须将工作付诸实行。

惰性也许是他最大的障碍，其意义与表现我们已讨论过了[①]。惰性愈具渗透力，则他愈会倾向于只凭着想象来做事。因惰性所导致的工作的无成果，与自谦型之无成果并不相同，不只是其决定因素不同，而且其表现亦不相同。自谦型的人处处被矛盾的“应该”所驱策着，因此表现得活像是一只被关在笼中的鸟儿，烦躁不安地鼓翼拍翅；而退却型的人不同，他显得无精打采，缺乏进取心，而且在身体或精神方面的表现也很迟钝。他可能变得拖拖拉拉的，或不得不将每件他必须做的事记于备忘录内，以免忘记。此外，还与自谦型全然相反的，只要他一做自己的事，此种现象就会完全逆转过来。

---

① 可参考本书第 11 章“退却——渴求自由”。

譬如，有一位医生在医院中只有靠备忘录的帮助，才能恪尽职责，他不得不将每位即将接受检查的病人、每次该参加的会议、每一份该写的书信或报告、每一个要开处方的药品一一记在备忘录上。但在他下班后，却是极积极、主动地念自己有兴趣的书，弹钢琴，写有关哲学方面的文章，他生气盎然地做这些事，而且能享受其中的乐趣。像这样，在他所认为的自己的领地内，他能做回他自己。同时他确切地保有了“真我”的完整性，但很明显的是，只当他与世人隔绝时才能如此的正常。他对自己在自由时间内完成的事也是如此，他并不期望成为有成就的钢琴家，也不想出版他的作品。

此种类型的人愈反感顺应他人之期望，则他愈会倾向于减少任何与别人合作或为别人而做的工作，并减少任何被特定时间表所限制的工作。他为了做自己喜爱的事，宁可将生活标准限制得很低，假设他的“真我”在较大自由的条件下足够活跃，则此种改善便可能让他完成建设性的工作。于是他会发觉表现创造性的可能性，然而这需依其所具有的天赋而定。并非人人都要离家去航海，都能做个高更。若无此种适宜的内在条件，则危险会由是而生——他将成为一个粗暴的个人主义者，只乐于做些让人意外的事情，或过着与众不同的生活。

对肤浅生活这一群人而言，工作往往不成问题，但通常都会有渐渐恶化的特征。奋力争取实现自我与实现“理想化的自我”，不只都被抑制，而且也被舍弃了。因此，工作变得毫无意义，因为他并无发展天赋潜能的那种动机，也无追求崇高目标的动力。工作变成一种不可避免的灾祸，它中断了“良辰美景”。他可能会完成工作，只因为别人期待如此，虽然完成了，但并无他自己参与过的味道。有时工作也可能变成只是一种为获取名利和权威的工具。

弗洛伊德发觉表现在工作方面的神经症障碍是屡见不鲜的，同时在分析治疗中，他把使病人“能够工作”作为他的治疗目标之一。但他未能将此种能力与动机、目标和工作态度联系起来，也没有考虑工作的条件及所做工作的质量，因此他只看出工作过程中的明显干扰或冲突。由这方面讨论所得的一般结论之一，是认为此种看待工作障碍的方式太过于形式主义了。只当我们考虑已提过的一切因素后，才能了解那种既存障碍的广泛性，换句话说——工作上的特点与障碍乃是(而且不得不是)整个人格的表现。

当我们详细考虑工作中所涉及的一切因素后，还会发现有其他的因素存在。我们知道，欲以一般的方法去思索工作方面的神经症障碍是不正确的，亦即只思索发生于“神经症本身”的障碍是不对的。就像我一开始就提到的，只有一小部分谨慎的、有限制的、有条件的概述才能概述一切的神经症。每一神经症结构都会产生个别的特点与困难，如果我们想要正确了解的那些个别特殊的障碍，我们要能够区分它们所由生的结构之间的不同。此种关系乃是相当明确的，以至当我们知道某一特殊结构时，我们就能预知——几乎分毫不差——所可能发生的障碍的特性为何了。同时，因为在治疗中我们是针对特殊的神经症个人，而非“所有的”神经症，所以此种精密性不只可以帮助我们更快地觉察个别的困难，而且也能更完全地了解患者本人。

要将许多工作上的神经症障碍所引起的痛苦表达出来，是不容易的。然而，工作上的神经症障碍，并非全都可以引起意识上的痛苦；许多人甚至还不知道他们的工作已发生了困难。这些障碍必会引起人的珍贵精力的徒费、在工作流程中浪费精力、不敢做适合自己能力的工作、无法开发自己的才智、工作成果(作品)已遭到损害。就个人而言，这意味着在他生活的重心方面，他无法满足他自己。此种个人的损失若数以千万计地加总起来，则工作上的障碍对人类而言是一大损失。

虽然我们可不用再争论此种损失的事实，不过仍有许多人会被艺术与神经症间的关系所困扰，说得更清楚一点，亦即被艺术家的创造力与他的神经症间的关系所困扰。他们会说是“姑认神经症一般会导致痛苦，特别是在工作方面会导致痛苦吧——然而，这不是艺术创作所必备的条件吗？大多数的艺术家不都是患有神经症的吗？如果艺术家做了心理分析的话，那它不就反会减缩，甚至破坏他的创造力了吗”。如果我们将这些问题搁置一边而详究所涉及到的元素，至少我们会获得一些了解。

首先，几乎是无疑的，个人拥有的天赋本身与神经症并不相干。近代的教育成果，已经显示出大多数的人若经过适宜的激励都能绘画，但非人人都能成为伦勃朗[①]和雷诺阿，这乃是意味着虽然天赋优异，但不见得必会自已表现出来。就如这些实验显示的，无可怀疑的，神经症必大大地妨碍了天赋的表现。一个人愈不神经过敏，则愈不易被胁迫，愈不会奋力去顺从别人的期望，愈不会需求正当或完美，也愈能表现出他所具有的天赋。心理分析的大量细节显示出，神经症因素乃是“创作”的一大障碍。

至此，对于艺术创作的这种担心，可能来自未经审察的思考或对天赋分量的低估，即低估了在某一特殊媒介下艺术表现

① Rembrandt，1606～1669，荷兰画家。——译者

的能力。然而，我们又开始会想到第二个问题：姑认天赋本身真与神经症无关，那艺术家的创造力不就是处于神经症的状况下吗？回答这一问题的途径在于更明白确实地洞悉哪种神经症状况可能会有利于艺术的创作。明显的自谦倾向对创作显然是无益的，其实，具有此种倾向的人根本就不会对创作感兴趣。他们相当清楚——极痛切地，刻骨铭心般的——他们的神经症已剪去了他们的双翅，阻止他们使他们不敢表现自己。只有那些具有明显夸张驱力的人以及退却型中的反叛类型，才会害怕因心理分析而失去他们的创造力。

他们真正害怕的究竟是什么呢？就我的说法，他们乃是觉得纵使“需要胜利”是神经症，它也仍是一种驱力，而能带给他们创作上的勇气与热诚，使他们能克服创作中所遇到的一切困难。或者，他们会觉得只当他们摆脱他们与别人间的一切纽带，或严厉拒绝受别人“期望”的烦扰时，他们才能有所创造。他们(潜意识地)恐惧那种稍微离开神一般的掌控感，他们就会被自疑所压倒，并陷于自卑之中。或者，就反叛型而言，他们会觉得除了陷于自疑外，还必会变成百依百顺的自动机器，因而失去了创造力。

这些恐惧都是可理解的，因为就实际的可能性而言，他们所恐惧的另一极端也确实存在于他们心中。不过，这些恐惧都是根植于错误的推理过程的。这时在这些病人中，我们可以发觉到他们的情绪就在这两种相对的极端间来回摆荡着。有些依旧深陷于神经症的冲突中的病人，只能“或黑或白”地思考，而无法想出真正解决冲突的方法。如果心理分析能适当地进行，那他们必定会发觉而且体验出自卑与顺从的倾向，但这种态度并不会长久存在着，他们必能克服存在于这两种极端中的强迫性成分。

这时，更深一层的矛盾又发生了，这问题更具思索性，而且比其他的问题还都重要：假设心理分析能解决神经症的冲突，而使人变得更快乐的话，那它不也就同时除去他内心过多的紧张性，而使他变得只一味“满足现状”，并因此而失却创作的内在动力了吗？此一问题具有双重的意义，二者都不可轻率地忽略掉。它包含一普遍的论点，是不是艺术家都需要有内在的紧张或痛苦，来引起他创作上的冲动呢？我不知道这种说法是否完全正确——但是，即使这是正确的话，我想也不见得一切痛苦一定都要来自神经症的冲突吧？我认为纵使没有神经症的冲突，生活中本也满布痛苦，尤其对艺术家而言更是如此，因为他对美丽与和谐、对痛苦与不和谐具有超凡的敏感性，而且又具有“感受情感”的高度能力。

此外，此一争论还包含了另一个特殊论点：即神经症的冲突可以形成创造力。所以赞成这一论点的理由，乃由我们做梦的经验而来。我们知道，在梦中，我们那种潜意识的幻觉能创造出解决的办法来处理那些烦扰了我们的冲突。因为梦中出现的影像非常精简、切题而且也概括地表达了精髓所在，所以这方面很像是艺术创作的结晶。因此，同样的情况下，一位有天赋的艺术家，会自由应用他自己的表达方式，且能将此表现于作品之中，他为什么就不应该在相同的冲突状况下创作诗歌、绘画或乐曲呢？我个人当然比较相信此种可能性。

然而，我们仍须借以下的讨论，对此一假定做一些限制。在梦中，个人或许能得到各种不同的解决法，它们可能是具建设性的或是神经症式的，其间涵盖可能性的范围极广，这一事实不可能与艺术创作的价值毫不相干。我们可以说，纵使一位艺术家只表达了特定的神经症解决法，他依旧会寻得那种有力的共鸣，因为还有许多人同样是倾向于此种解决法。但我极欲知道，譬如像达利[1]的画与萨特的小说所表达的普遍的正确性——姑且不谈其崇高的艺术才华及心理学方面的领悟力——是否会因此而缩减呢？为避免误解：我的意思并非说戏剧或小说都不应呈现神经症的问题。相反的，有时当大多数人因神经

① Dali，1904～1989，西班牙著名画家。——译者

症问题而感痛苦时，艺术的表现（提到神经症问题）却反能帮助许多人警觉到神经症问题的存在与意义，而能由衷地对它们有所了解。当然我并不是说讨论到心理问题的戏剧或小说都应有快乐的结局。譬如，《推销员之死》这个小说就没有快乐的结局，但它并没带给我们困惑。它除了是一部社会的控告书及生活方式的表白外，还彻底地陈述了一个深陷于想象中（自恋的解决法）而未曾面对自己问题的人所必定会遭遇到的下场。对于一件艺术作品，只有我们不了解作者的立场何在，或者如果作者陈述或提倡某一“神经症的解决法”乃是唯一的解决之道时，一件艺术作品才会带给我们困惑。

也许刚刚的讨论可用以回答另一涉及到的问题。因为神经症的冲突或冲突的解决法，会麻痹或损害了艺术的创作力，所以我们一定不能轻率地说，神经症的冲突与解决法同时可诱发创造力。这些冲突或解决法，可能多数对艺术家的工作会具有不幸的影响，那些能促进创造力的冲突，以及那些能抑制并缩减他能力的冲突，或是那些足以损害他工作成果的价值的冲突，我们究竟应该如何从中画出一条明显的界限呢？此种界限只是由“量”的因素而决定的吗？我们势必无法断言艺术家所拥有的冲突愈多，则对他的工作将会愈有所助益。会不会是若单只具有一些冲突便会有益，具备太多了反而就有害呢？果真如此，那“一些”与“过多”间的界限又何在呢?

很显然地，当我们思索“量”的问题时，我们必定会摸不着边际。有关建设性的或神经症的解决法之讨论，以及讨论中的含义给我们指出了另一个方向。无论艺术家心中的冲突性质为何，他绝不可以迷失在那些冲突之中。他必须具有足够的建设性能力，以影响并带给他挣脱出冲突或抵抗的愿望。也就是说，不管他的冲突如何，他的“真我”必须相当活跃地作用才行。

由这些讨论我们可知，一般人之常肯定神经症对艺术创作的价值乃是无稽之谈，唯一确切的可能性，乃是艺术家的神经症冲突会增进他创作的动机，同时，他的冲突以及为求解决冲突的方法可能成为创作的主题。譬如，就像一位画家能表达他个人对山景的感受，也能将他个人内心的挣扎感受表达出来。但仍只当他的“真我”活着——这样才能赋予他个人以深刻感受、自发的欲望以及表达的能力——时，他才能创作。然而，在神经症中，这种能力则因“脱离自我”而濒临险境。

于是我们会发觉到，“神经症的冲突乃是艺术家所不可或缺的动力”这一论点的错误所在了。充其量，它们也许只会动员暂时性的动机，但创作的激发力本身以及创造力，只能源自他对“真我”的渴求，以及为求实现“真我”而花费的精力之中。如果这些精力从单纯且直接的生活体验，被转移到必须证实某事——即证明他是一些他所不是的——时，他的创作力就必定会遭到损伤。反之，一个艺术家在心理分析中重获为求“实现自我”的欲望与驱力时，他将会再恢复往日的创造力。同时，当此种驱力被认出时，有关神经症对于艺术家价值的争论也绝不会再发生了。事实上，艺术家并非因神经症始能创作，创作只是克服了神经症。“艺术的自发性……乃是个人的创作，乃是自我之表现。”①

---

① 参考约翰·麦克默里所著《理性与情感》。

第十四章　精神分析治疗之路

虽然神经症会产生急性的障碍，或者有时可能会看来相当的平静，但是它的性质既非是急性的也不是静止的情况。它是一种凭借本身的动力以发展的过程，也是一种凭着自己那种残酷的逻辑，渐次侵犯整个人格结构的过程。它是一种产生冲突的过程，也产生一种为求解决冲突的需要。然而，由于个人所找寻的解决法只是肤浅的解决法而已，所以势必又会产生新的冲突，接着又需要找寻能让他生活得相当顺利的新解决法。因此，它也是一种驱策他一步步远离真我且危及他个人成长的过程。

我们必须洞悉卷人神经症后的严重性，以避免那种不该有的乐观，想象它迅速又轻易地得到治愈。事实上，“治愈”这一术语只能用于症状的减除，就像恐惧、失眠的除去(原因很复杂)。然而我们并不能“治愈”个人发展所采取的错误路径。我们无法在此讨论定义精神分析的“目标”的各种方法。无疑地，对任何一位心理分析师而言，相关目标乃是依据他个人的信念，他如何看待神经症的本质而定的。譬如，只要我们相信人际关系上的障碍是神经症的主因，在治疗中就可将我们的目标置于帮助病人与别人建立良好的关系之上。了解心灵内过程的性质与重要性后，我们现在就可将此种“目标”定位得更全面。我们希望帮助病人找到他自己，经由这种可能性帮助他朝向“实现自我”而努力。虽然建立良好人际关系的能力是实现自我的核心，但它也包含了他的创作天赋与自我负责。分析师从第一次到最后一次的会谈里，都须牢记着他分析工作的目标，因为此一目标决定了该做的工作，以及工作的灵魂。

为了能约略地估计治疗过程中所将遇到的困难有多大，我们必须考虑病人自身所涉及到的一切。简言之，他必须克服一切足以阻碍他人格发展的需要、驱力或态度：除非他开始放弃对自己的错觉以及他幻想的目标，他才有机会发觉自己的真正潜能，进而发展它。只当他舍弃错误的自负时，他才不会那么敌视自己，也才能产生坚定的自信心；只当他的“应该”失去了强制力时，他才能发觉他的真实情感、愿望、信仰与理想；只当他能面对既存的冲突时，他的人格才有机会达到“真正的统合”。

虽然这种说法乃是绝对正确的，而且分析师也甚为明了，但病人并不这么觉得。他确信他的生活方式——他的解决法——是正确的，而且只有循着这种方式，他才能找到和平与满足。他的自负带给他内心的坚忍与价值，若无他的“应该”，他的生活将变得杂乱无章，等等。指出这些价值实在都是虚伪的，对客观的第三者而言是很容易的事，但只要病人觉得这些价值乃是他唯一所拥有的，他就势必要对它们紧抓不放。

此外，病人必定会紧握住他的主观价值，因为如不这样做，必将会危害他的整个精神生活。他为求解决内在冲突的方法，可简单概括为“控制”、“爱”或“自由”；对他而言这些不只是正确的、聪明的与良好的方法，而且是唯一安全的方法。它们带给他“统一感”，而面对冲突将会带给他一种被分裂的可怕景象。他的自负不只带给他价值与意义的感觉，而且得以保卫他陷于同样恐怖的自恨与自卑的掌握中。

病人在心理分析中将使用各种——依个人的整个人格结构而异——可以得到的手段，抗拒了解其冲突与自恨。夸张的类型会避而不愿了解他所具有的恐惧、无助感、他之需要爱怜、喜爱、帮助或同情。自谦的类型则极其急切地将目光转移，不肯观察自己的自负与自利。退却型的人，会装出一种有礼貌的惰性或泰然的模样，以免激发自己的冲突。在所有的病人中，逃避冲突具有双重的构造：他们不让冲突的倾向涌至外表，他们也不允许任何洞察力量走近冲突。有些人试图以理智化或区隔化以避免去理解冲突，另外又有一些人，则防御得较为扩散，此种防御以潜意识里不愿清晰地思考的方式，或以执着于一种潜意识的讥讽性见解(带有否定价值观的意味)的方式而表现出来。在这些情况下，混乱的思考与怀疑(人生价值或别人的善意)的态度会使得冲突更为模糊，因此他们根本就无法发觉到那些冲突。

病人竭力逃避对于自恨或自卑的体验，其主要问题乃在于避免去了解那些未被满足的“应该”。因此，在心理分析中，他必定还击，以避免洞悉那些就他“内心的指使”而言乃是不可原谅的罪行——他的缺点。因此任何有关这些缺点的暗示，他都会觉得是一种恶意的谴责，而迫使他采取自卫行为。不管在他的防御中他是好战的或是平静的，其效果都相同；它阻止他清醒地去查明真相。

所有病人用以保护他的主观价值与避免危险——或是避免焦虑与恐惧的主观感觉——的迫切需要，都导致他并无能力与分析师密切合作，尽管他有意识上的善意；这也是他之所需要自卫的缘故。

他的防御态度其目的乃在于“维持现状”[①]，在分析过程中这是最显著的特征。譬如，分析退却型的病人时，在分析进行的初期，病人需要完全地保存他的孤立与“自由”，以及他那不希求、不战斗的政策，这些完全决定了他对心理分析的态度。然而，就夸张型与自谦型的人而言，特别是在心理分析的初期，还另外存有一些阻碍分析进行的因素。就像他们在生活中亟欲追求绝对的胜利、征服或爱的积极目标一样，在心理分析中他们同样会外求以达到这些目标。心理分析应该要为他们除去一切的障碍物——他们为求彻底的胜利或永不战败、神奇的意志力、无可抗拒的魅力，不可冒犯之神圣，等等。因此它不单是病人自卫的问题，而是病人与分析师之间的主动对立的问题。虽然两方都会谈及演化、成长与发展，但他们的所言完全意指着不同的事物。分析师心中所指的是“真我”的发展，而病人却只能思索着如何完成他“理想化的自我”。

所有这些阻碍力，已根植于病人之欲寻求得到精神分析之

① 这乃是“阻抗作用”（resistance）的定义。我在《自我分析》（W. W. Norton，1939），第10章“阻抗作用的处理”中即已提过。

动机中。人们希望做心理分析，是因为存有某些障碍，例如恐惧、忧郁、头痛、工作方面的限制、性的困扰、各方面的反复失败。他们来接受分析，乃因为他们无法克服某些痛苦的生活情势，如太太或先生的不贞或离家出走。他们也可能是因为模模糊糊地觉得自己的发展正遭受到障碍而来求分析治疗的。所有的这些障碍似乎都有足够的理由可考虑做一次心理分析，但并不一定是在要求做更深入的检查。但基于将要提到的理由，我们最好要问：谁受到了干扰？是病人本身——因他真止地希冀幸福或成长——还是他的自负呢？

的确，我们无法过于明确地对此做一区别，但我们必须了解，自负在制造某些不堪忍受的痛苦之事实方面，扮演着极重要的角色。譬如，“广场恐惧症”对一个人可能是无法忍受的，因为它伤害了他“能控制一切”的自负；“被丈夫遗弃”这件事若使得她那种为求公平相待的“神经症要求”遭受到挫折，则它便会带来极度的不幸（“我是一个这么贤惠的妻子，因此我有权享受他终身的忠诚”）；通常不会烦扰一般人的“性问题”，对于那些自认为必须“极其正常”的人来说可能是不堪忍受的。个人的发展受到阻碍是极其痛苦的，因为这使他要求“不劳而获的优越性”无望了。自负也可能表现于下面的事实中，譬如个人可能会因为一些伤害自负的小烦扰——忸怩羞愧、害怕演说、双手颤抖——而找医师帮忙，反而有些更具障碍性的大问题却会轻易地一带而过，且他之决定做心理分析，这些大问题也只担当了模糊的角色。

另一方面，自负可能会阻止人们去请教分析师——这些人需要帮助却无法得到帮助。他们那种“自足”与“独立”的自负，会认为乞求任何帮助乃是耻辱之事，这是不该有的“纵容”；他们**应该**能自己克服烦扰或障碍；或者，甚至他们那种“自我控制”的自负，都不允许他们承认自己具有任何神经症的烦恼。充其量，只有在为了讨论朋友或亲戚的神经症时，他们才会来请教分析师，所以在此种情况下，分析师必须留意一种可能性——他们只会间接地借此谈及自己的困难。因此，自负阻止他们对于自己的困难做真实的估计，以及找寻分析师帮忙。当然，禁止他们去考虑接受分析的不一定是某种特定的自负，在内在冲突的解决法中，任何因素都可能会抑制了他去寻求分析之动机；譬如，退却的倾向可能大得让他们宁愿安于他们的烦扰或障碍中(“我天生如此”)。或者，他们的自谦倾向可能会禁止他们“自私地”为自己寻求帮助。

阻碍力在病人自己对心理分析偷偷所怀抱的期望中也会发生作用——当我讨论分析工作的一般困难时，我已提过这一点。再重述一遍，他一方面期待心理分析毫不改变他的心理结构，而又能除去他的障碍(烦恼)因素；另一方面，心理分析应该能实现他的“理想自我”的无限权力。更有甚者，这些期望不只关系到心理分析的目标，而且也规定了达成目标的方法。他很少会对心理分析工作做适度的评价，其中所涉及的因素不一而足。当然任何人都难以适切评价分析工作，如果他们只是从阅读中或偶尔尝试要分析别人或自己时才接触到心理分析。但，就像任何其他新工作一样，只要他的自负尚未干扰他，病人必会及时学习有关的事项。夸张型的人低估自己处境的困难，同时高估他克服困难的能力，且认为凭他的头脑以及他那至高无上的意志力，**应该**能够迅即解决他的困难；退却型的人，因本身的惰性与缺乏动机而变得麻痹无力，期望分析师赋予他神奇的线索，所以很有耐性地等待着，只当一个有兴趣的旁观者；当病人自谦的元素愈占优势，他愈会期待只因为他的处境极苦且乞求帮助，所以，分析师必能挥动魔杖拯救他。所有的这些信念与希望，当然都是隐藏在“合理”的期待层之下的。

这些期望的阻碍作用相当明显。不管病人是期待分析师，还是他想自己利用魔力获得想要的结果，对分析工作而言十分必要的他自己那种振奋精神的动机必已遭受损伤，心理分析也因而变为一种相当神秘的过程。不消说，合理化的解释是无效的，因为它们根本就未触及内在的需要——这些需要决定了隐藏在合理化背后的“应该”与“要求”。只要这些倾向存在，病人是很希望能接受短期治疗的。但病人会忽略了那些公开发表的短期治疗结果只是有关症状的改变而已，他们会深深地为心理治疗着迷，误以为达到正常与完美乃是一蹴可就的。

这些阻碍力在分析工作中所表现的形式变化多端，虽然为了能迅速了解病情，认识这些形式对分析师而言乃是必备的，但我将只提其中的一部分而已，同时我不打算把所有的力量都用以讨论它们，因为此地我们的兴趣并非在于分析的技巧，而是应该要了解治疗过程的本质。

病人或许会变得喜欢争辩、爱好讽刺、太具攻击性；表面上他可能很有礼貌地配合治疗，而以此作为遮身的屏障；他可能表现得回避而令人无法捉摸，抛开主题或忘掉主题；他可能马马虎虎，不假思索地谈论主题，仿佛根本与他自己毫不相干似的；他可能回应以自恨或自卑的语句，借此提醒分析师别再继续进行下去了，等等。所有这些困难可能发生在直接分析病人的问题之时，也可能会发生于分析师与病人的关系上。跟其他的人际关系相较，“分析师与患者的关系”在某方面对病人而言，乃是较为容易对待的。分析师对他的反应态度变化较少，因为他专心在理解病人的问题。但此种关系又是较为棘手的，因为病人的冲突与焦虑都被释放了出来。不过它仍是一种人际关系，同时病人与别人之间会发生的困难，在分析的关系中也会发生作用。在此只提出一些显著的情形：他之强迫性地需要掌控、爱或自由，大大地决定了关系的进展，而且使他对指导、拒绝或强制变得过敏。因为他的自负在进行的过程里势必要受到损害，所以他极易感到受屈辱。由于他的期望与“要求”，在心理分析中他也常会觉得被挫折以及被虐待；当他的自责与自卑的感受被引发时，他会觉得宛若被控告及被轻视似的；或者，如果他正处于自毁式激怒的冲击之下，他很快就会转而辱骂或苛待分析师了。

最后，病人常会高估分析师的重要性，在他们的眼中，他不只是一个凭借训练与自知以帮助他们的人。不管他们如何的通达世故，私下里他们还是将他奉为术士，认为他在善恶两面都有超人的能力。他们的恐惧与期望结合而产生了这种态度。分析师具有伤害他们、挤扁他们的自负、唤起他们的自卑的能力，但也具有神效的医疗能力：简言之，他是个魔法师，具有推他们下地狱及带他们上天堂的能力。

由许多观点来看，我们可以鉴定这些防御的意义。当我们分析病人时，对于这些防御在分析过程中所具有的阻碍力，我们的印象会特别深刻，它们让病人难以——有时甚至不可能——反省自己、了解自己以及改变自己。另一方面——就像弗洛伊德所发觉并提到的“阻抗作用”——它们也是导向问题的路标。通过它们我们会了解病人所打算保护或提高的主观价值，以及他所要逃避的危险何在，会对他们身上作用着的重大力量有所了解。

此外，虽然病人的防御态度导致了治疗上的多重混乱，以及——直言之——分析师有时也希望此种防御行为会减少，但分析过程中，具有此种防御态度远比没有时更不具危险性。虽然分析师竭力避免做过早的解释，但因为他缺乏上帝的全能力量，所以他无法阻止这项事实的发生——有时病人会产生比他所能解决的更为恼人的因素。分析师自认为自己的发言对于病人是毫无弊害的，但病人却会以惊恐焦虑的方式去解释它。或者，甚至于心理分析中并无任何言论，病人也会经由联想与梦境，而展开那种令他惊骇但却丝毫无益的展望。因此，不管防御在效用上是多么地具阻碍性，它们仍具有一些积极的因素——只要它们是本能自卫过程的一种表现，因自负系统所创造出的那种危险的内在情势并未消失，所以它们又是必然存在的。

在分析治疗中所引起的任何焦虑，通常对病人而言都是可怕的，因为病人易于将它认为是不全或损伤的征兆，但偶尔也会有例外。“焦虑”的意义只能就其出现的背景而予以评价，它可能意味着病人已能更接近他的冲突或自负，但又超过他此刻的承受能力；在这种情况下，他惯常用以缓和焦虑的方法通常可以帮他应付它。似乎是原本敞开着的通路在此又再度关闭了，他无法从这次体验中获益。另一方面，急切的焦虑也具有明显而积极的意义，因为它可能表示，现在病人已觉得有足够的力量，更能镇定地去冒险以面对他的问题。

精神分析治疗之路是一种古老的方法，在人类历史上屡次地被提倡。就苏格拉底与印度哲学的观点而言，它乃是经由自知而获得再定向之道。它的新颖与特别之处，主要在于获得自知的方法之不同，而这都要归功于弗洛伊德的才华。分析师帮助病人了解所有作用于他身上的力量，阻碍性的或建设性的；他帮助他对抗前者而引动后者。虽然阻碍力的破坏作用与建设力的诱导作用都是同时发生的，但我们将分别讨论它们。

当我对本书所提的各主题做一连串的讲演[①]时，有一次在我讲完第九讲而将谈及治疗之时，大家提出了问题，我的回答是：我所提过的一切都是有关治疗的。所有精神方面可能涉及

① 指 1947 ~ 1948 年在社会研究新学校(New School for Social Research)所做之讲演。

到的知识，都可以使每个人有机会找出自己的困难所在。此地我们同样地要问，病人必须要知道什么才能铲除他的自负系统，以及除去由此所衍生的一切附带影响？ 我们可以简单地说，他必须晓得我在本书中所提到的每一件事：他对荣誉的探求，他的“要求”，他的冲突，他个人的特别解决法，以及所有这些因素在他的人际关系方面与创造力方面所具有的影响。

此外，病人不可只知道这些个别因素，而且也应该知道其间的关系与其相互间的作用。这方面最重要的，是他应了解自恨乃是自负所不可脱离的伙伴，他不可能只具有其中一种，而缺乏另一种。必须就整个人格构造来了解每一单一存在的因素，譬如，他必须了解他的“应该”乃因他的一种自负而产生，“应该”之无法满足或达成，必会引发他的自责，于是这些自责依次地又说明了何以他需要保卫自己以免于遭受自责的猛攻。

了解所有的这些因素，并非指懂得这些因素的死知识，而是意指要彻底地去认识它们。

麦克默里说过：专心于单一目标，而对相关的人漠不关心，这些都是“死知识”的特征，这通常称之为“客观性”，实际上它只是非人格的……死知识终归是有关某事物的信息，而不是去认识或了解那些事物。科学无法教你了解“你的”狗，而只能教给你狗的一般性存在而已。你只能从它生病时，你照顾它、教它如何在家中活动，以及跟它玩球的过程中了解它。当然，你可以运用科学所给你的有关狗的一般知识以便更了解你的狗，但这是另一件事了。科学所注重的是一般性，多少都是指一般事物的普遍特征，而不注重个别的或特别的事物。而任何真实的事物永远都必定会是个别的、特殊的。从某种奇异的角度说，对于事物的了解或认知，乃视我们个人对它们的兴趣而定[①]。

此种对自我的认知，包含了两件事。第一，病人只大略了解他具有太多错误的自负，或他自己对于批评与失败过于敏感，或他有责备自己的倾向，或他具有许多冲突而已，但这仍是无所助益的。有价值的，乃在于他能了解这些因素在他身上发生作用的**特殊方式**，以及这些因素在他个人（特别的）生活中——过去及现在——是如何具体而详实地表现出来的。譬如大体上知道“应该”，或甚至于知道“应该”在他身上发生作用的一般事实，对于病人一无裨益似乎是不证自明的，他必须彻底认出“应该”的特殊内容，和使这些“应该”变为“必须”

① 取自约翰·麦克默里所著《理性与情感》，同前版，第151页。

之特殊因素，以及“应该”对于他个人生活所具有的特殊影响。强调“特别”与“特殊”乃是必需的，因为基于许多理由（他之脱离自我，他之需要掩饰不自觉的伪装），病人有变为迟疑混沌或非人格化的倾向。

此外，“认识他自己”不可只停留于“理智上的认知”，虽然它可能会由此方式而开始，但后来必须变成一种情感的体验，其实这两项因素必会相混合，因为大体上没有人能够体验出“一般的自负”：他只能从某一具体的事物中体会出他特定的自负。①

于是他不只要**思考**作用于他自己的力量，而且要**感觉**出这些力量，这是很重要的，为什么呢？因为纯理智的“了解”就

① 在心理分析史上，最初，“理智的认知”似乎是一种有效的治疗剂。那时它意味着孩提时代记忆的重现。当时人们高估了理智的胜利：期待着只要认识某些倾向的无理性即足以解决问题。后来，大家的看法又趋向另一极端：一项因素的情感体验变得最为重要，而且在以多种方式被强调。事实上此种论调的转变，乃是大部分分析师的进步的标志。每个人似乎都需独立再发现情感体验的重要性。亦可参考下列文献：兰克与费伦茨（Otto Rank and Sandor Ferenczi），《心理分析之发展》（*The Development of Psychoanalysis*, Nervous ana Mental Disease Publ No. 40, Washington, 1925）；西奥多·赖克（Theodore Reik），《惊讶与心理分析师》（*Surprise and the Psychoanalysis*, Kegan Paul, London, 1936）；② J. G. Auerbach，《心理治疗引起的价值改变》（Change of Values through Psychotherapy, Vol. I, *Personality*, 1960）。

字面的严格意义而言，一点也不包含了解[1]的意思：纯理智的了解对他而言代表着它尚未成为真实，它尚未变为他个人的所有物，它尚未在他身上扎根。他特别用理智所观照出来的也许是正确的，然而就像一面不能吸收光线而只能反射光线的镜子一样，他可将这些“见识”应用于别人，而不能用到自己身上，或者，理智上的自负在许多方面可能会以迅雷不及掩耳之势接管这一切：他可能因一个别人所逃脱或规避的发现而自傲；他开始操纵这一项特殊的问题，改变且扭曲它，以至于他的报复或他的被苛待感立即成为一种完全合理的反应。或者，最后单单靠他的智力看起来已可能足以让他去排除万难：“知道”**即**“解决”。

此外，只当我们体验出那些潜意识或半意识的感觉或驱力，所具有的“不合理”的冲击性时，我们才能逐渐了解发生于我们心中那些不自觉的力量的强度与强迫性。病人可能会承认他对单恋的绝望，真实的原因可能是他之不可被拒绝的自负，或可以占有对方的身体与心灵的自负受到了伤害，进而产生的一种被侮辱感。但这仍是不够的，他必须**感觉**到屈辱，以及进一步感觉到他的自负支配了他才行。只模糊地知道就当时

① 根据韦伯斯特(Webster)的说法，“了解乃是变为真实之行为或过程”。

情势而言“他的愤怒与自责可能比应有的表现更过分”也是不够的，他必须**感觉**到愤怒的完全冲击力，或自责的深度。只有这样某些潜意识的过程（以及它的非理性）所产生的威力才会出现在眼前，唯有如此，他才会具有想认识自己的动机。

感觉出原原本本的情感，以及努力去体验那些还只是知道，而尚未感觉到的情感或驱力也是重要的。譬如，再重举以前举过的例子，有一位女士当她无法爬到山顶上时，她连看到狗都会害怕——她已完完全全地感觉到恐惧本身所具有的强度。她彻底地了解并感觉出，这种特定恐惧乃是源自自卑，因此这才能帮她克服她的恐惧。虽然自卑几乎无法被体验出来，但她的发现却也意味着恐惧已原原本本地被感觉到了。但只要她仍无法感觉到自卑的深度，则其他的恐惧仍将继续发生。只当她原原本本地感觉出她对自己的无理要求——欲征服一切困难——时，自卑的体验才会帮助她克服恐惧。

到目前为止，某些无意识的感觉或驱力的情感体验，可能会突然发生而深深地吸引住我们，仿佛是一种启示一般。但它更常逐渐出现在专注研究问题的过程中。譬如，病人最先可能认出包含了报复性元素的暴躁，他可能会明了这种情况与受伤的自负间的关系；但有时他必定会体验到那种受伤的情感的一切强度，以及报复情感的冲击力。另一方面，他可能先认出那些比当时情势所应有的更多的愤愤不平或被虐待感，他会察觉到这些情感乃是为他对某些期望大失所望的反应；他也会了解分析师的暗示——这些情感是非理性的，但他自己却认为这乃是完全合理的。渐渐地，他将会认出那些他也深感不合理的期望，以后，他就会了解它们(即期望)并非是无害的愿望，而是一种相当固执的“要求”。他将会及时发现它们的范围以及它们的幻想(不合理)性质。接着他会感受到当这些“要求”遇到挫折时，他是何其疯狂地震怒，以及极度地被压垮。最后，他明白了它们所固有的势力。但所有这些都已与他“宁死而不愿放弃要求”的感觉大有不同。

最后一个例证：他可能知道他一直认为“蒙混过关乃是最为理想的做法”，或者，有时他喜欢愚弄或欺骗别人。当他对这方面的视野更为广阔后，他会了解他是多么地羡慕那些能比他更会“蒙骗”的人，或者当他自己被愚弄或欺骗时，他是多么的怒不可遏。他会渐渐地更加认出，事实上他是多么地以他那欺骗或虚张声势的能力而自傲！有时他必定也会刻骨铭心地深感它实际上是一种撩人的爱物。

然而，要是病人全然没感觉到某种情感、冲动、渴望——或其他任何的感觉时，又将如何呢？我们毕竟是无法人为地引诱出情感的。不过，如果病人与分析师都确信让情感表露出来

(不管是关于哪方面)以及让情感以原有的强度而奔放出来是较为理想的话，这还是有些助益的，这将会使病人与分析师注意到纯粹的“脑力工作”与“情感参与”之间的差异。此外，它也会引起他们对于分析那些干扰情感体验的因素感兴趣。这些因素在程度、强度与种类方面都有所差异，探知这些因素是阻碍了病人对一切情感的感受，还是只是妨碍了对于特定情感的感受，对分析师乃是很重要的。其中最明显的乃是病人对“不加判断地去感受任何事物”之无能(或低能)。一个一直以为自己是最能体谅别人的病人，当他了解他可能是令人极感厌恶地飞扬跋扈时，他立刻下了判断：此种态度乃是错误的，他必须停下来。

此种反应看来像是公正地在抵抗神经症的倾向，而且想要改变它。事实上，在这种状况下病人依旧陷于自负与害怕自责的原动力中，因此，在他们还未有机会去了解与体验他们这一倾向的强度之前，他们就会急忙地想抹杀这些倾向。另一种病人，他抑制自己从别人那里接受或攫取好处，但他发现在他过度谦虚的外表下，埋藏着一种时刻谋求自己利益的需要；事实上他发现如果他无法在某一个地方捞到点什么，则他就会相当愤愤不平；每次当他与那些对他而言比较重要的人相处时(恰恰他们的境况比他更好)，他都会感到身体不舒服。于是有如雷光闪电般的，他迅即做出结论说他是极其可憎的——而且因为这样，把接下来对那些被压抑的攻击倾向进行了解的可能性消灭在萌芽之中。通往了解强迫性的“无私”与同等程度的“贪婪”之间冲突的大门，也再次关闭。

那些思索过自己，而且觉察到好多内在问题与冲突的人当会说道：“我对自己是这么的(甚至于是全盘的)了解，因此这应可使我更能控制自己，但实际上我还是感到这么痛苦与不安。”通常在这种情况下，他们对自己的观察过于片面，而且过于肤浅与表面化；亦即它并非是刚才提过的那种具有深奥而广泛意义的认识。然而，假设某人已真正地体验出某些作用于自己的重要力量，而且已发觉这些力量对他生活的影响后，那么他对病情所有的这些了解，会是如何的帮助并解放他呢？或解放至何种程度呢？当然这些认识有时会困扰他，有时则会解救他。但它们对于他的人格究竟有何影响呢？毋庸置疑，这问题似乎过于普遍而无法做一满意的回答。但我认为我们每个人都会有高估它们之治疗效用的倾向。同时，因为我们极想更明晰地了解治疗的中介为何，所以让我们来检查一下此种“了解”所导致的各项变化——它们的可能性与极限(缺点)。

没有一个人能不历经“再定向”，而能认识到他的自负系统。他开始了解到，他过去对自己所具有的某些观念或想法乃是纯属幻想的，他开始怀疑他对自己的要求就人类而言是否现实，他对别人的要求(姑且不说它建筑在动摇的基础上)是不是根本就不可能实现。

他开始发觉他过于以自己所并不具有的优点——或至少他并不具有那么多——为傲，譬如他发觉他曾引以为傲的“独立性”，并非真正的内在自由，而是对“强制”的一种敏感罢了；他会发觉事实上他并不像他自己所认为的那样诚信无欺，因为经由他无意识的伪装与掩饰，他已无法看清自己；虽然他自己拥有掌控的自负，但他在家中甚至于连个家长都不是；他发觉他对人们的许多爱(这使他变得何其伟大！)都是因为他强迫性地需要被喜欢或被崇拜而产生的。

最后，他开始怀疑他的价值观以及他的目标的确实性。也许他的自责并非纯为道德水准高的标志吧？或许他的讥诮见解或言词，并非表示他已超越一般的成见，而只是想权宜地逃脱，免于使自己与自己的信仰一致？或许将每个人都视为骗子并非精明处世之道？因为他之离群独立已让他失去太多？或许胜利或爱并非是每件事的终极答案？

所有这些变化，可以被描述为是一种循序渐进的现实性测验与价值测验的工作。经由这些步骤，自负系统的根基就会逐渐损毁。治疗的目标乃是让病人能“再定向”，而这些步骤则都是再定向的必备条件。到目前为止，他们全是破除妄想的醒悟过程。然而，如果只发生这些过程而无建设性的步骤同时加入，则它们亦无法而且也绝不会具有彻底而永久的解放效果。

在精神分析的早期，当精神病学家刚开始认为心理分析乃是精神治疗的可能形式时，有许多人提倡心理分析之后必须做一综合。他们好像已承认，必须先将某些事物撕开、打破，而后，治疗者必须给病人某些积极、正面的东西，这些东西是病人生活所凭依的，是他所能相信的，或他所能为之努力的。虽然这些暗示可能是因对心理分析的误解而产生的，而且也可能包含许多错误，但它们都是由很善意的直觉催生的。事实上，这些建议相比于弗洛伊德的想法更接近我们一派对心理分析的思考，因为弗洛伊德并不像我们一样了解治愈的过程：为了让建设性的事物可能成长，移开阻碍性的事物是为了要给积极因素以成长的机会。传统建议的主要的错误在于它将一切责任推给了治疗师。它不相信病人自己的建设能力，而觉得治疗师应该像是一个突然介入、且能使事件改观的人，以相当人为的方式供给病人更积极的生活方式。

古代的医学名言认为，“自愈力”固存于心中与身体中，如果身心发生疾病，则医生只要帮助他除去有害的力量，便能协助痊愈的力量生发。破除妄想之醒悟过程，其价值隐藏于下述可能性中：随着阻碍力的削弱，“真我”的建设力有机会获得成长。

为了支持此种过程，分析师所应做的工作，与分析自负系统时大有不同。后者除了需有精良的技术训练外，还需广泛地了解可能具有的潜意识的错综性。而且他个人还须是个能发现、理解、联想的天才。为了帮助病人找寻自己，分析师也需要认识一些由经验中所获得的方法，在这些方法中，譬如经由梦或其他的途径，“真我”将会涌现出来；这些知识是极有价值的，因为那些方式根本就不明显。他也必须知道何时以及如何使病人的意识投注于这个过程中，但比任何以上因素还更重要的是，分析师本身必须是个具建设性的人，而且清楚地了解自己的终极目标乃是在于帮助病人找回他自己。

从一开始，就有许多痊愈力作用于病人。但在心理分析开始时，其气势通常仍是不够，且须在它们真能抵抗自负系统之前，先将他们发动起来。因此，分析师开始就须拥有良好的善意，同时对分析具有积极的兴趣——无论分析的是什么。不管是为了什么理由，病人一定会很关切地要除却某些障碍，通常（也是不论理由为何）他亟欲改善这或改善那的：他的婚姻、他与孩子的关系、他的性能力、他的阅读、他精神集中的能力、社交能力、谋生本领，等等。对于心理分析，甚至对于“自己”他会具有知识上的好奇；他想给分析师留下深刻的印象，比如他很有自己的想法，或他能迅速对病情有所认识；他会想要取悦分析师，或者做个“完美的病人”。而且他在分析进行中最初会很乐意，甚至很热望地与分析师合作，因为他期望他或分析师的能力会产生出神奇的治疗功效。譬如，他已确切地了解自己过分顺从，而且对别人的关心过分表示感激——因而，这种毛病便立刻“被治愈”了。虽然这些种类的动机并不会使他安度分析的烦乱期，但却足以令他度过分析的初期，无论如何，初期多半是不会过于困难的。同时，他将学到很多关于自身的事物，而发展出更稳定的兴趣。利用这些动机对分析师而言，就如同了解动机的性质那般必要。而且分析师也该适时决定，何时将这些不可靠的动机变为分析的对象。

如能在心理分析的早期即开始发动了“真我”的话，必将会是最理想的，但此种尝试是否可行或有意义，就像其他事一样，需视病人的兴趣而定。只要病人的精力还集中在强化他的“理想化自我”，而贬低“真我”的话，那这些尝试势必是无效的。然而，根据经验，陷入这种状态的时间并不长，还有许多比我们目前所想象的还更可行的方法，初期与后来的最大帮助，乃是得自于病人的梦。此地我无法开展我们对于梦的理论，但必须简要地提一下我们的基本信条：在梦中，我们将会更接近真实的自我；不管是以神经症式的还是健康的方法，梦乃是我们正努力解决我们的冲突的象征；梦中，建设力会发生作用，尽管有时在不同的状况下这些力量是几乎无法发觉的。

从具有建设性元素的梦中，病人甚至于在心理分析的初期就能瞥见他内心所存在的世界，这是特别属于他自己的，就他的情感而言，这比他所幻想的世界更为逼真。病人因为之前对自己的所作所为之故，而对自己产生了同情，这种同情以象征的形式表现于梦中；有些梦显示了他深深的悲伤、乡愁和渴望；在梦中，他奋斗求生；在梦中，他被关入监狱而想逃出；在梦中，他正耐心地种植一株植物或在自己的房子里发现了从前所不知道的房间；当然分析师必会帮他去理解这种符号所表示的意义。此外，分析师会强调病人在梦中出现的那些他在清醒生活中所不敢感觉到的情感或渴望的意义，会向病人提出问题，譬如，是不是这种伤感，比他意识里所装扮出来的乐观主义更真实。

有时运用其他的方法也是可行的。病人自己会开始惊讶于他对自己的情感、愿望或信仰知道得竟是那么少。于是分析师将会鼓励此种迷惑的情感，不管他以什么方法进行，被误用极多的“天生的”这个形容词对此似乎是合宜的，因为感知自己的情感，知道自己的愿望与信仰，的确是“天生的”——这些都存于他的天性中。因而，对于这些“天生的”能力之未曾发生作用，他是有理由感到惊讶的。同时，要是此种惊讶未能自动发生，那分析师必须要在适当的时机诱发出这个问题。

这些似乎都不甚重要，但此地病人不只获得一普遍的真理——“惊异乃是智慧之始”，更特别的是，病人了解了他之与自我的远离，而不是茫然无知，这是重要的。其影响堪与一个在极权政治下长大的年轻人，当他闻悉了民主的生活方式后所受的影响相比较；第一次听到的这种信息可能很快地渗透，或者他开始是满腹怀疑地加以接受，因为民主过去并不为他所信任。不过尽管如此，他还是会渐渐意识到他错失了某些合意的事物。

此种偶一为之的谈论或评论有时是必需的。只当病人已对“我是谁”的问题感兴趣时，分析师才能更积极地努力设法让他明白，他是如何地不了解或不关心他的情感、愿望或信仰。举一例证：有一个病人，当他仅发觉本身有一个极小的冲突时，就会大感吃惊，他惧怕会为此所撕裂，也惧怕因此而发疯。他的问题已从许多不同角度分析过了，诸如：只当凡事都在理性的支配下，他才会觉得安全；或他惧怕任何轻微的冲突会削弱他，使他无法反抗他所认为敌对的外在世界。这次将焦点置于“真我”，分析师可指出，一项冲突令人震颤，可能因为它的激烈程度，也可能因为病人本身用以对抗冲突的“真我”过于渺小。

在此我们可以举个病例，有一位病人在两个女人中一筹莫展。当分析进行时，他愈来愈明显地发现，无论在何种情势下他往往都难以决定，不管是关于女人、思想，关于工作或生活的住所都是如此。同上一案例一样，分析师可从不同的角度来碰触这个，首先，只要病人总体的困难不太明显，他必须找出在个人的决定中包含了些什么。当“犹疑不决”的渗透性略微变得缓解时，他或许会揭露出病人具有意欲“拥有一切”之自负——既要手里有他的烧饼，同时又要吃掉它，因此，他觉得“需要选择”是一种可耻的退步表现。另一方面，就“真我”的立场而言，分析师可能还会向病人暗示，因为病人过于远离自我，而无法知道自己的偏爱与方向，所以无法做出决定。

此外，病人可能会诉怨自己的顺从态度。他经常只要别人希冀或期望他去做某事，他就会承诺而去做那些自己所不喜欢的事。根据当时的情况，分析师可从许多有利点去解决问题：譬如，我们考虑到要他可能具有下列的心理：他必须避免冲突、他不认为自己的时间有价值、他具有能够胜任一切的自负。然而分析师只需提出一个问题:“你都未曾问过自己,什么是你所希冀或认为是正当的事吗? ”除了以这种间接的方式来引动“真我”外,病人有时会表现出更独立的思想或感觉,表现得更自我负责,对自己的实况更感兴趣,独自了解他的伪装、他的应该、他所使用的外移作用,等等,而分析师应把握机会去激励他表现此种迹象。这些涵盖了在每次分析会谈中,鼓励病人做自我分析的多种方式。此外,分析师将会展示或预告,这些方法对于病人人际关系会带来的特别影响:他变得较不惧怕他人,较不依赖他人,因而对别人更能具有亲切和善或同情慈悲的情怀。

有时,病人几乎不需任何鼓励,因为无论如何他觉得这样较为自由,也更具活力。有时他会具有贬低上述方法的重要性之倾向,对于这种倾向必须加以分析,因为它往往是代表病人“恐惧真我”。此外,分析师也会提出一些问题:诸如什么使病人这一次更自发、能自己做决定,或更积极地为自己说话。这些问题,可能引发一些了解,了解到“病人有勇气去成为他自己”的相关的因素为何。

当病人开始具有一些可资立足的基础之后,他将会更能与他的冲突格斗。这并非意味着冲突直到现在才显而易见,其实分析师早已发觉到它们，甚至于病人也已觉察到它们所表现的症候。其他的神经症问题，也都具有此种现象：从冲突引发的各项问题，进而了解冲突本身，乃是一循行渐进的过程，将伴随着整个心理分析。但如果“远离自我”的程度未缩减，则病人必无法感觉到此种冲突乃是他自己的，并希求尽力去解决它们。就如我们已知的，在许多因素的作用下，“了解冲突”变为一种分裂的感受，这些因素中以“脱离自我”最为显著。理解此种关系最简单的方法乃是比拟人际间的一种冲突，假定他与两个人——他的父母或两个女人——关系相当密切，而这两人正力图反向拉扯他，那么，他对自己的情感与信仰了解得愈少，他便愈易于被他们来回地支配，而且在过程进行中他可能会整个崩溃。但，反之，他愈坚固地根植于他自己，则他愈不会因此种反向拉扯而受到损伤。

病人用以渐渐了解自己冲突的方式，彼此间差异甚大。他们可能了解了有关特定场合的分裂情感——诸如对父母或配偶的双重矛盾情感——或了解了针对性行为或一些思想体系的矛盾态度。譬如有一位病人，他了解到他既不喜欢他妈妈，却又挚爱她。看上去他已知道了一种冲突，虽然只是关于一位特定的人而已。但事实上，这乃是他使冲突具象化的方法：一方面他觉得对不起妈妈，因为她是个受难型的人，她总是不快乐；

另一方面他却又很恨她，因为她强求他独一无二的爱。对他这种性格的人而言，这两种都是最可理解的反应。其次，他所认为是“爱”或“同情”的东西也变得更为清楚；他**应该**是个理想的儿子，而且**应该**能带给她快乐与满足，因为这是不可能的，所以他有“罪恶感”，并倍加殷勤地去弥补她。这种“应该”（如同以下即将显现的）并非只限于此处一种情况而已；生活中不管处于哪种场合，他都**应该**是绝对完美的。他的冲突的另一成分于是涌现而出，他也是一个相当脱离人群的人，他要求不受人的困扰，或期望他做某事，而且憎恨每个困扰、期望他的人。此地所提到的这种认识过程，乃是从“将他的矛盾情感归咎于外在的情势（妈妈的性格）”到“了解在特定关系中他自己的冲突”，最后再到认出存在于他自身的主要冲突——因为它系存于他的心中，所以它作用在他整个的生活上。

有些病人，起初可能只是瞥见他们生活哲理中的矛盾而已。譬如，自谦型的人，也许会突然发现他过于轻视别人，或者他在反抗“必须和善待人”。或者，他可能短暂地认出自己对于特权具有过度的要求，虽然最初这些要求并未让他注意到这乃是一种分歧（冲突更不待言），但他会渐渐了解这些要求的确与他之过分谦虚，及他之“爱每个人”互相矛盾。于是他会暂时地体验出一种冲突，诸如当他强迫性的助人行为未获得

“爱”的回报时，他会因自己当了“受骗者”而暴怒。他完全被惊呆了——但这一体验又马上隐没了。其次，他对自负与利益的禁忌态度，也变得更为明显，而且显得相当固执与无理，以至于他开始对它感到惊异。在他仁慈、神圣的自负渐渐解体后，他开始发觉自己嫉妒他人；发现他对自利的贪得无厌，或他之吝于施舍。在他内心起变化的过程里，可部分被描述为“渐渐熟悉他那存于他自身的矛盾倾向的过程”。在某种程度上，这单独就可用来说明为何他发觉矛盾倾向而感震惊的态度，会渐趋于和缓。就动力的变化而言，更重要的乃是在整个分析过程进行中他渐渐成长，在他面对这些倾向而又不会彻底崩溃的情况下——同时也因此能够试着解决它们。

有些病人或许会发觉存在于自身的冲突，然而在他们的心目中，冲突的外形仍是何其模糊，意义仍是何其暧昧，所以这种冲突往往是不可理解的。他们会谈及存在理性与情感间的冲突，或爱情与工作间的冲突。这种说法是不易了解的，因为爱情与工作并不互相矛盾，理性与情感也并非不能和谐共存。分析师无论如何也无法直接去解决此种冲突，他只知道某些冲突必定正作用于这些范畴内，于是他可先放下这种冲突，而力图逐渐理解病人自己所涉及到的问题。另一方面，病人最初可能并不觉得它是一种个人的冲突，而只能将它与既存的情势联想在一块儿。譬如，女人们可能认为传统的环境导致了爱情与工作间的冲突，她们或许会指出，事实上一个女人是难以将职业与身为妻子、母亲的职责合而为一的。渐渐地，她们会逐渐了解到自己在这方面具有个人的冲突，而且比现存的外在困难还更为重要。长话短说：虽然她们在职业上会表现出“神经症式的野心”与“求胜利的需要”的一切表征，但她们在爱情生活中却会倾向于病态的依赖性。前者的那些倾向通常都会被压抑着，但仍足以作为衡量工作成果或成就的标准。就理论而言，她们已努力欲将自谦的倾向贯注在爱情的生活中，而将夸张的驱力表现于工作上。然而，实际上这种绝对的二分法是不可行的。在心理分析中会变得更明显的是，为求战胜的驱力也会作用于爱情的关系中，而克己的倾向也会发生于她的职业上——结果使她们与日俱增地变得闷闷不乐。

病人也会坦然地陈述一些在他们的“生活方式”中或“价值观”中极为显著的矛盾。他们最初会显示他们自己是何其亲切与明理，过度顺从，甚至何其卑屈。然而为求权力与威望的驱力也会变得十分惹人注意，譬如，他会表现出渴求社会上的名望，或征服女人，并带有虐待狂与冷酷无情的潜伏情绪。有时他们会表示相信自己乃是无法忍受怨恨别人的，但有时——未受矛盾抑制时——却具有相当野蛮的报复之怒。或者，一方面他们希冀能由心理分析中获得一种不为任何情感所阻碍的报复能力，另一方面又希望获得隐士般脱俗孤立的高风亮节；然而他们全然不知这些态度、驱力或信仰彼此已构成了冲突，而是一直自傲能够比那些遵循“美德的窄径”之徒，具有更广泛的情感或信仰，“区隔化”于是达于极点。但分析师无法直接地处理它，因为他们维持这种“隔裂作用”之需要，使他们大大地降低了对真理与价值的知觉，舍弃真实的证据并逃避任何自我的责任。在这种案例中自谦驱力与夸张驱力的意义与威力也会渐渐变得为病人所知，然而单只有这些仍是一无助益的，除非能更进一步地分析他们的“逃避”心理与无意识的“欺骗”心理。这之后需要再进一层地分析他们广泛又倔强的外移作用，分析他们之只在想象中去完成的“应该”，以及研究他们那种找寻并相信某一脆弱的理由，用以抵抗自责的机智（譬如我已竭尽全力，我病了，我被太多的烦恼所困扰，我不知道，我孤立无助，情况已见好转，等等）。所有这些方法都带给了他某种内心的安宁，但也同时随着生活的进展而削减了他们的道德情操，因此让他们更无法面对他们的自恨与冲突。虽然这些问题需要长期持续的分析，但病人也会因此逐渐地变得坚强，而敢去感受这些冲突，并与之格斗。

总而言之：由于冲突所具有的那种“破裂性”，使冲突在分析初期无法被看清。假设这些冲突都已完全被了解了，也只是关于某一特定的情势而已——或者，这些冲突可能只以极模糊、极泛化（非特定的）的形式而被发觉。它们也许会暂时涌现，但却因出现期过于短暂而无法让人获得新的理解，它们会被区隔化，这方面的变化可如此发生：病人先要渐渐发现某些冲突，然后渐渐了解它们乃是他个人特别的冲突，于是他会更深及其本质；他不只发觉了冲突的隐约表现，而且开始确实地了解了内心冲突究竟为何物。

虽然这种分析工作辛苦而令人困扰，但它也是一种解放性的工作。失却了固执的解决法后，一切冲突就易于分析了，而个人特殊的主要解决法，也因其价值渐渐削减，最后终于崩溃。此外，那些尚陌生或发展不良的人格部分，也都已被发现且获得发展的机会了。的确，首先出现的仍旧是较严重的神经症驱力。这是有用的，就自谦型的人而言，他必须先发觉他自私的“自我中心”的心理，然后才有机会表现正常的“坚持己见”的做法；他必须先感受到他的神经症式的自负，才能渐渐了解真正的自尊。反之，夸张型的人，必须先感受到他的卑屈与他之需要人们，然后才能发展出真正的谦虚与温柔的情感。

如果这种分析工作进行得顺利，则病人必能更直接地去解决那种最为深刻的冲突——存于他的自负系统与他的“真我”之间，存于他欲完成“理想的自我”的驱力与他亟欲发展他的天赋人类潜能间的冲突。这些力量渐渐积聚起来，“核心的内在冲突”于是变得清晰，这时对此种冲突保持高度关注，乃是分析师的首要工作，因为病人本身会很容易忽略它。由于许多力量的汇集，因此开始了分析中最有收获但也最为动乱的时期，其程度以及持续的长短有所差异。“动乱”直接表示出了他内心正在激战，而它的强度也与他所面临的问题的重要性相一致，归根到底它乃是代表着下面这一个问题：他是想继续保持他的错觉、他的要求以及他的虚假自负的崇高与魔力，还是他已承认自己不过是个常人——一个具有一般人类的缺陷，同时具有个人的特殊困难，但也具有成长可能性的人？我觉得在我们的生活中，再也找不到比这种分歧更为重要的十字路口了吧！

这时期的特征是“起伏不定”“来回反复”，而且常是快速而连续的。有时病人会往前进，进行的方式极多，他的情感变得更为活跃，他更为自发自动、更直接，他能考虑该做的而且具有建设性的事，他觉得他对人更友善、更怜悯。他变得更注意到有关他“脱离自我”的许多问题，而且靠着自己就能去了解他们。譬如，他会迅速地认出，以前当他并没“在场”或当他未面对自身的某些问题时，他便会责备他人的情形。他发觉到他真正独力为自己做的事太少太少了，他会以后悔但却无压倒性的罪恶感的心境，而沉痛地记起过去的欺诈以及残忍的事件。他开始发觉自身的长处，也了解自己所具有的某些优点，他会合宜地感慨自己那种不屈不挠的奋斗。

对自己做更真实的评价也同样会出现于梦中。譬如，有一位病人在梦中以夏天的别墅为象征而表示出自己的情况，这些别墅因为久无人住，已变荒芜，不过仍旧质地良好。另一个梦表示要从自我负责逃脱出来，但最后却坦然地觉悟了：病人梦见自己是个大男孩，他开玩笑地将另一男孩折叠起来置于手提箱中，他并无意要伤害他，也对他毫无敌意，但只因遗忘了，而使他窒息而死。梦中病人（梦者）企图进行半心半意的脱逃，但后来有位官员很富人情味地与他交谈，并向他解释此中的真相与结果。

此种建设期过后，接着就是一连串的波动，这些波动中的主要元素乃是一股复发的自恨与自卑。这些具有自毁性的情感可能会如实地被感受到，或者经由报复冲动——觉得被亏待或具有虐待狂或被虐狂的幻想——而被外移了。或者病人会模糊地认出他的自恨，且深深地因自毁的冲动而感焦虑。或后来不但出现焦虑，而且他平常用以抵抗此种焦虑的防御方法——诸如纵饮、性行为、对同伴的强迫性需要，或变得自大与傲慢——会再度变得活跃起来。

所有的这些烦乱都源于因病况真正好转所起的变化，但为了正确地评价它们，我们必须考虑“改善”的坚固性，以及“复发”的起因。

病人有可能会高估他所表现的进步，而几乎忘却了罗马并不是一天建成的此一事实。他就像是我趣称为的“健康狂欢”，既然他能做许多以前所不能做的事，那他**应该**是个——同时，在他想象中，他现在就是——完美调整的典范，并且是最健全的人。虽然在一方面他愿意做真正的自己，但他也了解这些改善正是健全而光荣地实现他的“理想自我”的最后机会，同时这个目标仍具有充分威力而使他暂时性地出毛病。轻微的兴奋与得意暂时使他忘却仍旧存在着的困难，同时也使他认为自己已超越了所有烦恼。但大体上他了解自己比从前更了不起，所以这种情况不会长久持续下去。他必定会认出这一点，尽管他已真的将许多情势处理得比从前更好，但许多旧有的障碍依旧存在。同时，正因为他相信自己已达巅峰状态，所以他所受的打击就更大。

还有一种病人，似乎会适度而谨慎地向自己与分析师承认他们已有进展，他们时常甚易以相当精巧的方式而贬低“改善”的成果。当他们遭遇到发生于自身的问题，或碰到他们无法应付的外在情势时，也会发生“复发”的现象。其过程之进行与第一类的相同，只是没有荣誉化的幻想而已。以上这两种人都不愿承认自己是具有困难与缺陷的，或不愿承认自己实在是没有非凡优点的。他们的这一心境可被外移。譬如他会这么想：我随时都会接受我自己，但如果我不完美的话，别人就会憎厌我。他们只有当我最慷慨、最有成就的时候才会喜欢我。

造成急性退步的因素，是病人仍无法应付的困难。在最后的一种“波动”中，促成因素并非是“尚未克服”的困难，相反的，却是往建设性方向前进的特定行动。这不见得是多炫目的行为，病人只是学会了怜悯自己，而且初次体验到自己既非特别伟大，也非是不可见人的，他发现了自己事实上是一个奋发向上、但却常会受到困扰的凡人。他明白了这种“自我嫌恶”乃是自负的人工产物，或者了解了为了具有自尊，他不见得就一定要是个独特的英雄或天才。在梦中也会发生此种态度的变化；有一位病人梦见一匹纯种马，现在跛了，身子看来也好像是在泥中弄脏了。他想着：“虽然如此，我也照样能够爱怜它。”但有了这种经验后，这位病人忽然变得沮丧，不能工作，意志消沉。结果判明是因为自负反叛且已居于上风之故，他因自卑的急性发作而感痛苦，愤恨又鄙夷地认为自己“自我目标设定过低”“耽于自怜”。

这种波动常当病人已做了周详思考过的决定，而且已独力为自己完成某件建设性的事情之后才会发生。譬如，有一位病人当他认为他正在进行的工作乃是较为重要的，因此他毫不烦躁且毫无罪恶感地拒绝了别人提出的占用他时间的要求。另一位病人，她结束了她的一段恋爱关系，因为她彻底地认出，此种关系过去主要是建立在她自己以及她爱人的神经症需要上而已，如今对她而言，它已丧失了意义，所以他们也没有未来。她坚决地执行此一决定，而且尽可能避免伤到她的爱人。在这两个例子里，病人一度都感到自己能支配某种特殊的情势且因此而觉幸福，但不久就会表现出恐慌的态度；当他们那么做后，他们会惧怕自己的独立性，恐怕自己会变得不可爱与“具攻击性”，他们会责骂自己是个“自私的禽兽”，而且会短期地在过度谦虚的态度里寻求庇护。

最后的这个例子其治疗较为繁复，因为它包含了一种比其他案例还深远而积极的步骤。这个例子所分析的对象有一位较年长的哥哥，经营一项事业，这事业是他爸爸传给他们兄弟的，而且已算得上是宏图大展了。哥哥做事能干、富有正义感、喜好支配别人而且具有许多典型的自大报复倾向。我的病人是相形见绌的，赖其庇荫，受其胁迫，盲目地崇拜他，而且毫不自觉地曲意承欢。经由心理分析，他的另外一面表现了出来，他变得对他哥哥吹毛求疵，公然与之竞争，而且有时表现得相当好战。他哥哥也报以同样的反应；于是一个反应加强了另一个反应，很快地他们就变得几乎不相往来。办公室里的气氛变得紧张无比；合伙人或雇员都各别偏向于其中一方。我的病人起初很得意，因为他终于能“保卫”自己而抵抗他的哥哥了，但后来他渐渐地察觉到他自己也是怀着报复心，亟欲消除哥哥那趾高气扬之势。当他将自己的冲突分析了好几个月后，渐渐地他更广泛地洞悉了整个形势，且能了解有很多比个人的争斗与怨恨还重大的攸关问题。他不但发觉他参与制造了紧张，而且更可喜的是，主动希望负起积极的责任，于是他决定与他哥哥来一次晤谈，当然他心里有数，这并非易事。然而，在晤谈中，他既未被吓坏也未表现报复心，只是坚持自己的立场。因此，他为未来打开了比从前的合作基础更为健全的合作的可能性。

他知道他进行得很顺利，而且也为之高兴。但当天下午他却感到很恐慌，而且感到恶心与眩晕，因此他不得不回家卧床休息。他并未自杀，但这种思想掠过脑际，使他已能了解为何人们会自杀。他力图理解此种情况，于是再次反省他与哥哥晤谈的动机，以及在晤谈中他所表现的行为，但找不出任何可资反对或厌恶的缘由，他觉得十分迷惑。不过隔晨他已能入睡且觉得平静了不少。但是，当他醒来时，他又想起了他哥哥所加诸他、使他痛苦的侮辱，于是又重新激起他对哥哥的愤恨。当我们分析这种烦恼时，发觉他两面受击。

他具有两种心境，其一是驱使他要求与他哥哥晤谈之心，另一个是驱使他付诸行动之心，两者都与他至今为止的人生所凭借的一切（潜意识的）价值观截然相反。就他的夸张驱力而言，他应该是具报复心的，而且应获得报复性的全胜。因此，他猛烈谩骂且责备自己是个谄媚者，姑息一切；另一方面，就依旧存在的自谦倾向而言，他应该是谦和驯服的而且是甘居下风的。这样一来，他便会讽刺地攻击自己："小弟弟竟想凌驾哥哥！"如果事实上他目前真的居于自大或谄媚一方的话，以后他也会被困扰的，虽然可能程度较为轻微，但也决非是个小问题；因为任何欲挣脱此种长期对抗的冲突的人，对于报复的倾向以及自谦的倾向的余烬都相当敏感——亦即，要是还觉察到这些残余的存在，则病人仍会表现出自责的反应。

把重点说得更准确些，尽管他未曾具有过报复心或谄媚他人的行为，而这些自责仍旧是会发生的。但他已下定决心采取积极的步骤以远离这两种倾向；他不只切实地且具有建设性地去如实行动，还真正地认识了他自己以及他的生活以"内容”。亦即，他已开始了解并感觉到在此种艰难的情势下，他的责任并非是一种负荷或压力，而是他个人生活中所必要的一部分。他就是他，情势就是情势——他只要真诚地去应付它。他已接受他在世界上的地位，以及他处于此种地位所该负的责任。

虽然他已有足够的力量，以真正地迈向“自我实现”，但他尚未开始正视“真我”与自负系统间的冲突，而此种步骤一定会发生。他会突然地深深陷入其中的这种冲突，其严重程度正解释了往日的剧烈反复。

在这些“反复”的掌握下，病人自然不会知道发生了什么事。他只觉得诸事每况愈下，感到绝望，或许他的改善只是一种错觉？或许他已病得无可救药？他可能会有放弃心理分析的一时冲动——这是他以前所未有过的想法，即使是处在最烦乱的时期。于是他感到迷乱、失望、沮丧。

事实上在所有这些情况下所发生的现象都是建设性的表现，表示了病人能与“自我理想化”及“实现自我”间的抉择发生格斗。同时，大概没有其他的事物或现象，能这么清楚地显示出这两种驱力乃是无法和谐共存的，就像发生那些“反复”时的内在挣扎，与引起“反复”的那些建设性的动力之不能共存一样。那些“反复”之所以会产生，并非是因为他能更实际地了解自己，而是因为他愿意承认他自己是具有缺陷的；并非因他能自作决定且为自己做事，而是因为他愿意留意自己的真正兴趣且自我负责；并非因为他能以实际的方式维护自己，而是因为他愿意负起他生活在这个世界上所应负的责任。简言之：它们（指“反复”而言）乃是成长的痛苦。

然而，只当病人了解他的建设性步骤的意义后，这些“反复”才会有所助益。因此，最重要的乃是分析师并未被那种看来是“复发”的现象所迷惑，而能认出它们的消长过程，以帮助病人去发觉它们。因为这些“反复”常依可预先的规则发生，所以当这些“反复”发生好几次后，当病人正处于上进的步骤时，预先警告病人乃是合理的。这并非在于防范下一个“反复”的发生，而是当病人也了解在某一时候即将发生的作用力乃是可预言的，那么当他面对那些“反复”时就不会感到孤立无助了，它帮助他能更客观地面对它们。此时做这“被危害的自我”的明确支持者，就分析师而言，比任何其他时候都重要。只有他的看法与立场极其清晰，他才能给予病人在这些“努力期”所急需的支援，此种支援并非一般性的保证，而是在于告诉病人一项事实：他正在进行最后一次的决战，同时应向他表明他战胜的可能性以及战斗的目标之所在。

如果每次“反复”的意义病人都能理解了，他会因此而变得比从前更为强壮，“反复”也渐渐变为短暂而不剧烈。相反地，有利的时期则更明确地具有建设性，他的改变与成长在他力所能及的范围内变得可以希冀了。

无论还该做什么工作——这永远永远都是很多的——只要病人已能独力开始着手，则成功就在眼前。正如他被神经症的困扰导入了愈陷愈深的恶性循环中一样，现在的循环作用的方向已告相反。譬如，如果病人减低他绝对完美之标准，则其自责必亦随之减少。因此，他便能更诚实地对待自己，能不那么恐惧地反省自己。依次地，这使病人不再那么依赖分析师，而且也使他能信任他自己的才智。同时，将自责外移的这种需要亦随之减少。因此，他不再觉得那么被人所威胁，或较不敌视他人，而开始能对他们表现出友善的情感。

此外，病人对于自我发展的负责能力，也愈来愈有勇气与信心了。在我们讨论“反复”时，我们将焦点集中于内在冲突所引起的恐惧之上。当病人确实清楚了他所想要的生活方向后，此种恐惧就会减弱。单单他的方向感就会带给他更巨大的“统一感”与“力量感”。然而，在他前进的步骤中仍会伴有另一种骇惧，此种骇惧我们至今仍未完全了解。这是一种真实的恐惧，恐惧一旦失去神经症的支持后，他将无法面对他的生活。神经症患者毕竟是个赖自己的魔力为生的魔法家，任何一种趋向实现自我的步骤，都是意味着放弃这些魔力而依赖既存的资源维生。然而，当他了解即使没有这种幻想，事实上他也能生活，甚至于活得更好时，他就会渐趋相信他自己了。

此外，任何因欲成为“他自己”而采取的步骤，都能带给他前所未知的满足感。此种感受最初是极其短暂的，不过以后将会越来越常发生，而且会持续一段更长的时期。即使在初期，它亦会比他自己所想或分析师所说的其他事更能使他确信自己的确是走对了路，因为它展示了他的感觉与他自己，以及他的生活相一致的可能性，对他而言，它可能是他研究自己的人格发展，且使之更趋向实现自我的最大动机及激发力。

治疗过程中充满着这么多的困难，因此病人可能不会达到我们所描述过的阶段或时期。当治疗过程成功地完成时，在他对人、对己、对工作的关系上，当然都会有明显可见的改善；然而，这些改善并非是结束一般分析工作的标准，因为它们只是一种更深入(内心)的变化的确实表现，只有分析师与病人本身才了解这种深刻的变化：价值、方向、目标的初步变化。病人“神经症的自负”以及征服、投降与自由的幻想所具有的虚伪价值已大失其魔力，病人已能更坚强且专心地去实现他与生俱来的潜能。眼前他仍需去解决各种隐伏着的自负、要求、伪装、外移作用，等等。然而，因自己的根基已更为稳固，所以他已能认出它们的底细：它们乃是成长中的一种障碍。因此他愿意揭发它们并及时克服它们，但此种“情愿”并非(或者至少是极少)是激昂、暴躁地欲借魔力去抹除不完美之处。他已开始承认自己是个具有困难的凡人，他也承认研究自己乃是生活过程中的主要部分。

就积极的意义而言，将要做的工作都是属于“实现自我”的一部分。就他自己而言，它意味着奋力争取自己的情感、愿望、信仰的更明显、更深入的体验；努力奋斗以期更能开发自己的才智，而将之用于建设性的目的上；努力奋斗以期能更清晰地感知自己的生活方向，更能自我负责、自己做决定。对于人际关系而言，它意味着奋力争取以期使自己用真诚的情感与人相交；以期能尊敬别人，而且把别人当成是拥有个人权利及特点的主体；并发展出互助的精神(而不以他们为达到目标的手段)。对于工作，它意味着工作本身对他而言，将变得远比满足他的自负或虚荣心还重要；而且他的目标在于了解并发展他特殊的禀赋，同时也在于使自己变得更有成就。

在他以这些方式演进的同时，他总有一天能成长到不再只关心他的个人利害。当他成长得超越了他神经症式的自我中心主义，他将会更了解他的个人生活，以及整个人世间所涉及到的更广阔的问题。过去自己在他心目中曾是唯一且重要的例外，现在他渐渐体验出，自己乃是团体或宇宙中的一个组成部分。因而，他情愿而且能够分担他在团体中所该分担的责任，并会以最擅长的方法去恪尽职责。就像那个年轻的生意人的例子一样，这可能关系到他对他工作团队总体的把握，它也可能关系着他在家庭中、社区中或政治场合中的位置。这个步骤相当重要，不只是因为它扩展了他个人的眼界，而且也因为他之发觉并接纳他在世界上所占有的地位，这带给他内心的安定感。这种安定感乃来自因积极参与而获得的“归属感”。

第十五章　理论的探讨

本书所述神经症的理论，乃是从过去发表的作品中所讨论的观念逐渐演进而成的，在前一章中我们已讨论过此种演进对治疗的意义。在此我们还要详细推究我头脑中有关个人的观念，以及神经症的整个前景的理论变化。

跟其他摒弃弗洛伊德的本能理论者[①] 一样，我首先在人际关系中发觉了神经症的核心。概括地说，我认为这些都是因文化环境所引起的；特别是由于那些阻碍小孩心理顺利发展的环境因素所致。由于未能对自己与别人建立起基本信心，于是小孩发展出基本焦虑，我将此种焦虑定义为，对潜在敌对的世人所产生的被孤立与无助之感。为了将这种基本焦虑减至最低程度，于是亲近、抵抗以及逃避他人的**自发行为**都变成了**强迫性的冲动**。虽然自发行为彼此能相谐和，但强迫性的行为却是相互冲突的。由此所引起的冲突，我称之为基本冲突，他们都是待人的冲突性的需要与冲突性的态度所造成的结果。因此最初的解决方法主要在于纵容一些需要与态度而压制另一些，以求本身的“统合”。

这种结论有点过于简化，因为心灵内的过程与那些发生于人际关系间的过程紧密结合，因而当时我无法将它们一举分离。它们各经由不同的论点而被阐述。我只想再提几点：我们无法讨论为求喜爱的神经症需要或任何对别人之同样需要，如果不考虑他必定在自身中培育了此种特质与态度以服务于这种需要。我在《自我分析》一书中所列举的“神经症的倾向”中，有些具有心灵内的意义，诸如经由意志力或理性，以求统治的强迫性需要，或求完美的强迫性需要都是。就此而论，在讨论分析克莱尔的病态依赖性中(亦见于《自我分析》一书中)我曾精简地谈到许多心灵内因，与本书的一些背景相同，不过焦点则集中在人际间的因素。那时对我来讲，神经症主要还是一种人际关系上的障碍。

超越这一定义的第一个明确的步骤乃是下一论点：关于别

---

① 像弗洛姆、阿道夫·梅耶尔(Adolph Meyer)、詹姆斯·普兰特(James S Plant)、沙利文这些学者都是。

人之冲突可因“自我理想化”而解决。当我在《我们内心的冲突》一书中提到理想化的想象的观念时，我尚未了解其全义。那时我认为它只是为求解决内在冲突的另一种努力罢了，而其特殊的统合作用，则正说明了人们之依附它的固执性。

然而在以后几年里，理想化的影像的概念成为核心问题，许多新见解都由此演化而来。事实上，它真是通往本书所述之整个“心灵内过程”区域的门径。由于将弗洛伊德的观念进行了科学化的开发，我才了解了这个区域的存在，然而，因为弗洛伊德对它的解释，我所能认同的只有一小部分，所以它对我而言仍是一块陌生的领域。

这时我逐渐发觉，神经症患者的理想化影像，不只构成了对自己的价值与意义的错误信仰；它还酷似人自己创造了怪物(Frankenstein)，其所有的精力都迟早会被怪物所吞占。最后它会僭占他成长的驱力与了解自己天赋潜能的驱力，这意味着他不再关心解决或克服他的困难，不再关心实现他的潜能，而却专心地去实现他“理想化的自我”。于是它不只导致他试图由成功、权力与胜利以求世间荣誉的强迫性驱力，而且也引发了那种暴君式的内在系统，他借此而试图将自己塑造成神；它也引发了“神经症的要求”以及“神经症的自负”的发展。

由对理想化的影像概念进行详细观察，又产生了另一个问题。当我将焦点集中于人对自我的态度时，我发现人们运用那种与他们将自己理想化时相同的强度及非理性，以憎恨并轻视自己。这两种相对的极端在我脑海中分立而停留了一段时间，最后我发觉它们不只密切相关，而且事实上乃是同一过程的两面。于是这就成了本书的主要课题：**作为神的自我必定会憎恨他的实我**。若将此种过程视为同一实体，则上述两种极端就会变得较易治疗，于是神经症的定义也因之改变了。神经症现在变成“**个人对自己及对别人关系上的一种障碍**”。

虽然此一课题在某种范围里仍是个主要的课题，但近年来它已朝着两个方向发展。像困扰多数人一样困扰了我的“真我”问题，冲入我思想的漩涡里，于是我开始了解整个内在的心灵过程（此种过程以“自我理想化”为起始）乃是一种渐渐地脱离自我的过程。更重要的，在最后的分析中，我了解了自恨乃在于攻击“真我”。存于自负系统与“真我”间的冲突，我称之为核心内在冲突，这扩展了神经症冲突的概念，我曾将其定义为两种不能共存的强迫性驱力之间的冲突，但这时我开始发觉这并非是唯一的神经症冲突；主要的内在冲突，乃是“真我”的建设力与自负系统的阻碍力间的冲突，也就是正常的人格发展与为求证明“理想自我”的完美性的驱力间之冲突。因此，治疗主要是帮助趋向实现自我。通过我们这个团队的临床工作，上述心灵内过程的一般确实性，已在我们心目中更格外清晰地确立起来了。

知识本身亦随我们之由普遍问题深入到特殊问题的研究而增长。我的兴趣亦开始转移至不同“种类”的神经症，或不同的神经症人格所产生的分支上，最初这些分支看起来好像产生于内在过程的某一方面是否可治疗以及是否足够觉察。然而，我渐渐地了解了它们乃是因对于心灵内的冲突所采取的伪解决法之不同而引起的，这些伪解决法为建立神经症的人格类型提供了一个新的——暂时性的——基础。

凡人一获得某种学理上的结论时，必会兴起将它与同业者所做的结论相比较之愿望。他们究竟会如何看待这些问题呢？基于简单而确切的理由——因时间与精力过于有限，我无法在高效工作的同时又谨慎仔细地阅读，因此我只能将我的观点与弗洛伊德的观点作一比较，并阐述其相同和相异之处，然而甚至于连这么有限的工作都会是困难重重的，在比较个人观念的过程中，想公平对待弗洛伊德赖之获得某一学理的思考精微，几乎是不可能的；而且，就哲学角度而言，断章取义地彼此相互比较，实为谬误之举。因此，深入细节并无助益，而且解释细节时，其不同点会特别骇人听闻。

当我回顾“探求荣誉”这一病理所涉及的因素时，我的感受仿佛从前航向一个新领域时一样：我对弗洛伊德的洞察力深感敬佩。它之最为感人，因为他为科学的蛮荒领域打了先锋，且排除种种阻碍性的理论前提而勇为拓荒者。其创见中仅有一部分，是他自己所未能完全了解或者认为不重要的。其一，即有关我所描述过的神经症的“要求”，[①]当然，弗洛伊德发现了许多神经症患者极易向别人做出过分而无理的期望，他也发觉这些期望可能是十分急切的。但他将它们视为是口欲的表现，而不了解它们可能具有“要求”的特性，亦即自觉有权获得满足的需求[②]。同时他也不了解它们在神经症中所扮演的主要角色。此外，尽管他处处提及“自负”这个术语，但他并不认识“神经症的自负”的特质与其含义。然而弗洛伊德却着实地观察到病人之深信魔力或万能的幻想，以及其深受自我或“理想自我”——自大、对抑制之荣誉化等——蛊惑之情形，亦观察出其强迫性的竞争性及野心，以及对权力、完美、崇拜、赏识的

① 亨克最先发现神经症的“要求”在神经症中具有重要的意义。他认为人们因为内心的恐惧与无助，而发展出潜意识的“要求”，这些要求又可大大地转变而促成普遍的“禁忌”。请参阅哈拉尔德・舒尔茨・亨克“*Schicksal und Neurose*”，Gustav Fischer，Jena，1931。

② 在弗洛伊德的理论中，其见解与“要求”较为相近者，只有一处——病后的“附带收获”（Secondary gains），但这根本就是个最含糊的概念。

需求。

弗洛伊德虽观察到如此多的因素，却依旧觉得这些乃是彼此互异而不相干的现象。他未能了解它们均系一种权力趋势的表现，换言之，他未了解互异中的统一性。

这三项主因联合，致使弗洛伊德未能认出“探求荣誉”的驱力的冲击力，以及它在神经症过程中所具有的意义。首先，他不了解塑造人性特质的文化环境的势力——与他同时代的大部分欧洲学者①都普遍地缺乏此种知识。简言之，就此点而论，弗洛伊德将他在他周围所发现的对特权与成就的渴求，误认为乃是一般人的本性。譬如，为求霸权、驾驭或胜利的强迫性驱力，都因此而无法让他感到是个值得探讨的问题，除非这种野心与一般被认为是“正常”的既定形式相违背。弗洛伊德认为只当这种野心足以引起明显的障碍，或者当它发生于女人身上而与公认的“女性特质”相违背时，它才成为一个问题。

另一原因，在于弗洛伊德之倾向于将神经症的驱力解释为原欲的现象(本能冲动的表现)。于是“自我荣誉化”乃是对自我的一种原欲的迷恋表现(譬如，有的人会像他之高估另一“爱物”

---

① 参考卡伦·霍尼所著《精神分析新法》，第 10 章“文化与神经症”(1939 年 W. W. Norton 出版)。

一样地高估自己；一个有野心的女人会“实实在在”地因“阳具嫉妒”而感痛苦；需要受崇拜乃是需要“满足自恋”的表现，等等）。于是有关学理上与治疗上的探究，就只针对其现在或过去爱情生活中的特定事件（亦即有关对自我或别人的性欲关系），而不注重“自我荣誉化”、野心诸方面的特性、作用与影响。

第三项原因在于弗洛伊德之进化论、机械论式的思考，它意味着现在的表现不只受过去所制约，而且除了蕴涵过去外，别无其他内涵；在发展过程中并未创造出任何真正的新事物：我们今日所目睹的，只是往日的变相而已[①]。根据威廉·詹姆斯的看法，它“恰恰是等于原来的、不变的物质的再分布结果”。基于此种哲学前提，则过度的竞争性可满意地被解释为俄狄浦斯症结（恋母弑父情结）或兄弟姊妹间之敌视未获解决的结果。“全能”的幻想被认为是固着于或退化至婴孩期的“原始自恋”的结果，等等。于是理所当然的，只有与婴孩期的某种原欲经验联系起来的理论，方是最“深刻”且最令人满意的解释。

然而就我的看法而言，此种解释即使没有阻碍了重要的内在调查，其对治疗的效用也是极有限的。譬如，假设有一位病

① 摘自卡伦·霍尼《精神分析新法》一书第2章“弗洛伊德思想的总前提”。

人已经知道他常常会太容易觉得被分析师所侮辱；他也了解自己当其亲近女人时，常感受到屈辱。亦觉得他不像其他男人那般拥有男性气概或男性魅力。他也许会忆及他被父亲所羞辱的情景——或许是与性行为有关的方面。由于从过去到现在，有好多像这些可资回忆的日子及梦存在，于是便有了如下的解析：就病人而言，分析师与其他的权威人士都代表了他父亲；因此，当病人处于恐惧中或感到被侮辱时，他仍依婴孩式的那种尚未解决的俄狄浦斯症结而进行反应。

经过这番分析，病人可能会感到病情好转了，而且屈辱感也随之削减了。且事实上，他可能也觉得经过这回分析，他是有几分的获益，他已学到有关自己的一些事项，而且已了解他的被屈辱感是非理性的。然而若他的自负未被解决，则此种改变不可能是彻底且完全的改变。相反地，此种外表的改善，可能只是由于他的自负无法忍受他之非理性以及他之“变回婴儿期”所致。他很可能只是发展出一套新的“应该”，他**不应**是似婴儿的，而**应该**是成熟的。他**不应**感到屈辱，因为这么做是属于婴孩的行为，为此他不再感到屈辱。如此一来，表面上有了进展，而事实上，却阻碍了病人的成长；于是他的屈辱感秘密地转入地下，同时他变得愈加不可能自己去正视此种屈辱感。如此，心理治疗被用在了加强病人的自负上，而非解决它。

由于以上所提这些学理上的理由，因此弗洛伊德无法发觉探求荣誉的冲击力。他在夸张的驱力中所观察到的那些因素，不只是看来“像是”，而且“真是”婴儿期原欲的驱力的衍生物。他的思考方式使他无法觉得，夸张的驱力乃是一种拥有其自身重要性及具有其本身影响力的力量。

当我们比较弗洛伊德与阿德勒时，此种说法将会更为清晰。阿德勒的伟大贡献在于他发现了“追求权力与优越”的驱力在神经症中所占的重要性。然而，阿德勒过度偏重于如何获取权力及如何维护优越感之技巧上，以致无法了解个人痛苦的内涵，因此只停滞于所涉及到的问题的表层上。

我们不经意间就会惊讶地发现，在我的自恨观念与弗洛伊德的自毁本能——死欲——间存有极大的相似性。至少我们可以发觉二者都同样地强调自毁驱力的强度与意义。同时某些细节的看法亦同，如内在禁忌、自责及由此所产生的罪恶感的自毁性质都是。不过在这范围内亦存有重大的差异。弗洛伊德所认为的自毁驱力的本能特性，赋予了此种驱力以“完结”的特征，若我们深信其为本能，则这些驱力必非因特定的心灵条件而生，也决无法凭改变这些条件而克服它们。它们的存在与作用势必构成人性的一个特征。因此，根本上人类的唯一之抉择，势必在于使自己受苦及损毁自己，或使别人受苦并破坏他们。这些驱力可被减轻与控制，但终究是不能改变的。此外，如果我们与弗洛伊德同样认为有趋向自灭、自毁或死亡的本能驱力，则我们必定会认为，自恨及其许多涵义纯粹是此种驱力的表现罢了。一个因为自己本来的样子而憎恨或轻视自己这一概念，对弗洛伊德而言是完全陌生的。

当然，弗洛伊德——与其他赞同他的基本前提之人——也观察到自恨的表现，但他并不认识其中以多种形式隐伏的形式与效应。诚如他对它之解析，看来似乎是自恨的现象，“实际”上乃是其他事物的表现，它也许是对别人的无意识憎恨。的确，一个压抑型的病人，会因遭受他无意识里所憎恨的另一个人的攻击或反对而感到自责，因为他觉得他情感（“满足自恋”的需要）遭到摧折。虽然这并不常见，但它却是弗洛伊德有关抑郁[①]理论的主要临床基础。简言之，抑郁者有意识地对自己的憎恨和指控，实际上是在无意识地憎恨并指控内射作用的敌人（对于具摧折性的人物所生的敌意，转变为敌视他的自我）[②]。或者看来是自恨的现象，“实际上”乃

① 参考弗洛伊德《悲哀与抑郁》（*Mourning and Melancholia*, Coll papers IV）。

② 节录自奥托·费尼谢尔（Otto Fenichel）《神经症的精神分析理论》（*The Psychoanalytic Theory of Neurosis*, W. W. Norton, 1948）。译者按：奥托·费尼谢尔是澳大利亚精神分析师。

是超我的惩罚过程，后者乃是被心灵内化的权威。这里，自恨又一次转变成人际间的现象：憎恨别人，或惧怕别人的憎恨。或者最后，自恨被认为是“超我”的虐待狂表现，此乃因个人退化至婴孩原欲的“肛门虐待狂时期”所致。因此不只对自恨原因的解释与我迥然不同，而且对自恨现象的根本性质的看法也完全不同[①]。

有许多同样严格地遵循着弗洛伊德思考路线的分析师，也都基于我所认为正确的理由而反对“死欲”[②]。然而，如果舍弃自毁的“本能性质”，则凭弗氏的理论体系是很难完全解释自毁现象的。我怀疑弗洛伊德是不是因觉得其他关于这方面的解释不够完全，才提出此种自毁本能的说法。

在有关“超我”的需求及禁忌，与我所提过的“应该的暴政”之间，也存有明显的相似性。但当我们详究它们的意义时，我们就会找出二者间的相异之处。首先，弗洛伊德认为“超我”乃是代表良心与道德的一种正常现象，但如果它特别残酷或过于具虐待性，则其为神经症的现象。然而我认为，不管是哪一种类

① 参考本书第 5 章，“自恨与自卑”。

② 此处仅提一部著作：奥托·费尼谢尔的著作《神经症的精神分析理论》，W. W. Norton，1945。

或到了何种程度，只要是具有同样特性的“应该”和禁忌，全都属于神经症的力量——虚伪的道德与良心。依照弗洛伊德的说法，“超我”一部分是俄狄浦斯情结的衍生物，一部分则是本能力量的衍生物(具破坏性与虐待性)；而我的看法则是：“内在的指使”乃是个人无意识里，欲将我塑造成一个非我(成为神、完美者)的驱力的表现。在这些差异所带来的许多涵义中，我只提其中一种。将“应该”与禁忌视为特定自负的必然结果，能使我们更确切地了解，为何同一事物在某种性格构造中剧烈地被需求，但在另一种性格中却被禁止；亦可更正确地解释个人对于“超我”的需求——或“内在的指使”——所具有的各种不同态度，这些态度在弗氏主义者的文献中也提到过：诸如姑息、服从、贿赂、反叛①。这些态度被认为是一切神经症所共有的(如亚历山大就如此认为)，或只是与某种易感状态相关，如忧郁或强迫性神经症。另一方面，就我有关神经症的理论体系而言，我认为它们的特质乃是与整个的特定性格构造有着严密的因果关系的(为其所决定)。以上所提的这些差异使得有关这方面的治疗目标

① 参见奥托·费尼谢尔：也可参见弗朗茨·亚历山大，《整个人格的精神分析》(*Psychoanalysis of the Total Personality*)，Nervous and Mental Disease Publishing Co.，New York and Washington，1930。

也产生了差异，弗洛伊德的目的只在于减低“超我”的严重性，而我所持之目标却在于让病人能完全摒弃“内在的指使”，而依据他真实的愿望与信仰，找出他自己的生活方向。我所抱的这种目标，在弗洛伊德的见解中是不存在的。

总之，我们可以说，这两种不同的途径，都使我们观察到某些个别的现象，且以相同的方法加以描述。然而有关这些现象的生灭变化与意义的解释却迥然相异。倘若我们搁下个别的现象，而详究这些现象相互关系间的全貌(如本书所述)，则我们会了解：若要加以相互比较，实际上乃是不可能之事。

它们的相互关系中最重要的是“追求无限的完美及权力”与“自恨”间的关系。自古以来，人们即知此二者不可分离。我想“魔鬼协定”这一故事正是个最好的说明，其涵义与此甚为相像。当某人正遭受到精神或心灵之苦①，下面这些则对他形

① 有时这种痛苦会表现为“外在的不幸”，就像斯蒂芬·文森特·贝尼特(Stephen Vincent Benet)在《魔鬼与丹尼尔·韦伯斯特》一书中的描述一样；有时它却只是一种暗示，如《圣经》故事中“基督的诱惑”；有时甚至其表面看来毫无痛苦可言，但却像日耳曼古老传说中以及克里斯托弗·马洛的剧作中的浮士德那样为渴求“荣誉的无上魔力”而着了魔。总之，无论如何，我们知道唯有精神遭受障碍或困扰的人，才会具有此种“渴求”。譬如，在安徒生童话《冰雪女王》(*Snow Queen*)中，是一个恶魔先恶意地摔破一面镜子制造困境，然后借着碎片而侵害人心。译者按：斯蒂芬·文森特·贝尼特(1898～1943)，美国诗人、小说家。克里斯托弗·马洛(Christopher Marlowe，1564～1593)英国诗人、剧作家。

成了诱惑——以某些邪恶的象征为例：魔鬼、男巫、巫婆、（亚当与夏娃故事中的）蛇、（巴尔扎克《魔皮》［*The magic skin*］一书中的）古董商、（奥斯卡·王尔德《道林·格雷的画像》中）嘲谑的外交家亨利·沃顿。在协定中，不仅包含了神奇的消除痛苦之条例，而且还载明给予他无限的权力。同时就像“基督的诱惑”这一故事一样，个人如能抵住此种诱惑时，确实是伟大的。但反之则最后必须付出代价（形式不一），亦即丧失了灵魂（如亚当与夏娃之失去情感的纯真）而屈服于魔力之下；撒旦对耶稣说：“只要你下跪而礼赞我，我必给你一切”。而该偿付的代价可能就是今生的精神折磨（像《魔皮》一书中）或来世的地狱之苦，在《魔鬼与丹尼尔·韦伯斯特》中，我们能看到被魔鬼所摄收的枯萎灵魂之美丽象征。

同样的主题（虽具不同之角色但其意义的解析却相同）在民俗、神学与神话中已反复出现过，而不管善恶的基本二元论如何被改变都是如此。也就是说，它自古以来早已存在于一般人的意识中，精神医学得以认识其心理学上的智慧的时代或许已经到来了。的确，非常显著地，与本书所描述的神经症过程相一致：蒙受精神痛苦的人擅取无限的权力，但同时也出卖了自己的灵魂，遂在自恨中遭受万般的地狱之苦。

由这些冗长的该问题之比喻而回顾弗洛伊德的说法，我们可以发现：弗洛伊德并未曾发觉它的存在，而且我们能明确地了解为何他无法发觉它；因为他并不了解“无上荣誉之探求”，乃是我所描述过的多种密切相关的驱力之综合物，以致他无法了解它的威力。虽然他相当清楚地看到自毁的痛苦下场；但他却剥离了背景去理解它，将之误认为是“自主驱力”的一种表现。

就另一观点来看，本书所述神经症的过程纯属“自我”的问题；此种过程在于为求“理想化的自我”而舍弃“真我”；在于不实现我们的天赋潜能而企图实现此种假我；它是两种自我间的一种破坏性交战；它也是我们唯一所能用以最大限度缓和此种交战的方法；最后，也是一种凭借生活或治疗所引发的建设力以寻回“真我”的过程。就此意义而言，“自我”的问题对弗洛伊德而言几无意义。在他对“自我”的观念中，他描述了一位神经症患者的“自我”，它脱离了他自己的自发力，远离了可靠的愿望，缺乏主见且无法为自己的意见负责，只要保证自己不会与周遭发生剧烈的冲突(现实的考验)。如果这种“神经症的自我”被误认为是正常的活力的自我，那祈克果与威廉·詹姆斯所发觉的“真我”的整个复杂的问题，也就不至于产生了。

最后，我们可就道德或精神的价值观来观察这个过程，它具有人类真正悲剧的一切元素。虽然人类很可能变得具有破坏力，但人类历史却显示出：人类时刻在刻苦奋斗，以求更了解自己以及周遭的世界，深入更深奥的宗教体验，发展出更伟大的精神力量与道德情操，在各方面有更卓越的成就，且谋求更完善的生活之道。于是人类始终穷毕生之力于这些奋斗上。凭着他的智慧与想象力，他能预想前所未有的事物；他超越了现实，也超越了自己的能力。虽然他具有各种限制，但限制并非是强固而久远的。通常他总是苦苦奔跑着，追逐在内在或外在所希冀之物之后，但这种情势本身并不带有悲剧的色彩，而内在的心灵过程——与正常的奋斗相类似的，此为神经症的奋斗——才真正具有悲剧性。处于内在痛苦的压力下，他外求“极致”与“无限”，虽然他或许没有固定的束缚，然此二者却非其能力所能及；于是在这种生活历程中，他毁坏了自我，且将实现自我的驱力转变为实现“理想化的影像”，因而糟蹋了自己所确实拥有的潜能。

弗洛伊德对“人性”的看法是悲观的，因为这一前提，促使他对人性的见解充满了悲观的色彩。就他的见解而言，不管人类如何地改变自己，都注定要不满于现状的，除非他破坏自己以及教化自己，否则必无法带着原始的本能驱力而满足地生活着；不管是独处或与众相处，他都无法快乐地生活；他只是时或折磨自己，时或使别人蒙受痛苦，如此交替地生活着。弗洛伊德深信此种看法，因此他不苟同任何迅即的解决法。事实上，他的思想架构也绝逃不了以上这两种交替的灾祸。充其量，他最多只能将这些原欲做较妥当的疏导——更好地驾驭或予以“升华”。

虽然弗洛伊德是个悲观者，但他并未发觉神经症中有关人性的悲剧。要知道，只有人类身上存在建设性及创造性的奋斗力量，而且这些奋斗动力被障碍力或毁坏力所破坏，否则我们必无法发觉到有关精力方面的悲惨浪费。弗洛伊德不只对于人类的建设力不甚了解，而且还否定其真实性质，因为在他的思想体系里，只有破坏力与原欲，以及它们的衍生物、结合物。他认为创造力与爱只是原欲被升华了的形式。以最通俗的话说，我们所认为那些为实现自我的正常奋斗，对弗洛伊德而言，只是（而且只能是）自恋性力比多的一种表现而已。

史怀哲[①]曾利用“乐观”与“悲观”分别代表“肯定宇宙与人生”及“否定宇宙与人生”。就此一深层的意义而言，弗洛伊德的哲学是属于悲观的哲学，而我们的哲学（虽然包含了对神经症中的悲剧元素之全盘了解）则为乐观的哲学。

---

① Albert Schweitzer，1895～1965，又作阿尔贝特·施韦泽，德国哲学家、医生、人道主义者，1952年获诺贝尔和平奖。——译者

后 记

科技的急遽发展，虽然促进了物质文明的进步，但并未带给人类心灵的和谐，反而给生活带来了更多的紧张、冲突与焦虑，而使现代人无法美满地生活。在这个复杂且充满竞争的社会，如何发展潜能而谐和地生活，变成生活的主要课题；了解人性、了解别人、了解自己乃是维系良好人际关系之根本要途。

经历过数百个寒星夜晚，伴随了多少静寂，终于译好了这本书，而且看到它即将出版。在这有如春蚕吐丝的历程中，我深深地体会到治学精神之庄谨崇伟，同时也感受到那种彼此间思想交会时所爆发的喜悦。虽然作者已仙逝，但脑海里她依然是那么生气勃勃地活着。

很感谢正在美国深造的林医师克明兄之开导，更感谢吾师陈珠璋教授，在百忙之中拨空校阅并赐序。小薇的精神鼓励以及张清吉先生的苦心策划，才使本书得以顺利出版，一并谢之。

最后，谨以本书译献给我的家人，我的师长、朋友以及我周遭的人；他们供我安定的环境，带给我有益的冲突，并诱发我生长的潜力。

译　者

1976年8月于台大神经精神科